Udo Gamer

Werner Mack

Mechanik

Ein einführendes Lehrbuch
für Studierende
der Technischen Wissenschaften

SpringerWienNewYork

Univ.-Prof. Dr. Udo Gamer
ao. Univ.-Prof. Dr. Werner Mack
Institut für Mechanik, Technische Universität Wien, Österreich

Satz: Reproduktionsfertige Vorlage der Autoren

Graphisches Konzept: Ecke Bonk

Gedruckt auf säurefreiem, chlorfrei gebleichtem Papier – TCF

SPIN: 10635857

Mit 233 Abbildungen

Die Deutsche Bibliothek – CIP-Einheitsaufnahme

Gamer, Udo:
Mechanik : ein einführendes Lehrbuch für Studierende der
technischen Wissenschaften / Udo Gamer ; Werner Mack. – Wien ;
New York : Springer, 1999
ISBN-13:978-3-211-82854-0

ISBN-13:978-3-211-82854-0   e-ISBN-13:978-3-7091-6791-5
DOI:10.1007/978-3-7091-6791-5

Vorwort

Wie viele andere ist auch dieses Buch aus einem Skriptum hervorgegangen, und zwar jenem zur Vorlesung „Mechanik für Elektrotechnik" des ersten Autors an der Technischen Universität Wien. Nachdem das Abfassen des Skriptums auf Drängen der Studierenden und somit nicht ganz freiwillig in Angriff genommen worden war, haben die Autoren dann doch Gefallen an dieser Tätigkeit gefunden und die an sie herangetragene Aufgabe zu ihrer eigenen gemacht.

Sie waren im Zweifel, ob sie das Ergebnis ihrer Bemühungen als „Einführung in die Mechanik" oder als „Lehrbuch der Mechanik" bezeichnen sollten, und hoffen, daß der nun gewählte Titel das Wesen dieses Textes trifft. Von einer Einführung erwartet man eine Darstellung der Grundlagen einer Disziplin in ökonomischer, ausgewogener Form ohne viele technische Details und nicht notwendigerweise die Vermittlung von Fertigkeiten. Das Lehrbuch sollte darüber hinaus die gängigen Anwendungen einbeziehen und zu einer gewissen Kompetenz im Lösen von Problemen führen. Dieses Buch trägt Züge von beiden, ohne sich mit einer der Zielvorstellungen zu decken. Es bietet nur eine Auswahl an Material, dieses dafür aber in ausführlicher Darstellung. In der Festigkeitslehre zum Beispiel wird lediglich der gerade Stab behandelt.

Die Autoren bemühten sich um die Errichtung eines tragfähigen Fundaments, auf dem auch diejenigen aufbauen können, welche sich eingehender mit Mechanik beschäftigen wollen oder müssen. Ihnen soll durch Vermeiden von Halbwahrheiten das spätere Umlernen erspart und das Benutzen weiterführender Literatur erleichtert werden. Ein anderes Ziel ist es, durch zahlreiche praktische Hinweise zu erreichen, daß die Leserinnen und Leser Probleme der elementaren Mechanik erfolgreich in Angriff nehmen können, ohne sich auf das Lösen modifizierter Übungsbeispiele beschränken zu müssen.

Bis auf als Behauptungen gekennzeichnete Aussagen, welche zwar axiomatischen Charakter haben, aber nicht als Axiomensystem formalisiert sind, sollte der gesamte Inhalt rational nachvollziehbar sein. Die Autoren sind aber vor Vorgriffen auf später Behandeltes nicht zurückgeschreckt; so werden zur einprägsamen Demonstration des Unterschieds von statisch bestimmten und statisch unbestimmten Gleichgewichtsproblemen Ergebnisse der Festigkeitslehre vorweggenommen, welche jedoch bei einer zweiten Lektüre ohne Schwierigkeiten verständlich sein müßten.

Die Behandlung von Haften und Gleiten nimmt einen unverhältnismäßig großen Raum ein. Dies und zahlreiche in strengem Sinne überflüssige Bemerkungen finden ihre Erklärung in der Lehrerfahrung der Autoren. Bei einem Problem der Kinetik, nämlich dem um eine Parallele zu seiner Symmetrieachse rotierenden Zylinder, wird der Drallsatz auf drei verschiedene Punkte bezogen, wobei sich im letzten Falle die Richtungen von Drallvektor und Winkelgeschwindigkeitsvektor unterscheiden. Selbstverständlich findet man mit einer der drei Lösungen das Auslangen, da die Behandlung eines wohldefinierten Problems im Rahmen einer widerspruchsfreien Theorie zu demselben Ergebnis führt. In der Diskussion anderer Lösungswege kommt aber die Überzeugung der Autoren zum Ausdruck, daß man Fertigkeiten durch intensive Beschäftigung mit wenigen ausgewählten Problemen erwirbt, wobei man sich bei jedem Schritt fragen muß, ob er mit den Gesetzen der Mechanik vereinbar ist und ob er notwendig ist oder ob Alternativen bestehen.

Durch die Interpretation bereits vorliegender Ergebnisse gewinnt man intuitives Verständnis im Sinne eines Gefühls für das Verhalten eines mechanischen Systems. Es kommt gelegentlich bei der Behandlung eines neuen Problems vor, daß das Ergebnis im Widerspruch zu der auf dem gewonnenen intuitiven Verständnis beruhenden Vorhersage steht. In diesem Falle liegt zumeist ein Überlegungs- oder Rechenfehler vor. Ist ein solcher auszuschließen, dann gewinnt man tiefere Einsichten in das Verhalten des mechanischen Systems.

Die Autoren hoffen, daß sie mit diesem Buch das Studium der Mechanik erleichtern und daß es auch an anderen Universitäten als Begleitlektüre empfohlen wird.

Es bleibt noch die angenehme Pflicht, denjenigen zu danken, welche zum Zustandekommen beigetragen haben, wobei die Hilfe vor allem technischer Natur war. Zu nennen sind Frau Daniela Schwankhardt und Frau Johanna Brosch, Herr Dr. Anton Riepl und insbesondere Herr Dr. Manfred Plöchl.

Wien, im Frühjahr 1999   Udo Gamer und Werner Mack

Inhaltsverzeichnis

1. Einleitung

1.1 Einteilung, Aufgaben und Methoden der Mechanik

Als ältestes, aber keineswegs abgeschlossenes Teilgebiet der Physik stützt sich die Mechanik auf gesicherte Grundlagen. Sie beschäftigt sich vor allem mit Kräften und deren Wirkungen. Im folgenden werden die Teilgebiete der Mechanik in einer dem Umfang des vorliegenden Textes angemessenen Weise umrissen.

Die Statik untersucht das Gleichgewicht von Körpern, welche unter der Einwirkung von Kräften stehen, und die Kinetik die von Kräften hervorgerufenen Bewegungen starrer Körper. Beide Disziplinen bilden das übergeordnete Gebiet der Dynamik. Gegenstand der Festigkeitslehre ist die Beanspruchung deformierbarer Strukturen. Etwas aus dem Rahmen fällt die Kinematik; sie untersucht den zeitlichen Ablauf von Bewegungen, ohne nach den verursachenden Kräften zu fragen, und läßt sich daher auch teilweise der angewandten Geometrie zurechnen. Jedoch ist eine scharfe Trennung der Teilgebiete nicht möglich; so kann die Festigkeitslehre nicht ohne Gleichgewichtsbedingungen auskommen, und viele Probleme der Kinetik beinhalten auch kinematische Fragen.

Aufgabe der Mechanik ist einerseits die Erklärung von Phänomenen, wie des Verhaltens von Kreiseln oder des Foucaultschen Pendels, und andererseits die Vorhersage (mechanisch) determinierter Ereignisse, wie einer Sonnenfinsternis, oder die Vorausberechnung eines geplanten Ereignisses, wie der Begegnung zweier Raumfahrzeuge, um bei Problemen der Kinetik zu bleiben. Dabei werden die auf Beobachtungen beruhenden Grundgesetze auf geeignet gewählte Ersatzmodelle angewandt; es wird also ein mechanisches Ersatzproblem behandelt.

Die Vorgehensweise der Mechanik besteht in der mathematischen Formulierung des Problems, dessen Lösung mit Hilfe mathematischer Methoden und der Interpretation der Ergebnisse.

Beim Bilden des Ersatzmodells wird alles Unwesentliche weggelassen, und man vereinfacht durch Idealisierungen. Solche Idealisierungen sind:

Der starre Körper Die Entfernung zweier beliebiger Punkte eines starren Körpers ist unveränderlich. Sicherlich kann ein Körper dann als starr angesehen werden, wenn die größte bei einer Deformation auftretende Verschiebung sehr klein ist gegen die kleinste Körperabmessung. Häufig ist dieses Kriterium jedoch zu restriktiv. In der (geometrisch linearisierten) Festigkeitslehre wendet man die Gleichgewichtsbedingungen auf den unverformten Körper an; der Körper wird also zunächst wie ein starrer behandelt. In dem oben genannten Kriterium tritt

an die Stelle der kleinsten Körperabmessung eine charakteristische Abmessung;
beim Biegestab zum Beispiel wird die Dicke durch die Länge ersetzt.

In der Kinematik nimmt die Untersuchung der Verteilungen von Geschwindigkeit und Beschleunigung starrer Körper breiten Raum ein, und in der Kinetik
beschränkt sich die vorliegende Darstellung auf die Behandlung starrer Körper.

Die Punktmasse Der materielle Punkt, welcher eine endliche Masse, aber
kein Massenträgheitsmoment besitzt bezüglich einer Geraden, auf der er sich
befindet, wird als Punktmasse bezeichnet. Körper, welche unter der Einwirkung von Gravitationskräften stehen, lassen sich häufig durch Punktmassen
annähern. Dies gilt insbesondere in der Himmelsmechanik. Entscheidend für die
Zulässigkeit des Punktmassenmodells ist wieder das Verhältnis zweier Längen,
was im Falle des Pendels deutlich wird. Wenn der Quotient aus dem auf den
Schwerpunkt bezogenen Trägheitsradius und der Entfernung zwischen Schwerpunkt und Aufhängepunkt sehr klein gegen eins ist, dann kann die Pendelmasse
in ersterem konzentriert gedacht werden. Ein solches Pendel wird als mathematisches Pendel bezeichnet zur Unterscheidung vom physischen Pendel. In der Himmelsmechanik bietet sich die kleinste Entfernung zwischen zwei Himmelskörpern
als Bezugslänge an.

Der masselose Körper Der masselose Körper besitzt zwar eine endliche Erstreckung, aber keine Masse. In der Kinetik kann ein Teilkörper eines Systems
als masselos angesehen werden, wenn seine Masse sehr klein ist im Vergleich zur
Masse des nächstgrößeren Teilkörpers. Das soeben erwähnte mathematische Pendel besteht aus den Teilkörpern Punktmasse und masseloser Faden. In gleicher
Weise vernachlässigt man das Gewicht eines Tragwerkteils oder des gesamten
Tragwerks, wenn dieses sehr klein ist verglichen mit der kleinsten am Tragwerk
angreifenden Kraft.

Das Kontinuum Das Verhalten fester, flüssiger und gasförmiger Körper kann
durch eine Kontinuumstheorie beschrieben werden. Diese ignoriert die Feinstruktur der Materie; sie geht von deren unbeschränkter Teilbarkeit aus. Mathematisch bedeutet dies, daß in einer solchen Theorie die physikalischen Größen
stückweise stetige Funktionen des Ortes und der Zeit, also Felder, sind. Jedem
Punkt des Raumes wird beispielsweise eine Dichte und eine Temperatur zugeordnet, obwohl es sich bei dem Originalkörper möglicherweise um poröses Material
handelt. Bei der Übertragung der Ergebnisse auf das Originalproblem muß man
in diesem Falle die Feldgrößen als über eine gewisse Nachbarschaft gemittelte
Werte interpretieren.

Man unterscheidet skalare Felder, wie Dichtefeld und Temperaturfeld, vektorielle Felder, wie Verschiebungsfeld, Geschwindigkeitsfeld und Kraftfeld, sowie
tensorielle Felder, wie Verzerrungsfeld und Spannungsfeld.

Ob man mit dem Kontinuumsmodell arbeiten darf, hängt von dem Verhältnis
einer charakteristischen Abmessung der Feinstruktur zu den Körperabmessungen
ab. Die Festigkeitslehre beruht auf dem Kontinuumsmodell.

Die Einzelkraft Einzelkräfte gibt es nur zwischen zwei gegeneinander gedrückten starren Körpern - welche selbst Ergebnis einer Idealisierung sind - bei punktförmiger Berührung. Sie haben die Richtung der Berührnormale, wenn der Kontakt ideal glatt ist. Am realen Körper greifen über das Volumen verteilte Kräfte und/oder über einen Teil der Oberfläche verteilte Kräfte an, und zwar letztere dort, wo zwei Körper einander berühren. Sind - pragmatisch ausgedrückt - die Abmessungen des Berührgebiets klein im Vergleich zu den Abmessungen des Körpers, dann werden in der elementaren Mechanik die Oberflächenkräfte durch Einzelkräfte ersetzt. Beispiele dafür sind Auflagerkräfte und Gelenkkräfte. Manchmal ist es zweckmäßig, auch über größere Flächen oder Volumina verteilt angreifende Kräfte durch ihre Resultierenden zu ersetzen. Schließlich operiert man auch mit gegebenen Einzelkräften, über deren Herkunft keine Rechenschaft abgelegt wird.

Die reibungsfreie Berührung Sehr kleine Gleitreibungskräfte und Gleitreibungsmomente lassen sich gegenüber anderen Kräften und Momenten vernachlässigen. Dadurch kommt man zum idealglatten Kontakt. Bei solchem üben die Körper keine Gleitreibungskraft und kein Gleitreibungsmoment aufeinander aus, und es kann zwischen ihnen auch keine Haftkraft und kein Haftmoment übertragen werden.

Das Auffinden des mechanischen Ersatzmodells erfordert viel Erfahrung und gelingt häufig erst nach mehreren Versuchen. Bei zu weitgehender Vereinfachung weist das Modell möglicherweise den zu untersuchenden Effekt überhaupt nicht mehr auf. So ist zum Beispiel die Präzession der Erdachse nicht deutbar, wenn die Erde durch eine Punktmasse ersetzt wird. Andererseits zeigt die numerische Rechnung gelegentlich, daß ein im Modell beibehaltenes Detail sich praktisch nicht auf das Ergebnis auswirkt.

Es gibt keine eindeutige Zuordnung von natürlichem oder technischem Gebilde und mechanischem Modell; das Modell ist vielmehr von der Fragestellung abhängig. Dieser Sachverhalt ist natürlich nicht auf die Mechanik beschränkt; ein bekanntes physikalisches Beispiel ist das Wellenmodell und das Korpuskelmodell des Lichts. Beim Entwurf eines Kraftfahrzeugs etwa sind viele Fragestellungen mechanischer Natur zu beantworten, wie Fahrstabilität, Schwingungsverhalten oder Deformationsverhalten; dazu ist jeweils ein geeignetes Modell erforderlich.

An dieser Stelle soll betont werden, daß die Physik - und im speziellen auch die Mechanik - keinen Anspruch auf eine allgemeingültige Erklärung der Natur erhebt. Ein Naturgesetz ist vielmehr ein auf Beobachtungen gegründetes Postulat. Es kann nicht experimentell verifiziert im Sinne von „bewiesen" werden, sondern es wird gestützt durch neue für seine Gültigkeit aussagekräftige Experimente. Tauchen jedoch gesicherte Beobachtungen oder reproduzierbare experimentelle Befunde auf, denen das bisher als gültig angesehene Gesetz widerspricht, dann läßt es sich nicht aufrechterhalten, sondern muß durch ein neues ersetzt beziehungsweise in seiner Gültigkeit eingeschränkt werden.

Dies ereignete sich auch im Falle der Newtonschen Gesetze; so erwiesen sie sich als ungeeignet zur Vorhersage des Verhaltens von Teilchen, deren Geschwindigkeit gegenüber der Lichtgeschwindigkeit nicht vernachlässigbar ist. Die auf den Newtonschen Gesetzen beruhende Mechanik wurde zur klassischen Mechanik im Gegensatz zur allgemeineren relativistischen Mechanik; die erstere ist aber nach wie vor zur Beschreibung der meisten Vorgänge in Natur und Technik von ausreichender Genauigkeit.

1.2 Größen, Größenarten, Dimensionen und Einheiten

Physikalische Größen gehören einer Größenart an und besitzen eine Dimension. Bei den Abmessungen eines Balkens zum Beispiel der Breite b, der Höhe h und

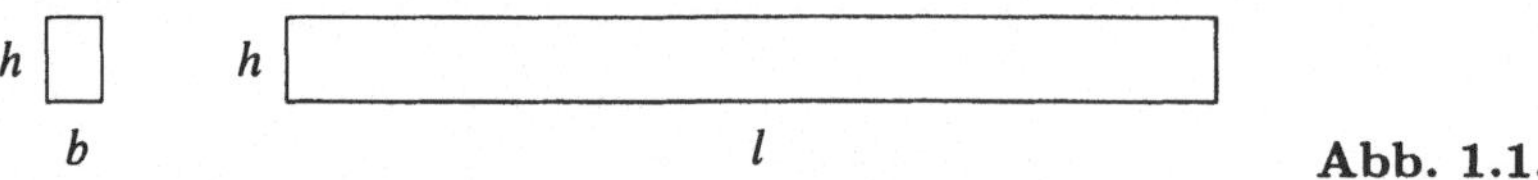

Abb. 1.1.

der Länge l handelt es sich um Größen der Größenart Länge und der Dimension Länge (siehe Abb. 1.1). Daran erkennt man, daß „Länge" drei verschiedene Bedeutungen haben kann, und zwar die einer Größe, nämlich der Länge des Balkens, einer Größenart und einer Dimension. Vertreter einer Größenart besitzen dieselbe Dimension, oder - in anderen Worten - einer Größenart ist eine bestimmte Dimension zugeordnet. Dies läßt sich jedoch nicht umkehren; aus der Dimension kann man nicht auf die Größenart schließen, da es Größen verschiedener Größenarten mit derselben Dimension gibt. Ein Ortsvektor etwa ist kein Vertreter der Größenart Länge, besitzt aber die Dimension Länge. Zur quantitativen Angabe von Größen benötigt man schließlich Zahlenwerte und Einheiten, wobei eine Größe in verschiedenen Einheiten angegeben werden kann, eine Länge zum Beispiel in Zoll, Fuß oder Ellen und so weiter.

In der klassischen Mechanik gibt es drei Basisgrößenarten und damit drei Basisdimensionen und drei Basiseinheiten. Als Basisgrößenarten wählt man die Länge, die Masse und die Zeit; die Basisdimensionen tragen dieselben Bezeichnungen. Als Basiseinheiten sind im Internationalen Einheitensystem (SI) der Meter, m, das Kilogramm, kg, und die Sekunde, s, festgelegt.

Durch das Postulieren eines Gesetzes wird ein Zusammenhang zwischen Größen hergestellt, und damit ergibt sich die Gleichheit der Größen, die Gleichheit der Größenarten und die Gleichheit der Dimensionen auf beiden Seiten der Gleichung. Dies wird weiter unten anhand des dynamischen Grundgesetzes demonstriert.

Bei abkürzenden Definitionen wie dem Impuls eines translatorisch bewegten Körpers als Produkt aus dessen Masse und dessen Geschwindigkeit besteht trivialerweise eine Identität der Größen links und rechts vom Gleichheitszeichen und ebenso eine Identität der Größenarten wie auch eine Identität der Dimensionen.

Physikalische Größen werden mathematischen Operationen unterworfen. Dabei sind folgende Punkte zu beachten: Addieren oder voneinander subtrahieren kann man nur Größen der gleichen Größenart. Dies impliziert, daß die Summanden die gleiche Dimension und dieselbe tensorielle Stufe haben. (Die geläufigen Bezeichnungen für Tensoren nullter beziehungsweise erster Stufe sind

Skalare beziehungsweise Vektoren.) Die Dimensionsgleichheit bei der Addition/Subtraktion ist ein notwendiges Kriterium für die Richtigkeit der Rechnung. Null mit verschiedenen Dimensionen und verschiedenen tensoriellen Stufen, welch letztere aus den verwendeten Symbolen ersichtlich sind, gehört mehr als einer Größenart an. Die Addition von Zahlenwerten ist selbstverständlich nur dann sinnvoll, wenn die Summanden in derselben Einheit angegeben sind.

Dimensionen können miteinander multipliziert, durcheinander dividiert und mit ganzen oder rationalen Exponenten potenziert werden. Dasselbe gilt für Einheiten. Eine „dimensionslose" Größe hat die Dimension 1, und 1 ist eine mögliche Einheit für sie. Dimensionslos sind beispielsweise die Argumente transzendenter Funktionen.

Die mathematische Form eines postulierten Gesetzes ergibt sich nicht immer in zwingender Weise, und ebenso verhält es sich natürlich auch mit der durch das Postulat hergestellten Gleichheit der Größenarten und der Dimensionen. Zur Illustration dieses Sachverhalts betrachten wir die Kraft, welche über zwei Gesetze mit anderen Größen in Verbindung steht. Bei dem ersten handelt es sich um das dynamische Grundgesetz,

$$\vec{F} \sim m\vec{a}, \tag{1.1}$$

nach welchem die Kraft $\vec{F}$, die dem translatorisch bewegten Körper der Masse m die Beschleunigung $\vec{a}$ erteilt, proportional dem Produkt $m\vec{a}$ ist. Andererseits besagt das Gravitationsgesetz,

$$\vec{F} \sim \frac{m_1 m_2}{r^3}\vec{r}, \tag{1.2}$$

daß zwei punktförmige Körper einander mit einer Kraft $\vec{F}$ anziehen, welche dem Produkt ihrer Massen direkt und dem Quadrat ihres Abstands umgekehrt proportional ist. In einem der beiden Gesetze kann die (nicht angeschriebene) Proportionalitätskonstante gleich eins gesetzt werden. Man hat sich darauf geeinigt, dies in Gl. (1.1) zu tun; das Proportionalitätszeichen wird dort zum Gleichheitszeichen. Dadurch erhält die Größenart Kraft einen wohldefinierten Platz im System der physikalischen Größenarten.

Bemerkung: Selbstverständlich bedeutet „definiert" hier nicht, daß Kraft lediglich ein anderer Name für das Produkt aus Masse und Beschleunigung eines translatorisch bewegten Körpers ist, wie dies etwa auf den bereits erwähnten Impuls als das Produkt aus Masse und Geschwindigkeit durchaus zutrifft. Wir kommen darauf zurück im Abschnitt 3.1.

Aus dem dynamischen Grundgesetz ergibt sich die Gleichheit der Dimensionen,

$$\langle \vec{F} \rangle_1 = \frac{\text{Masse} \cdot \text{Länge}}{\text{Zeit}^2}, \tag{1.3}$$

und die Einheit der Kraft wird durch

$$[\vec{F}]_1 = 1\,\frac{\text{kg}\,\text{m}}{\text{s}^2} \tag{1.4}$$

auf die Basiseinheiten zurückgeführt.

Eine ebenso zulässige - aber nicht etablierte - Alternative ist das Umwandeln des Proportionalitätszeichens zum Gleichheitszeichen in Gl. (1.2). Die Gleichheit der Dimensionen wäre dann durch

$$\langle \vec{F} \rangle_2 = \frac{\text{Masse}^2}{\text{Länge}^2} \qquad (1.5)$$

festgelegt. Auf die zweite Möglichkeit wird eingegangen, um bewußt zu machen, daß es sich bei der Gl. (1.3) nicht um eine unumgängliche Gesetzlichkeit handelt, sondern daß sie eine Konvention beinhaltet. In der Folge wird ausschließlich von der Dimension $\langle \vec{F} \rangle = \langle \vec{F} \rangle_1$ und der Einheit $[\vec{F}] = [\vec{F}]_1$ Gebrauch gemacht; auf der rechten Seite von Gl. (1.2) erscheint die Gravitationskonstante $\kappa = 6{,}67 \cdot 10^{-11}$ m^3/(kg s^2).

Der Vollständigkeit halber seien noch die abgeleiteten Einheiten Newton für die Kraft, 1 N = 1 kg m/s^2, Pascal für die (mechanische) Spannung, 1 Pa = 1 N/m^2 = 1 kg/(m s^2), Joule für die Energie, 1 J = 1 N m = 1 kg m^2/s^2, und Watt für die Leistung, 1 W = 1 J/s = 1 kg m^2/s^3, aufgeführt.

Im Kapitel „Festigkeitslehre" nehmen wir als vierte Basisgrößenart die Temperatur hinzu. Temperatur ist auch die Bezeichnung der zugeordneten Dimension; die Temperatureinheit ist das Kelvin, K.

2. Kinematik

2.1 Geschwindigkeit und Beschleunigung

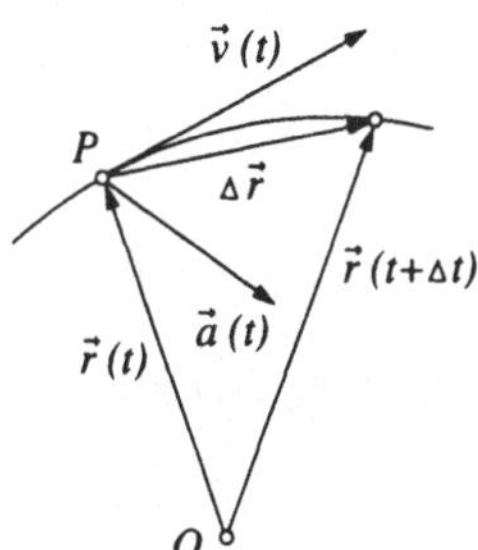

Abb. 2.1.

Zur Beschreibung der Bewegung eines Körperpunkts P benötigen wir ein Bezugssystem. Dafür eignet sich in der Kinematik jedes starre Achsenkreuz; in der Kinetik müssen wir zwei Arten von Bezugssystemen unterscheiden. Die augenblickliche Position des Körperpunkts ist gegeben durch den vom Ursprung O des Bezugssystems ausgehenden Ortsvektor $\vec{r}$ und der zeitliche Verlauf seiner Bewegung durch die Funktion $\vec{r} = \vec{r}(t)$. Durch Ableiten nach der Zeit erhält man den Geschwindigkeitsvektor

$$\vec{v} = \lim_{\Delta t \to 0} \frac{\Delta \vec{r}}{\Delta t} = \frac{d\vec{r}}{dt} = \dot{\vec{r}} \tag{2.1}$$

und den Beschleunigungsvektor

$$\vec{a} = \frac{d\vec{v}}{dt} = \frac{d^2\vec{r}}{dt^2} = \ddot{\vec{r}}. \tag{2.2}$$

Der Geschwindigkeitsvektor ist tangential zur Bahnkurve gerichtet, der Beschleunigungsvektor hingegen im allgemeinen nicht (siehe Abb. 2.1).

Die Bahnkurve kann Spitzen und Schleifen aufweisen, wie es bei der gemeinen und der verlängerten Zykloide der Fall ist. Auch Knicke können auftreten, beispielsweise infolge einer unstetigen Änderung der Geschwindigkeitsrichtung durch einen Stoß auf den Körper.

2.2 Geschwindigkeit und Beschleunigung in verschiedenen Koordinatensystemen

2.2.1 Kartesische Koordinaten

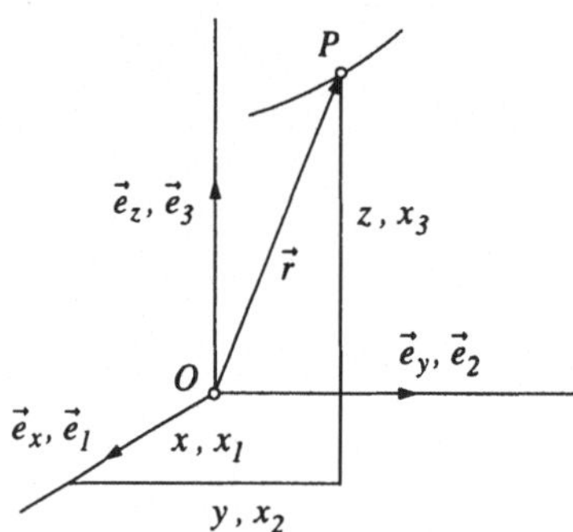

Abb. 2.2.

Der Ortsvektor $\vec{r}$ wird zerlegt in die kartesischen Komponenten (siehe Abb. 2.2). Diese sind die Produkte aus Koordinaten und Einheitsvektoren. Man erhält

$$\vec{r} = x\vec{e}_x + y\vec{e}_y + z\vec{e}_z = x_i\vec{e}_i, \tag{2.3}$$

$$\vec{v} = \dot{x}\vec{e}_x + \dot{y}\vec{e}_y + \dot{z}\vec{e}_z = \dot{x}_i\vec{e}_i, \tag{2.4}$$

$$\vec{a} = \ddot{x}\vec{e}_x + \ddot{y}\vec{e}_y + \ddot{z}\vec{e}_z = \ddot{x}_i\vec{e}_i. \tag{2.5}$$

Hier wurde von der Summationskonvention, nach welcher über in einem Term zweimal auftretende (mit Kleinbuchstaben bezeichnete) Indizes zu summieren ist, Gebrauch gemacht. Die Einheitsvektoren sind fest im Bezugssystem, also unabhängig von der Zeit.

2.2.2 Natürliche Koordinaten

Bevor wir auf den zeitlichen Verlauf der Bewegung eingehen, untersuchen wir die Bahnkurve $\vec{r}(s)$, wo s der vom festen Punkt A aus gezählte Weg ist, welchen der Körperpunkt P durchläuft. Zur Darstellung des Geschwindigkeitsvektors und des Beschleunigungsvektors bietet sich das begleitende Dreibein an. Dieses bewegt sich, wie der Name besagt, mit dem Körperpunkt P entlang der Bahnkurve (siehe Abb. 2.3). Es besteht aus dem Tangentenvektor

$$\vec{t} = \frac{d\vec{r}}{ds}, \tag{2.6}$$

dem Normalenvektor

$$\vec{n} = \rho\frac{d\vec{t}}{ds} \tag{2.7}$$

und dem Binormalenvektor

$$\vec{m} = \vec{t} \times \vec{n}. \tag{2.8}$$

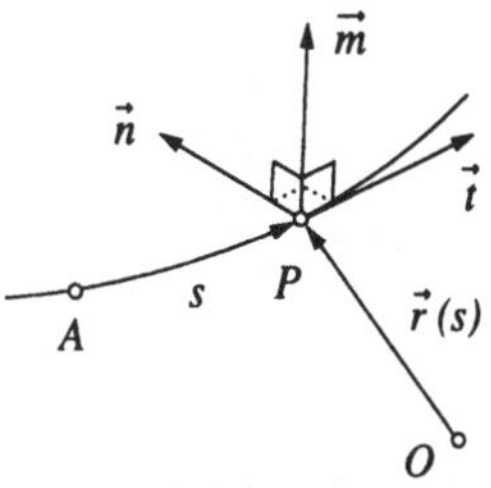

Abb. 2.3.

$\vec{t}$, $\vec{n}$ und $\vec{m}$ bilden ein orthogonales Rechtssystem von Einheitsvektoren, welches man auch kürzer als orthonormales Rechtssystem bezeichnet.

Der Tangentenvektor steht tangential zur Bahnkurve und zeigt in Richtung wachsender Weglänge s. Der Normalenvektor ist entlang der Hauptnormale zum Krümmungsmittelpunkt gerichtet. Durch $\vec{t}$ und $\vec{n}$ wird die Schmiegebene aufgespannt. Der Binormalenvektor steht senkrecht auf der Schmiegebene.

Ausgangspunkt der Erklärung von Gl. (2.7) ist der konstante Betrag des Tangentenvektors,

$$\vec{t}\cdot\vec{t} = 1. \tag{2.9}$$

Durch Ableiten nach dem Weg findet man daraus

$$\vec{t}\cdot\frac{d\vec{t}}{ds} = 0. \tag{2.10}$$

Der Vektor $d\vec{t}/ds$ ist also senkrecht zu $\vec{t}$ und zeigt zum Krümmungsmittelpunkt, wie aus Abb. 2.4 hervorgeht. Dividieren durch den Betrag liefert den Normalenvektor

$$\vec{n} = \frac{\frac{d\vec{t}}{ds}}{\left|\frac{d\vec{t}}{ds}\right|} = \rho\frac{d\vec{t}}{ds}, \tag{2.11}$$

wo $|d\vec{t}/ds|$ die Krümmung und ihr Kehrwert der Krümmungsradius ρ ist. In speziellen Kurvenpunkten sowie auf Geraden gilt $d\vec{t}/ds = \vec{0}$. Dort verschwindet die Krümmung, und der Normalenvektor ist nicht definiert.

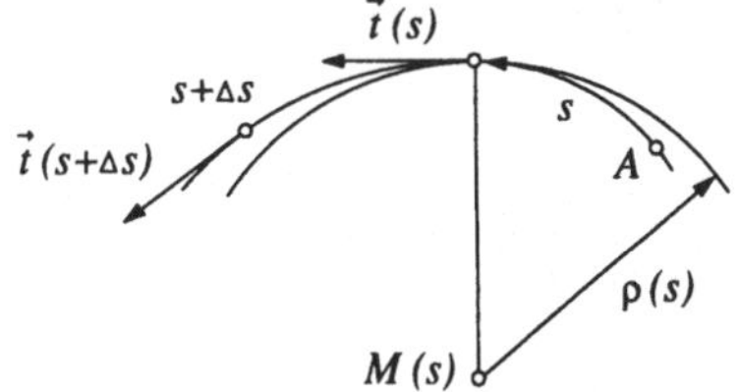

Abb. 2.4.

Bemerkung: Bei ebenen Kurven kann die Krümmung und damit auch der Krümmungsradius vorzeichenbehaftet definiert werden. Wir machen von jener Definition Gebrauch bei der Biegung des Stabes.

Der zeitliche Verlauf der Bewegung ist gegeben durch $s = s(t)$. Der Körperpunkt P befindet sich zur Zeit t an der Stelle $\vec{r}\,[s(t)]$. Er besitzt die Geschwindigkeit

$$\vec{v} = \frac{d\vec{r}}{ds}\frac{ds}{dt} = \dot{s}\vec{t} = v\vec{t} \tag{2.12}$$

und die Beschleunigung

$$\vec{a} = \ddot{s}\vec{t} + \dot{s}\frac{d\vec{t}}{ds}\frac{ds}{dt} = \dot{v}\vec{t} + \frac{v^2}{\rho}\vec{n}. \tag{2.13}$$

Der Beschleunigungsvektor des Körperpunkts liegt in der Schmiegebene des mit dem Körperpunkt zusammenfallenden Punktes der Bahnkurve. Seine Komponenten sind die Tangentialbeschleunigung $a_t = \dot{v}$ und die Normalbeschleunigung $a_n = v^2/\rho$, welche nichtnegativ ist. Bei bekannter Geschwindigkeit und bekannter Normalbeschleunigung des Körperpunkts erhält man aus $\rho = v^2/a_n$ den Krümmungsradius der Bahnkurve in dem vom Körperpunkt gerade durchlaufenen Punkt.

2.2.3 Zylinderkoordinaten

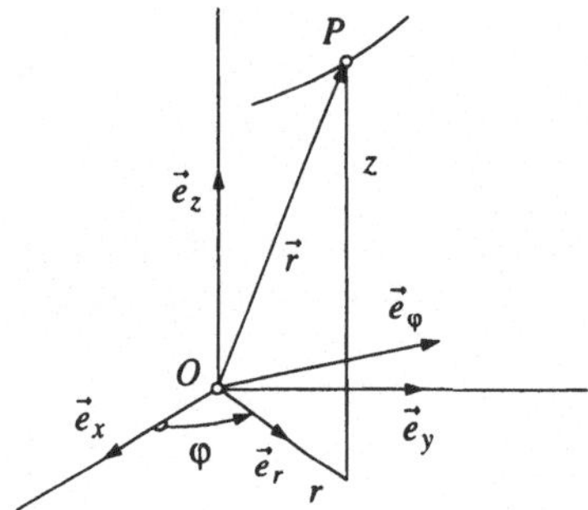

Abb. 2.5.

Der Körperpunkt P liegt auf der durch die Einheitsvektoren $\vec{e}_r$ und $\vec{e}_z$ aufgespannten Ebene (siehe Abb. 2.5). Diese dreht sich im allgemeinen mit der Winkelgeschwindigkeit $\dot{\varphi}$ um die z-Achse, wenn der Körperpunkt seine Bahn durchläuft. Der Ortsvektor und seine Ableitungen lauten:

$$\vec{r} = r\vec{e}_r + z\vec{e}_z, \tag{2.14}$$

$$\vec{v} = \dot{r}\vec{e}_r + r\dot{\varphi}\vec{e}_\varphi + \dot{z}\vec{e}_z, \tag{2.15}$$

$$\vec{a} = (\ddot{r} - r\dot{\varphi}^2)\vec{e}_r + (r\ddot{\varphi} + 2\dot{r}\dot{\varphi})\vec{e}_\varphi + \ddot{z}\vec{e}_z. \tag{2.16}$$

Die Einheitsvektoren $\vec{e}_r$ und $\vec{e}_\varphi$ ändern sich mit dem Winkel φ, und dieser ist von der Zeit abhängig. Es gilt

$$\frac{d\vec{e}_r}{dt} = \frac{d\vec{e}_r}{d\varphi}\dot{\varphi} = \dot{\varphi}\vec{e}_\varphi, \tag{2.17}$$

$$\frac{d\vec{e}_\varphi}{dt} = \frac{d\vec{e}_\varphi}{d\varphi}\dot{\varphi} = -\dot{\varphi}\vec{e}_r. \tag{2.18}$$

Diese Beziehungen lassen sich verifizieren, indem man die Einheitsvektoren in der unveränderlichen kartesischen Basis darstellt,

$$\vec{e}_r = \cos\varphi\,\vec{e}_x + \sin\varphi\,\vec{e}_y, \tag{2.19}$$

$$\vec{e}_\varphi = -\sin\varphi\,\vec{e}_x + \cos\varphi\,\vec{e}_y, \tag{2.20}$$

und sie nach φ ableitet. Es ergibt sich

$$\frac{d\vec{e}_r}{d\varphi} = \vec{e}_\varphi, \tag{2.21}$$

$$\frac{d\vec{e}_\varphi}{d\varphi} = -\vec{e}_r. \tag{2.22}$$

Die letztere Beziehung ist als Spezialfall in Gl. (2.11) enthalten. Bei der ebenen Bewegung ist z konstant, und die Zylinderkoordinaten reduzieren sich auf Polarkoordinaten.

2.2.4 Die zeitfreie Integration

In natürlichen Koordinaten sind Ortsvektor, Geschwindigkeit und Beschleunigung direkt vom Weg abhängig und indirekt von der Zeit. Nach der Kettenregel gilt

$$a_t = \dot{v} = \frac{dv}{ds}\frac{ds}{dt} = v\frac{dv}{ds} \tag{2.23}$$

oder

$$a_t ds = v dv. \tag{2.24}$$

Diese Beziehung kann man sich zunutze machen beim Integrieren, wenn a_t als Funktion des Weges oder der Geschwindigkeit gegeben ist oder konstant ist. Man erhält

$$\frac{v^2}{2} = \int a_t(s)\,ds + C \tag{2.25}$$

beziehungsweise

$$s = \int \frac{v}{a_t(v)}\,dv + C. \tag{2.26}$$

Bewegt sich der Körperpunkt auf einer Kreisbahn vom Radius r_0, dann entfällt der Unterschied zwischen natürlichen Koordinaten und Polarkoordinaten bis auf ein Vorzeichen. Es bestehen die Zusammenhänge

$$\vec{t} = \vec{e}_\varphi, \qquad \vec{n} = -\vec{e}_r \tag{2.27}$$

und

$$s = r_0(\varphi - \varphi_0). \tag{2.28}$$

Analog zu den Gln. (2.23) und (2.24) findet man

$$\ddot{\varphi} = \frac{d\dot{\varphi}}{d\varphi}\frac{d\varphi}{dt} = \dot{\varphi}\frac{d\dot{\varphi}}{d\varphi} \tag{2.29}$$

und

$$\ddot{\varphi}\,d\varphi = \dot{\varphi}\,d\dot{\varphi}. \tag{2.30}$$

Daraus erhält man durch Integrieren $\dot{\varphi}$ als Funktion von φ oder φ als Funktion von $\dot{\varphi}$.

2.3 Die Kinematik des starren Körpers

2.3.1 Freiheitsgrad und Lagekoordinaten

Als Freiheitsgrad eines Körpers oder Körpersystems definieren wir die Anzahl der festzulegenden voneinander unabhängigen Längen und/oder Winkel, welche zu seiner Fixierung im Raume hinreichend sind. Wir nennen diese Größen Lagekoordinaten.

Nach dieser Definition hat der starre Körper den Freiheitsgrad 6. Hält man nämlich einen Punkt des starren Körpers im Raume fest, dann können sich die anderen Punkte auf Kugelflächen um den ersten bewegen. Durch (allerdings nicht beliebige) Wahl zweier Winkel oder Richtungskosinus fixiert man eine körperfeste Achse in einem raumfesten Koordinatensystem. Um diese kann sich der Körper immer noch drehen. Durch Festlegung eines weiteren Winkels ist der Körper schließlich festgehalten. Die Bewegung des Körpers wird also durch die Wahl von sechs Lagekoordinaten ausgeschaltet.

Bemerkung: Neben den Koordinaten eines Körperpunkts eignen sich als weitere Lagekoordinaten allerdings besser die Eulerschen Winkel (siehe Abb. 2.6), da die Wahl zweier Richtungskosinus zwei verschiedene Orientierungen der erwähnten körperfesten Achse zuläßt. Zur eindeutigen Beschreibung der allgemeinen Lage eines starren Körpers bei festgehaltenem Punkt A verwenden wir dabei ein körperfestes orthogonales Koordinatensystem x, y, z, welches zunächst mit dem raumfesten ξ, η, ζ-System zusammenfällt. Der Körper - und damit das körperfeste Koordinatensystem - wird um die ζ-Achse (= z-Achse) durch den Winkel α gedreht. Nach dieser Drehung fällt die x-Achse mit einer als Knotenlinie bezeichneten Geraden k zusammen. Nun schließt sich eine zweite Drehung des Körpers um die Knotenlinie durch den Winkel β an. Dadurch gelangt die z-Achse in ihre Endlage. Die Knotenlinie ist also die Schnittgerade der ξ, η-Ebene und der x, y-Ebene. Die dritte und letzte Drehung des Körpers erfolgt um die z-Achse durch den Winkel γ. Dabei nehmen auch die x-Achse und die y-Achse ihre Endlagen ein.

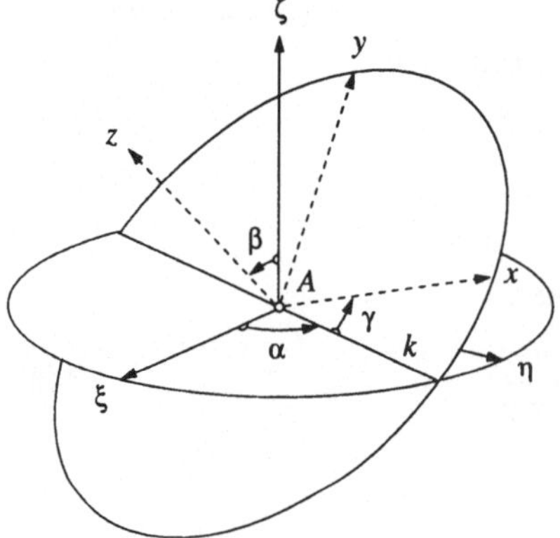

Abb. 2.6.

2.3.2 Die Verteilungen von Geschwindigkeit und Beschleunigung im starren Körper

Es sei zunächst darauf hingewiesen, daß es sich bei der Untersuchung der Geschwindigkeitsverteilung wie auch der weiter unten behandelten Beschleunigungsverteilung um Augenblicksbetrachtungen handelt. Der Ortsvektor $\vec{r}_P$ vom Ursprung O zum allgemeinen Punkt P wird zusammengesetzt aus dem Vektor $\vec{r}_A$ von O zum Bezugspunkt A und dem Vektor $\vec{r}_{PA}$,

$$\vec{r}_P = \vec{r}_A + \vec{r}_{PA}. \tag{2.31}$$

Daraus folgt durch Ableiten nach der Zeit

$$\vec{v}_P = \vec{v}_A + \vec{v}_{PA}. \tag{2.32}$$

Dabei ist

$$\vec{v}_{PA} = \vec{v}_P - \vec{v}_A \tag{2.33}$$

die Geschwindigkeit des Punktes P gegenüber dem Punkt A oder bezogen auf den Punkt A. Sie wird häufig als Relativgeschwindigkeit bezeichnet; in der vorliegenden Darstellung soll aber dieser Ausdruck nur in der im Abschnitt 2.4 behandelten Relativkinematik zur Anwendung kommen.

In einem starren Körper ist die Entfernung $|\vec{r}_{PA}|$ zwischen zwei beliebigen Punkten A und P konstant. Der Punkt P kann sich daher gegenüber dem Punkt A nur senkrecht zur Verbindungslinie bewegen. Dies läßt sich auch formal aus der Definition des starren Körpers zeigen. Aus

$$\vec{r}_{PA} \cdot \vec{r}_{PA} = |\vec{r}_{PA}|^2 \tag{2.34}$$

folgt durch Ableiten nach der Zeit

$$\vec{v}_{PA} \cdot \vec{r}_{PA} = 0. \tag{2.35}$$

$\vec{v}_{PA}$ steht also senkrecht auf $\vec{r}_{PA}$. Eine dazu analoge Überlegung machten wir bei den natürlichen Koordinaten.

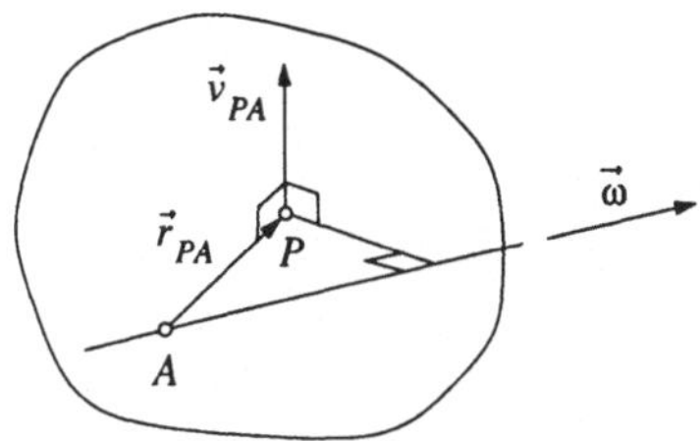

Abb. 2.7.

Die Geschwindigkeit $\vec{v}_{PA}$ des Punktes P gegenüber dem Punkt A rührt also von einer augenblicklichen Drehung des starren Körpers um eine Achse durch A her. Die Geschwindigkeit $\vec{v}_{PA}$ ist proportional der Winkelgeschwindigkeit und dem Abstand des Punktes P von der Drehachse durch A (siehe Abb. 2.7). Sie läßt sich mit dem Winkelgeschwindigkeitsvektor $\vec{\omega}$ darstellen als

$$\vec{v}_{PA} = \vec{\omega} \times \vec{r}_{PA}. \tag{2.36}$$

Man erhält also

$$\vec{v}_P = \vec{v}_A + \vec{\omega} \times \vec{r}_{PA}, \tag{2.37}$$

wo A der Bezugspunkt und P ein beliebiger Punkt des starren Körpers ist. Alle Punkte einer körperfesten Geraden, welche parallel ist zum Winkelgeschwindigkeitsvektor, haben dieselbe Geschwindigkeit.

Der augenblickliche Winkelgeschwindigkeitsvektor ist unabhängig von der Wahl des Bezugspunkts. Dies läßt sich auf folgende Weise zeigen: Wir gehen von einem Bezugspunkt A' aus und nehmen an, daß zu diesem der Winkelgeschwindigkeitsvektor $\vec{\omega}'$ gehört. Da die Geschwindigkeit $\vec{v}_P$ eines allgemeinen Körperpunkts P eindeutig ist, muß gelten

$$\vec{v}_A + \vec{\omega} \times \vec{r}_{PA} = \vec{v}_{A'} + \vec{\omega}' \times \vec{r}_{PA'}. \tag{2.38}$$

Der Abb. 2.8 entnimmt man

$$\vec{r}_{PA} = \vec{r}_{A'A} + \vec{r}_{PA'}. \tag{2.39}$$

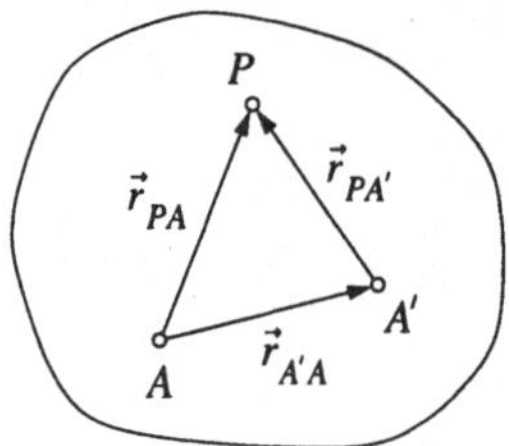

Abb. 2.8.

Damit geht die linke Seite von Gl. (2.38) über in

$$\vec{v}_A + \vec{\omega} \times \vec{r}_{A'A} + \vec{\omega} \times \vec{r}_{PA'} = \vec{v}_{A'} + \vec{\omega} \times \vec{r}_{PA'}, \tag{2.40}$$

wo von Gl. (2.37) Gebrauch gemacht wurde, und Gl. (2.38) vereinfacht sich zu

$$\vec{\omega} \times \vec{r}_{PA'} = \vec{\omega}' \times \vec{r}_{PA'}. \tag{2.41}$$

Aus der Gleichheit des einen Faktors kann man zunächst keine Schlüsse ziehen. Da P aber ein beliebiger Punkt des starren Körpers ist, folgt aus Gl. (2.41)

$$\vec{\omega}' = \vec{\omega}. \tag{2.42}$$

Wählt man nämlich P so, daß $\vec{r}_{PA'}$ und $\vec{\omega}$ parallel sind, dann folgt daraus, daß auch $\vec{\omega}'$ zu diesen Vektoren parallel sein muß. Die Wahl eines anderen Punktes ergibt dann, daß auch Richtungssinn und Betrag übereinstimmen müssen.

Wenn es eine Gerade gibt, deren Punkte die Geschwindigkeit $\vec{0}$ haben, dann ist es oft vorteilhaft, einen davon als Bezugspunkt zu wählen.

Nach dem bisher Gesagten ist es wohl selbstverständlich, daß die Geschwindigkeiten zweier Punkte P und Q eines starren Körpers nicht unabhängig voneinander vorgeschrieben werden können. Dies läßt sich auch formal zeigen: Für P und Q liefert Gl. (2.37)

$$\vec{v}_Q = \vec{v}_P + \vec{\omega} \times \vec{r}_{QP}. \tag{2.43}$$

Multipliziert man beide Seiten skalar mit dem Einheitsvektor $\vec{e}_{QP} = \vec{r}_{QP}/|\vec{r}_{QP}|$, welcher von P nach Q zeigt, so ergibt sich

$$\vec{v}_Q \cdot \vec{e}_{QP} = \vec{v}_P \cdot \vec{e}_{QP}, \tag{2.44}$$

da der zweite Summand als Spatprodukt mit zwei parallelen Faktoren verschwindet. Gleichung (2.44) besagt, daß die Komponenten der Geschwindigkeiten $\vec{v}_P$ und $\vec{v}_Q$ in Richtung der Verbindungsgeraden übereinstimmen, weil P und Q sich nicht voneinander entfernen (siehe Abb. 2.9).

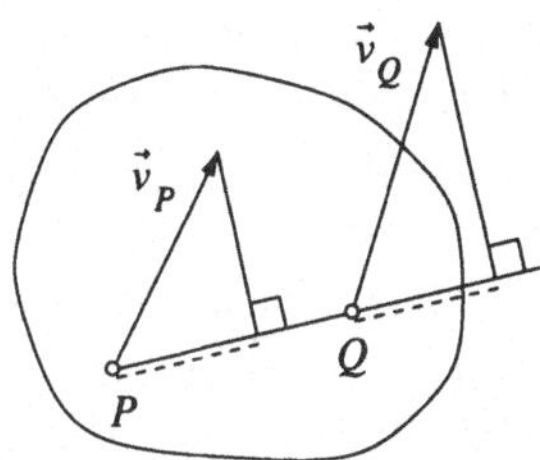

Abb. 2.9.

Als nächstes untersuchen wir die Beschleunigungsverteilung. Aus Gl. (2.37) folgt durch Ableiten nach der Zeit

$$\vec{a}_P = \dot{\vec{v}}_P = \vec{a}_A + \dot{\vec{\omega}} \times \vec{r}_{PA} + \vec{\omega} \times \vec{v}_{PA}. \tag{2.45}$$

Der letzte Summand, in welchen $\vec{v}_{PA}$ nach Gl. (2.36) eingesetzt wird, geht nach dem Graßmannschen Entwicklungssatz über in

$$\vec{\omega} \times (\vec{\omega} \times \vec{r}_{PA}) = (\vec{r}_{PA} \cdot \vec{\omega})\,\vec{\omega} - \omega^2 \vec{r}_{PA} = \omega^2 \vec{p}, \tag{2.46}$$

wo

$$\vec{p} = (\vec{r}_{PA} \cdot \vec{e})\,\vec{e} - \vec{r}_{PA} \tag{2.47}$$

mit $\vec{e} = \vec{\omega}/|\vec{\omega}|$ der zur Momentanachse durch A zeigende Abstandsvektor des Punktes P ist (siehe Abb. 2.10.a). Die Beschleunigung des Punktes P setzt sich also aus

$$\vec{a}_P = \vec{a}_A + \dot{\vec{\omega}} \times \vec{r}_{PA} + \omega^2 \vec{p} \tag{2.48}$$

zusammen (siehe Abb. 2.10.b). Wir betrachten nun einige spezielle Bewegungen:

Translation Die Translation ist charakterisiert durch $\vec{\omega} \equiv \vec{0}$. Somit besitzen sämtliche Körperpunkte dieselben Geschwindigkeits- und Beschleunigungsvektoren, $\vec{v}_P \equiv \vec{v}_A$ und $\vec{a}_P \equiv \vec{a}_A$, und ihre Bahnkurven sind schiebungsgleich. Beispielsweise bewegen sich die Kabinen eines Paternosteraufzugs translatorisch.

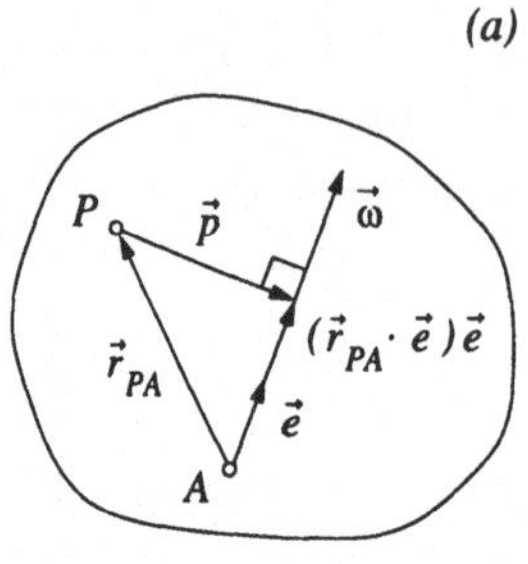

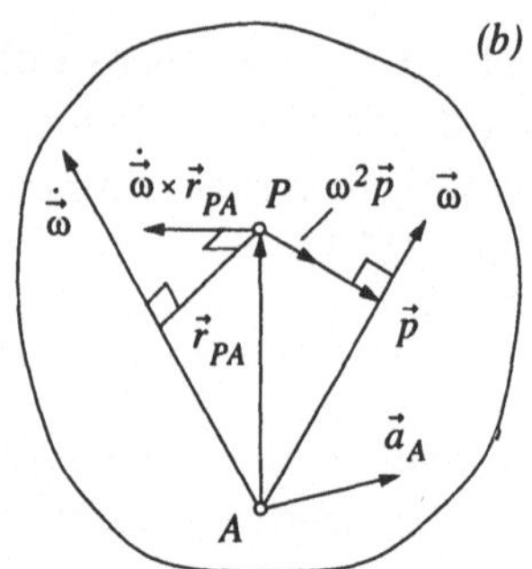

Abb. 2.10.

Rotation um eine körper- und raumfeste Achse Neben dem Winkelgeschwindigkeitsvektor ist hier auch der Winkelbeschleunigungsvektor parallel zur Drehachse. Die Bahnkurven der Körperpunkte sind Kreise. Es handelt sich um einen Spezialfall der ebenen Bewegung, welche weiter unten behandelt wird.

Kreiselung oder sphärische Bewegung Ein Körperpunkt O ist im Raume festgehalten. Alle anderen Körperpunkte bewegen sich auf Kugelflächen um O. O kann ein außerhalb des starren Körpers liegender (nichtmaterieller) Punkt sein, welchen man sich mit demselben fest verbunden denken muß.

Die Momentanachse durch O - sie fällt zusammen mit der körperfesten Geraden, deren Punkte im betrachteten Augenblick die Geschwindigkeit $\vec{0}$ besitzen - erzeugt, einmal vom Körper und einmal vom Raume aus beobachtet, zwei Kegel mit den Spitzen in O, die aufeinander abrollen und als körperfester Polkegel und raumfester Polkegel bezeichnet werden.

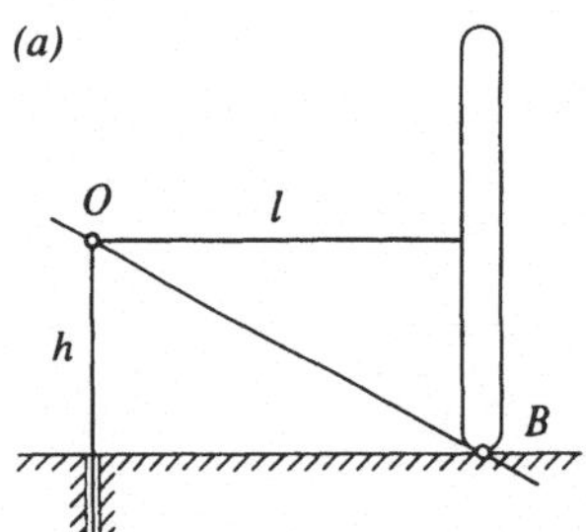

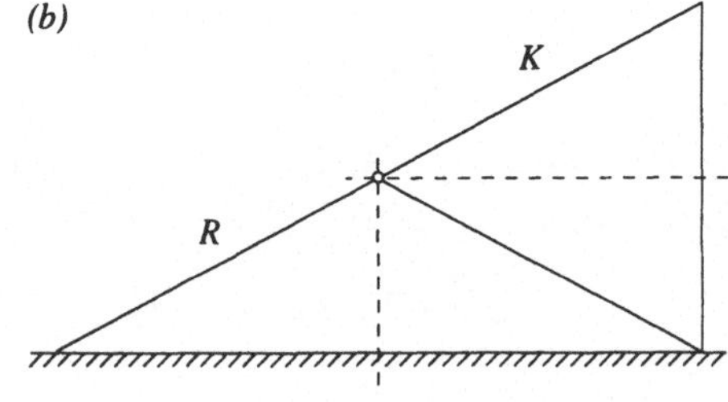

Abb. 2.11.

Als Beispiel betrachten wir den Kollergang oder die Kollermühle (siehe Abb. 2.11.a). Dabei handelt es sich um ein Rad, welches ohne zu gleiten auf einer Ebene rollt und dessen Achse einen raumfesten Punkt O besitzt. Da neben dem Punkt O der Punkt B des Rades bei reinem Rollen im Augenblick die Geschwindigkeit $\vec{0}$ hat, muß die Momentanachse durch O auch durch B gehen. Damit erhält man auch den raumfesten Polkegel (R) und den körperfesten Polkegel (K) (siehe Abb. 2.11.b). Je nach der Ausführung des Antriebs handelt es sich bei O um einen tatsächlichen Punkt (siehe Abb. 2.12.a) oder um einen gedachten Punkt (siehe Abb. 2.12.b) des starren Körpers.

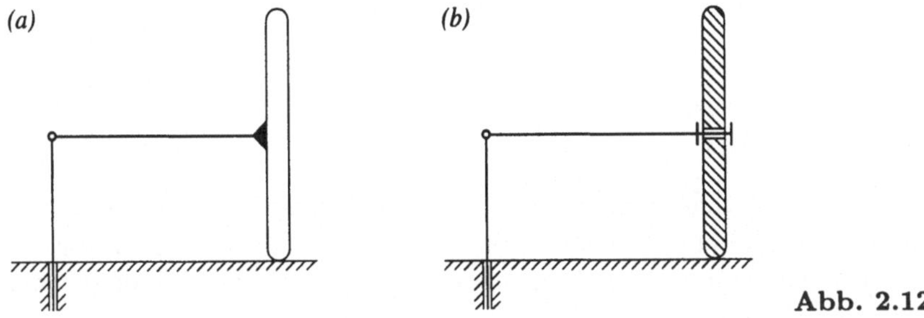

Abb. 2.12.

Die Winkelgeschwindigkeit $\vec{\omega}_K$ des Rades setzt sich zusammen aus der Antriebswinkelgeschwindigkeit $\vec{\Omega}$ und der Winkelgeschwindigkeit $\vec{\omega}_r$, mit welcher sich das Rad um seine Achse dreht (siehe Abb. 2.13), wobei für die letztere $|\vec{\omega}_r| = (l/h)|\vec{\Omega}|$ gilt.

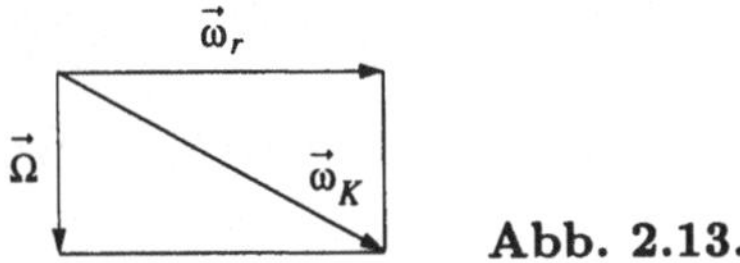

Abb. 2.13.

2.3.3 Die ebene Bewegung des starren Körpers

Eine ebene Bewegung liegt vor, wenn die Bahnen sämtlicher Körperpunkte in parallelen raumfesten Ebenen verlaufen. Die Geschwindigkeits- und Beschleunigungsvektoren aller Körperpunkte sind parallel zu diesen Ebenen; der Winkelgeschwindigkeitsvektor und der Winkelbeschleunigungsvektor stehen senkrecht auf ihnen. Wir bezeichnen eine davon als x, y-Ebene und führen die z-Richtung als positive Richtung für die Winkelgeschwindigkeit und damit auch für die Winkelbeschleunigung ein,

$$\vec{\omega} = \omega \vec{e}_z. \tag{2.49}$$

Beim Blick in z-Richtung registriert man für $\omega > 0$ eine Drehung im Uhrzeigersinn (siehe Abb. 2.14). ω ist nicht der Betrag der Winkelgeschwindigkeit, sondern die skalare Winkelgeschwindigkeit.

Bemerkung: Von der Möglichkeit, vektorielle Größen als Produkt eines Skalars und eines Einheitsvektors darzustellen,

$$\vec{v} = v\vec{e}, \tag{2.50}$$

und damit in Skizzen durch einen Pfeil, welcher die positive Zählrichtung angibt und mit einer skalaren Bezeichnung versehen ist (siehe Abb. 2.15), wird

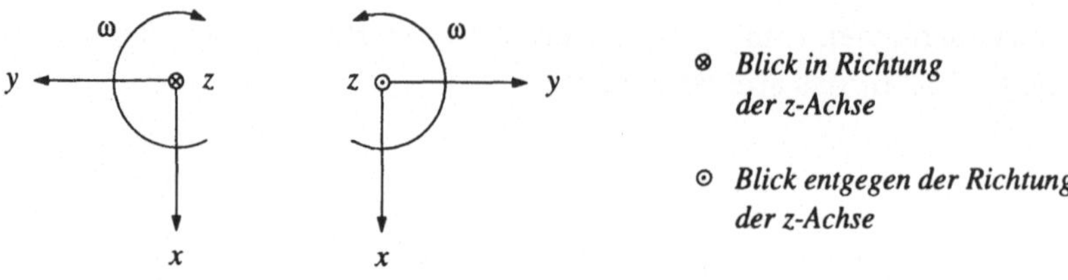

Abb. 2.14.

im folgenden öfter Gebrauch gemacht, und zwar insbesondere bei Kräften mit zunächst unbekanntem Richtungssinn, welcher sich erst aus der Rechnung ergibt. Die skalare Größe kann positiv oder negativ sein; im letzteren Falle ist der Richtungssinn entgegengesetzt zur positiven Zählrichtung.

Abb. 2.15.

Wir führen durch

$$\hat{\vec{q}} = \vec{e}_z \times \vec{q} \tag{2.51}$$

den durch $\pi/2$ um die z-Achse gedrehten Quervektor ein. Ein Beispiel für einen Quervektor zeigt Abb. 2.16.

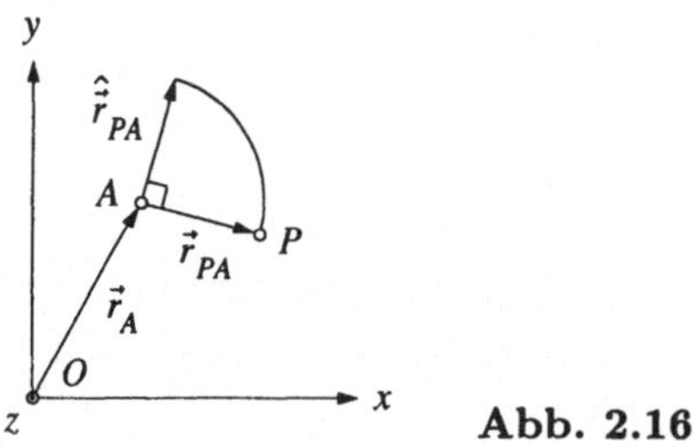

Abb. 2.16.

Die Geschwindigkeit des Punktes P läßt sich mit diesen Definitionen ausdrücken als

$$\vec{v}_P = \vec{v}_A + \vec{\omega} \times \vec{r}_{PA} = \vec{v}_A + \omega\hat{\vec{r}}_{PA}. \tag{2.52}$$

Für $\omega \neq 0$ besitzt der Körper einen Punkt, dessen Geschwindigkeit verschwindet, nämlich den Geschwindigkeitspol G. Aus

$$\vec{v}_A + \omega\hat{\vec{r}}_{GA} = \vec{0} \tag{2.53}$$

folgt

$$\hat{\vec{r}}_{GA} = -\frac{\vec{v}_A}{\omega}. \tag{2.54}$$

Durch vektorielles Multiplizieren mit $-\vec{e}_z$ von links machen wir die Drehung rückgängig und erhalten

$$\vec{r}_{GA} = -\vec{e}_z \times \left(-\frac{\vec{v}_A}{\omega} \right) = \frac{\hat{\vec{v}}_A}{\omega}.$$

(2.55)

Wählt man G als Bezugspunkt, dann ergibt sich

$$\vec{v}_P = \omega \hat{\vec{r}}_{PG}.$$

(2.56)

Die Geschwindigkeiten sind augenblicklich so verteilt wie bei einer Drehung um eine Achse durch G. Man beachte aber, daß G im allgemeinen eine Beschleunigung besitzt!

Durch den Geschwindigkeitspol sind also die Richtungen der Geschwindigkeiten sämtlicher Körperpunkte gegeben. Aus diesem Sachverhalt folgt umgekehrt, daß bei der ebenen Bewegung durch die nichtparallelen Richtungen der Geschwindigkeiten zweier Körperpunkte der Geschwindigkeitspol des Körpers festgelegt ist (siehe Abb. 2.17).

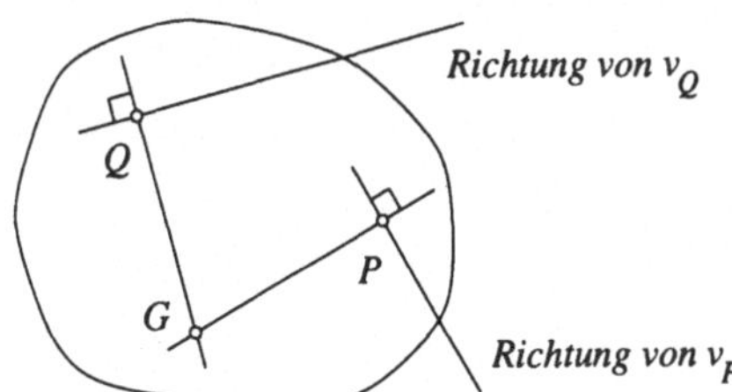

Abb. 2.17.

Markieren wir die aufeinanderfolgenden Lagen von G im bewegten Körper und in der raumfesten Ebene, dann erhalten wir die körperfeste Polkurve oder Gangpolbahn und die raumfeste Polkurve oder Rastpolbahn. Die Gangpolbahn rollt ohne zu gleiten auf der Rastpolbahn ab. Zu jedem ebenen Getriebe existiert eine Zahnradversion.

Als Beispiel untersuchen wir ein Kreuzschleifengetriebe: Eine starre Stange der Länge l hat an ihren Enden zwei drehbare Gleitschuhe, welche auf zwei zueinander senkrecht stehenden Stangen gleiten (siehe Abb. 2.18.a). Wir betrachten zwei verschiedene Lagen und finden die Geschwindigkeitspole als Schnittpunkte je zweier Normalen zu den Bahngeraden wie oben beschrieben. Von der bewegten Stange aus beobachtet liegen die Geschwindigkeitspole auf einem Thaleskreis vom Durchmesser l. Die Entfernung der Geschwindigkeitspole vom Schnittpunkt der beiden Führungsstangen ist l. Gangpolbahn und Rastpolbahn sind also Kreise vom Radius $l/2$ beziehungsweise l, welche aufeinander abrollen. Abbildung 2.18.b zeigt die Zahnradversion des Kreuzschleifengetriebes. Punkte auf dem Umfang des bewegten Zahnrads durchlaufen spezielle Hypozykloiden, nämlich Geraden.

Die Beschleunigung des Punktes P bei der ebenen Bewegung ergibt sich mit dem Quervektor $\hat{\vec{r}}_{PA}$ und $\vec{\rho} = -\vec{r}_{PA}$ aus Gl. (2.48) als

$$\vec{a}_P = \vec{a}_A + \dot{\omega}\hat{\vec{r}}_{PA} - \omega^2 \vec{r}_{PA}$$

$$= \vec{a}_A + \vec{a}^{\,t}_{PA} + \vec{a}^{\,n}_{PA};$$

(2.57)

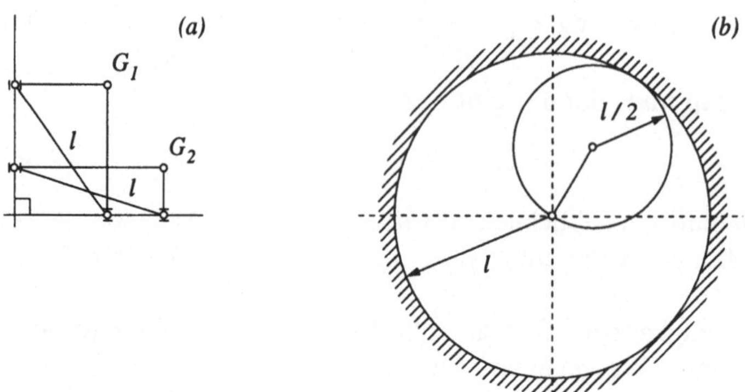

Abb. 2.18.

die Interpretation des zweiten und dritten Summanden als Tangentialanteil (oberer Index t) und Normalanteil (oberer Index n) der Beschleunigung des Punktes P gegen den Punkt A ist nur bei der ebenen Bewegung möglich (siehe Abb. 2.19).

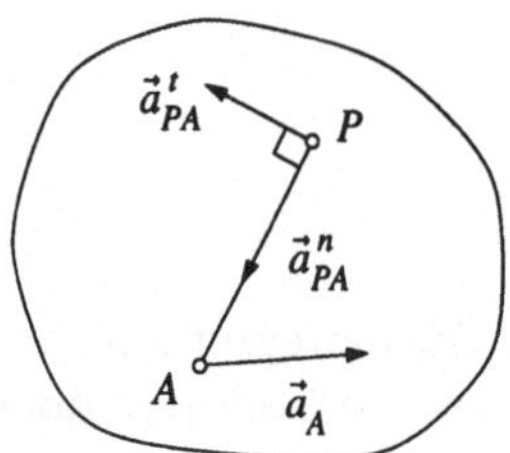

Abb. 2.19.

Wenn nicht sowohl ω als auch $\dot{\omega}$ verschwinden, dann existiert ein Beschleunigungspol B. Aus

$$\vec{a}_A + \dot{\omega}\hat{\vec{r}}_{BA} - \omega^2 \vec{r}_{BA} = \vec{0} \tag{2.58}$$

eliminiert man $\hat{\vec{r}}_{BA}$ in folgender Weise: Durch vektorielles Multiplizieren mit $\vec{e}_z$ von links ergibt sich

$$\hat{\vec{a}}_A - \dot{\omega}\vec{r}_{BA} - \omega^2 \hat{\vec{r}}_{BA} = \vec{0}. \tag{2.59}$$

Nun addiert man die mit ω^2 multiplizierte Gl. (2.58) und die mit $\dot{\omega}$ multiplizierte Gl. (2.59). Daraus folgt

$$\vec{r}_{BA} = \frac{\omega^2}{\omega^4 + \dot{\omega}^2}\vec{a}_A + \frac{\dot{\omega}}{\omega^4 + \dot{\omega}^2}\hat{\vec{a}}_A. \tag{2.60}$$

Die Gl. (2.60) wird durch Abb. 2.20.a veranschaulicht. Man liest ab

$$\tan\psi = \frac{\dot{\omega}}{\omega^2}. \tag{2.61}$$

Mit B als Bezugspunkt ergibt sich aus Gl. (2.57)

$$\vec{a}_P = \dot{\omega}\hat{\vec{r}}_{PB} - \omega^2\vec{r}_{PB}, \tag{2.62}$$

wie Abb. 2.20.b zeigt. Die Beschleunigungen sind augenblicklich so verteilt wie bei einer Drehung um eine Achse durch B. Im allgemeinen ist $\vec{v}_B \neq \vec{0}$!

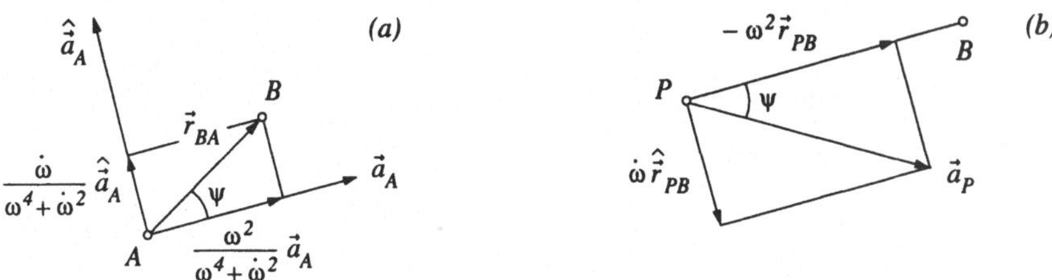

Abb. 2.20.

Als Beispiel für die ebene Bewegung eines starren Körpers ermitteln wir nun die Geschwindigkeit und die Beschleunigung des allgemeinen Punktes P eines rein rollenden Rades (siehe Abb. 2.21). Reines Rollen bedeutet, daß das Rad

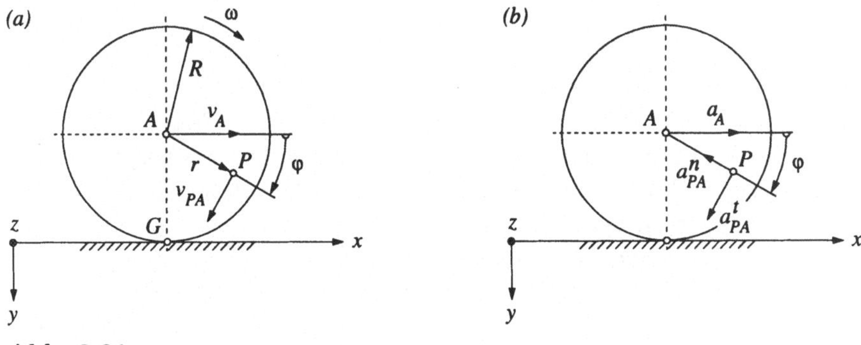

Abb. 2.21.

auf der Ebene abrollt, ohne ihr gegenüber zu gleiten. Der Punkt G des Rades, welcher die Ebene berührt, oder - präziser ausgedrückt - der Punkt G des Kreises, welcher die Gerade berührt, ist der augenblickliche Geschwindigkeitspol. Das rein rollende Rad hat den Freiheitsgrad 1.

Mit den Einheitsvektoren $\vec{e}_r$ und $\vec{e}_\varphi$ eines im Bezugspunkt A, dem Mittelpunkt des Rades, verankerten Polarkoordinatensystems gilt zunächst ganz allgemein

$$\vec{v}_{PA} = \omega r \vec{e}_\varphi, \tag{2.63}$$

$$\vec{a}_{PA} = \dot{\omega} r \vec{e}_\varphi - \omega^2 r \vec{e}_r. \tag{2.64}$$

Addiert man dazu die parallel zur Ebene gerichteten Vektoren $\vec{v}_A$ beziehungsweise $\vec{a}_A$ (siehe Abbn. 2.21.a und 2.21.b), dann erhält man

$$\vec{v}_P = v_A \cos\varphi\, \vec{e}_r + (-v_A \sin\varphi + \omega r)\vec{e}_\varphi, \tag{2.65}$$

$$\vec{a}_P = (a_A \cos\varphi - \omega^2 r)\vec{e}_r + (-a_A \sin\varphi + \dot{\omega} r)\vec{e}_\varphi, \tag{2.66}$$

wo r und φ die Polarkoordinaten des Punktes P sind. Wir spezialisieren diese Ergebnisse auf den Geschwindigkeitspol G mit den Koordinaten $r = R$ und $\varphi = \pi/2$ und den Einheitsvektoren $\vec{e}_r = \vec{e}_y$ und $\vec{e}_\varphi = -\vec{e}_x$ und finden

$$\vec{v}_G = (v_A - \omega R)\vec{e}_x = \vec{0} \tag{2.67}$$

und

$$\vec{a}_G = -\omega^2 R\vec{e}_y + (a_A - \dot{\omega}R)\vec{e}_x. \tag{2.68}$$

Aus Gl. (2.67) ergibt sich der Zusammenhang

$$v_A = \omega R, \tag{2.69}$$

welcher als Rollbedingung bezeichnet wird.

Bemerkung: Man beachte, daß die positiven Richtungen von v_A und ω in Abb. 2.21.a „zusammenpassen". Wenn die y-Achse nach oben zeigt und damit die z-Achse aus der Zeichenebene heraus und wenn als positive Richtung der Winkelgeschwindigkeit weiterhin die positive z-Richtung gewählt wird, dann gilt $v_A = -\omega R$.

Aus Gl. (2.69) erhalten wir durch Ableiten nach der Zeit

$$a_A = \dot{\omega}R. \tag{2.70}$$

Demnach verschwindet die horizontale Komponente der Beschleunigung des Geschwindigkeitspols in Gl. (2.68); $\vec{a}_G$ ist nach oben gerichtet. Eine anschauliche Erklärung dafür liefert die Betrachtung der Bahnkurve. Die Körperpunkte auf der Peripherie des Rades durchlaufen gemeine Zykloiden; derjenige von ihnen, welcher sich momentan in der Spitze seiner Bahnzykloide befindet, ist der augenblickliche Geschwindigkeitspol. Abbildung 2.22 zeigt eine gemeine Zykloide mitsamt dem Scheitelkrümmungskreis vom Radius $\rho_S = v_S^2/a_S^n = 4R$.

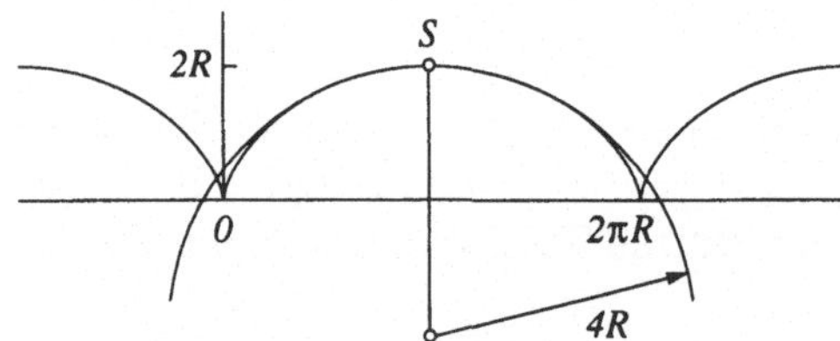

Abb. 2.22.

Wir wollen noch die Lage des Beschleunigungspols B ermitteln, dessen Koordinaten wir mit r_{BA} und ψ bezeichnen. Aus Gl. (2.66) mit Gl. (2.70) und $\vec{a}_B = \vec{0}$ folgt

$$\dot{\omega}R\cos\psi - \omega^2 r_{BA} = 0, \tag{2.71}$$

$$r_{BA} = R\sin\psi. \tag{2.72}$$

Für $0 \leq \psi \leq \pi$ ist letzteres die Gleichung des geometrischen Ortes aller Beschleunigungspole, nämlich eines Kreises mit dem Mittelpunkt $r = R/2$, $\varphi = \pi/2$ und dem Radius $R/2$ (siehe Abb. 2.23).

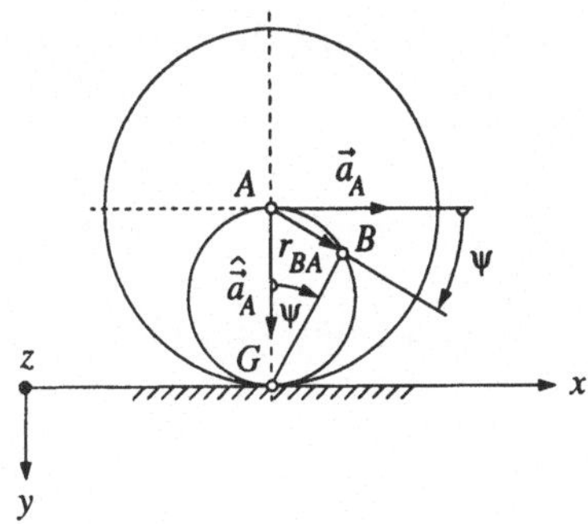

Abb. 2.23.

Zunächst stellen wir fest, daß bei Abwesenheit einer Winkelbeschleunigung, $\dot\omega = 0$, sich der Radmittelpunkt A mit konstanter Geschwindigkeit $\vec v_A$ bewegt; er ist also der Beschleunigungspol. Wir untersuchen nun den Einfluß der Winkelbeschleunigung auf die Lage des Beschleunigungspols. Durch Einsetzen von Gl. (2.72) in Gl. (2.71) erhalten wir $\tan\psi = \dot\omega/\omega^2$; demnach ist ψ der durch Gl. (2.61) eingeführte Winkel (siehe Abbn. 2.20.a und 2.20.b). Auflösen nach ψ ergibt

$$\psi = \arctan\frac{\dot\omega}{\omega^2}. \tag{2.73}$$

Da, wie wir gesehen haben, der Wertebereich von ψ das Intervall $0 \leq \psi \leq \pi$ ist, handelt es sich bei ψ nach Gl. (2.73) nicht um den Hauptwert des $\arctan(\dot\omega/\omega^2)$. Unter Verwendung einer trigonometrischen Identität eliminiert man ψ aus den Gln. (2.72) und (2.61) und erhält

$$r_{BA} = \frac{\left|\frac{\dot\omega}{\omega^2}\right|}{\sqrt{1 + \frac{\dot\omega^2}{\omega^4}}}R. \tag{2.74}$$

Mit den Gln. (2.73) und (2.74) liegt der geometrische Ort der Beschleunigungspole nunmehr in Parameterdarstellung vor.

Zu $\dot\omega/\omega^2 = 0$ gehört $r_{BA} = 0$ und $\psi = 0$ oder $\psi = \pi$, also $B = A$, was wir bereits aus der Anschauung gefunden haben. Bei positivem zunehmenden $\dot\omega/\omega^2$ wächst auch r_{BA} und ψ, und B bewegt sich auf der rechten Hälfte des in Abb. 2.23 dargestellten Kreises im Uhrzeigersinn von A nach G. Dem Anfahren aus dem Stillstand heraus, $\dot\omega/\omega^2 \to \infty$, entspricht $r_{BA} = R$ und $\psi = \pi/2$; Geschwindigkeitspol und Beschleunigungspol fallen zusammen. Bei negativem dem Betrag nach zunehmenden $\dot\omega/\omega^2$ wächst r_{BA} von 0 auf R, ψ nimmt ab von π auf $\pi/2$, und B wandert auf der linken Kreishälfte im Antiuhrzeigersinn von A nach G.

Um den Zusammenhang mit Abb. 2.20 herzustellen, ist auf Abb. 2.23 auch der Vektor $\hat{\vec a}_A$ eingetragen, von welchem bei der vorliegenden Rechnung kein Gebrauch gemacht wurde. Wenn man dort $\vec a_A = \dot\omega R\vec e_x$ und $\hat{\vec a}_A = \omega R\vec e_y$ setzt, erhält man das Ergebnis (2.74) oder auch (2.72) als Betrag des Vektors $\vec r_{BA}$ nach Gl. (2.60). (Es sei daran erinnert, daß in diesem Beispiel der Vektor $\vec e_z$ in die Zeichenebene zeigt.) Anhand von Abb. 2.23 verifiziert man unschwer, daß die

Beschleunigungen augenblicklich so verteilt sind wie bei einer Drehung um eine Achse durch B. Für $\dot\omega > 0$ und $\omega \neq 0$ gilt

$$\frac{r_{AB}}{r_{GB}} = \tan\psi = \frac{\dot\omega}{\omega^2} = \frac{|\vec{a}_A|}{|\vec{a}_G|}; \tag{2.75}$$

des weiteren stimmen die Winkel zwischen den Vektoren $\vec{a}_A$ und $\vec{r}_{BA}$ einerseits und zwischen $\vec{a}_G$ und $\vec{r}_{BG}$ andererseits überein.

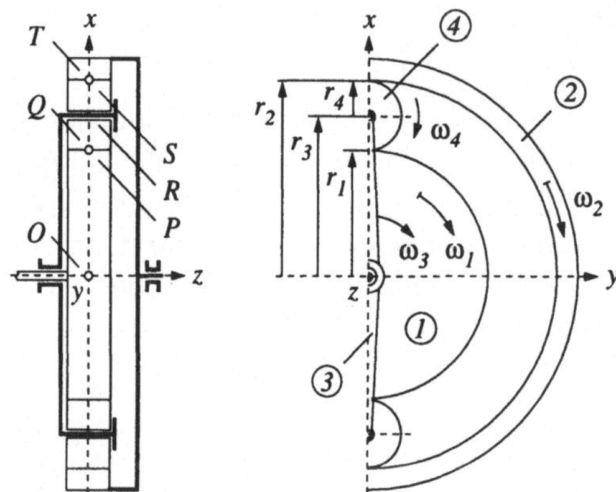

Abb. 2.24.

Ebene Bewegungen führen auch die Körperpunkte aller Teile eines Planetengetriebes aus. Ein solches ist auf Abb. 2.24 dargestellt. Es besteht aus dem Sonnenrad ①, dem Hohlrad ②, dem Planetenträger oder Steg ③ sowie den Planeten. Deren Anzahl ist in kinematischer Hinsicht irrelevant; auf Abb. 2.24 sind zwei Planeten gezeigt, von welchen der obere mit ④ bezeichnete in die Behandlung einbezogen wird. Die für ihn gefundenen Ergebnisse lassen sich sinngemäß auch auf den anderen Planeten übertragen.

Man überlegt sich leicht, daß dieses Planetengetriebe den Freiheitsgrad 2 hat; als Lagekoordinaten bieten sich zwei Winkel an. Indem man ihnen feste Werte zuordnet, nimmt man dem vorliegenden System starrer Körper jede Bewegungsmöglichkeit. Durch die Radien r_1 und r_2 des Sonnenrads und des Hohlrads sind auch die Radien $r_3 = (r_2 + r_1)/2$ und $r_4 = (r_2 - r_1)/2$ des Planetenträgers und des Planeten bestimmt. Für die (absoluten) Winkelgeschwindigkeiten legen wir als positive Richtung die positive z-Richtung fest, $\vec{\omega}_i = \omega_i \vec{e}_z$, und für die Geschwindigkeiten der in der z, x-Ebene liegenden Körperpunkte die positive y-Richtung, $\vec{v} = v\vec{e}_y$. Somit gilt nach Gl. (2.52) für Sonnenrad, Hohlrad, Planetenträger und Planet

$$v^{①} = \omega_1 x, \tag{2.76}$$

$$v^{②} = \omega_2 x, \tag{2.77}$$

$$v^{③} = \omega_3 x, \tag{2.78}$$

$$v^{④} = v_R + \omega_4(x - r_3) = \omega_3 r_3 + \omega_4(x - r_3). \tag{2.79}$$

An den Punkten, wo zwei Räder aufeinander abrollen, müssen ihre Geschwindigkeiten übereinstimmen, also $v_T = v_S$ und $v_P = v_Q$ oder

$$\omega_2 r_2 = \omega_3 r_3 + \omega_4 r_4, \tag{2.80}$$

$$\omega_1 r_1 = \omega_3 r_3 - \omega_4 r_4. \tag{2.81}$$

Aus den Gln. (2.80) und (2.81) kann man zwei unbekannte Winkelgeschwindigkeiten durch zwei gegebene Winkelgeschwindigkeiten ausdrücken, zum Beispiel ω_2 und ω_4 durch ω_1 und ω_3. Es ergibt sich

$$\omega_4 = \frac{r_3}{r_4}\omega_3 - \frac{r_1}{r_4}\omega_1 \tag{2.82}$$

und

$$\omega_2 = 2\frac{r_3}{r_2}\omega_3 - \frac{r_1}{r_2}\omega_1. \tag{2.83}$$

Durch Ableiten beider Seiten der Gln. (2.80) und (2.81) nach der Zeit erhält man die Zusammenhänge zwischen den Winkelbeschleunigungen.

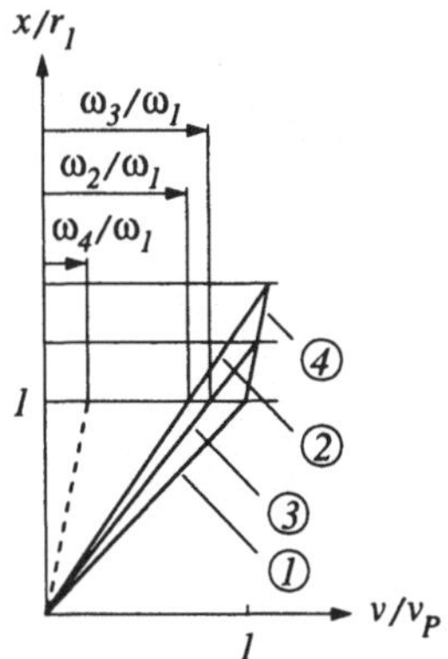

Abb. 2.25.

Die Ergebnisse lassen sich in Form eines Geschwindigkeitsplans übersichtlich darstellen. Wir dividieren dazu die Gln. (2.76) bis (2.79) durch $v_P = \omega_1 r_1$ und tragen $v^{\textcircled{i}}/v_P$ über x/r_1 auf (siehe Abb. 2.25). Die Geraden haben die Anstiege ω_i/ω_1, und an der Stelle $x/r_1 = 1$ sind mit $v^{\textcircled{i}}/v_P = \omega_i/\omega_1$ die Winkelgeschwindigkeitsverhältnisse von Hohlrad und Sonnenrad beziehungsweise Planetenträger und Sonnenrad direkt ablesbar. Für ω_4/ω_1 muß eine Parallele zu der dem Planeten zugeordneten Geraden durch den Koordinatenursprung gezogen werden. Bei den Winkelgeschwindigkeiten handelt es sich - wie schon erwähnt - um absolute Winkelgeschwindigkeiten, jedoch sind der Abb. 2.25 auch die relativen Winkelgeschwindigkeiten als Differenzen der absoluten Winkelgeschwindigkeiten zu entnehmen. So dreht sich der Planet ④ mit der relativen (auf ω_1 bezogenen) Winkelgeschwindigkeit $\omega_4/\omega_1 - \omega_3/\omega_1$, welche bei den Gegebenheiten von Abb. 2.25 negativ ist, gegenüber dem Planetenträger ③.

Bemerkung: Als Bezugsgrößen eignen sich die Koordinate $x > 0$ und die zugehörige Geschwindigkeit $v^{\textcircled{i}} = \omega_i x \neq 0$ eines beliebigen Punktes des nicht stillstehenden Sonnenrads, Hohlrads oder Planetenträgers. Die dem gewählten Bezugskörper zugeordnete Gerade hat den Anstieg 1, welchem die dimensionslose Winkelgeschwindigkeit 1 entspricht, der gewählte Bezugspunkt hat die dimensionslose Koordinate 1 und die dimensionslose Geschwindigkeit 1 (siehe Abbn. 2.25 bis 2.30).

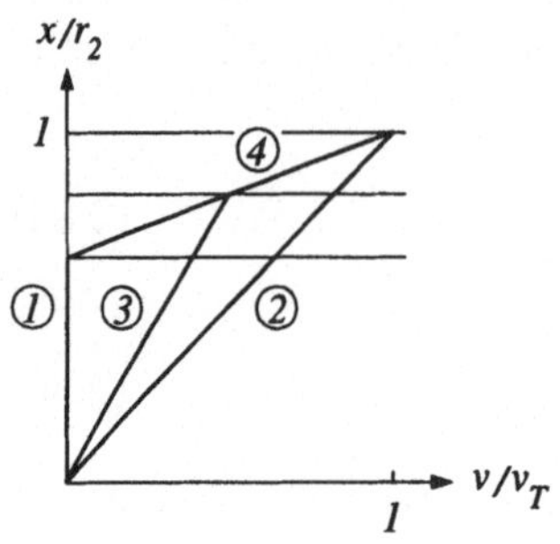

Abb. 2.26.

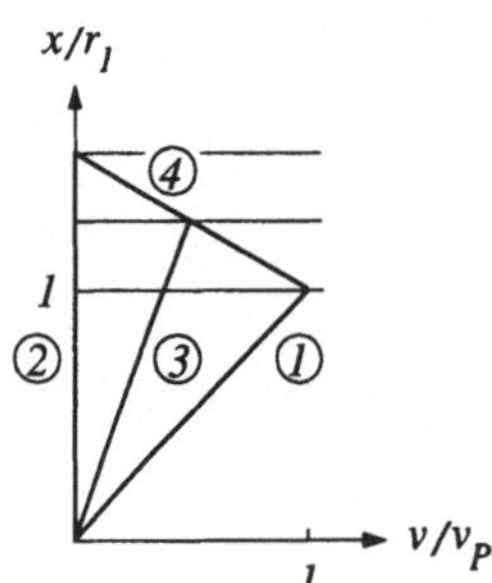

Abb. 2.27.

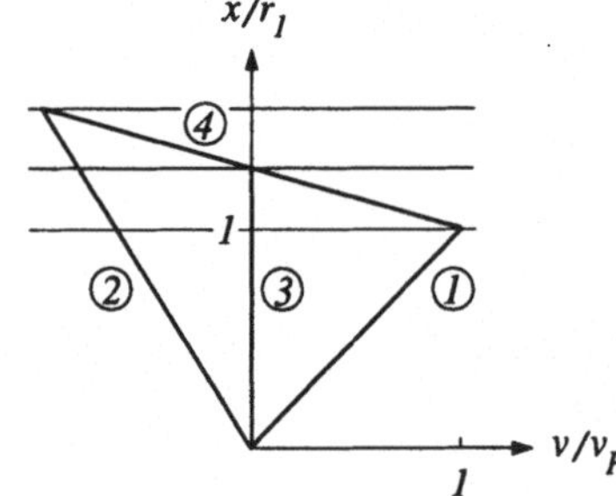

Abb. 2.28.

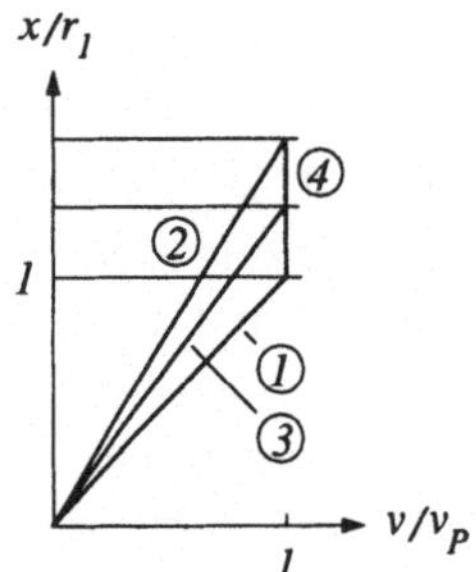

Abb. 2.29.

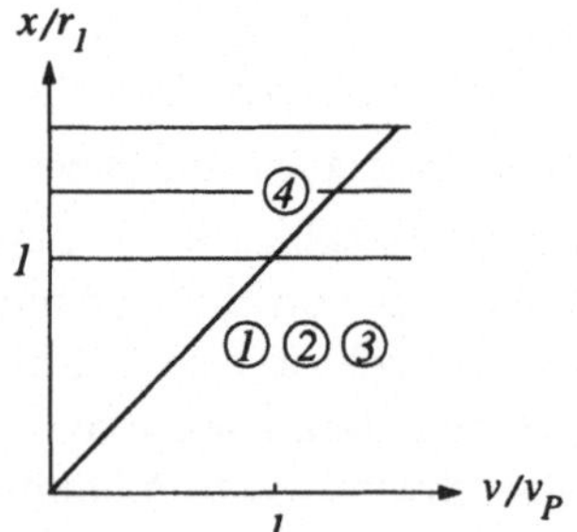

Abb. 2.30.

Die Abbn. 2.26 bis 2.30 zeigen noch einige Spezialfälle, nämlich die Geschwindigkeiten der in der z, x-Ebene liegenden materiellen Durchmesserpunkte für festgehaltenes Sonnenrad, $\omega_1 = 0$, sowie für festgehaltenes Hohlrad, $\omega_2 = 0$, festgehaltenen Planetenträger, $\omega_3 = 0$, translatorisch bewegten Planeten, $\omega_4 = 0$,

und auf dem Planetenträger festgeklemmten Planeten, $\omega_4 = \omega_3$. Im letzteren
Falle bewegen sich alle Bestandteile des Planetengetriebes wie ein starrer Körper.
Auf Abb. 2.26 sind r_2 und v_T die Bezugsgrößen, und die Geraden haben die Anstiege ω_i/ω_2.

2.4 Die Kinematik der Relativbewegung

In manchen Fällen haben wir Bewegungen zu untersuchen, welche sich in Bezug
auf ein bewegtes, insbesondere rotierendes, System in einfacher Weise beschreiben lassen.

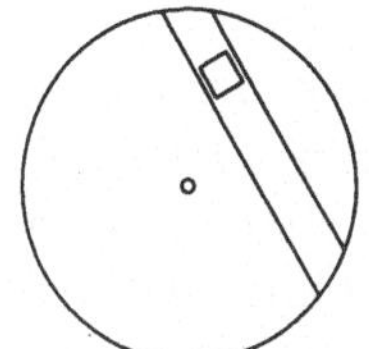

Abb. 2.31.

Als Beispiel betrachten wir einen Gleitschuh, der sich längs einer geraden Führung auf einer rotierenden Scheibe bewegt (siehe Abb. 2.31). Relativ zur rotierenden Scheibe laufen alle Körperpunkte des Gleitschuhs auf zum
Führungsschlitz parallelen Geraden. Dieselbe Richtung hat auch die für alle
Körperpunkte übereinstimmende Relativgeschwindigkeit und Relativbeschleunigung. Wir interessieren uns aber für die Verteilung von Geschwindigkeit und
Beschleunigung gegenüber dem ruhenden System. Zur Behandlung solcher Probleme bietet sich der Formalismus der Relativkinematik an.

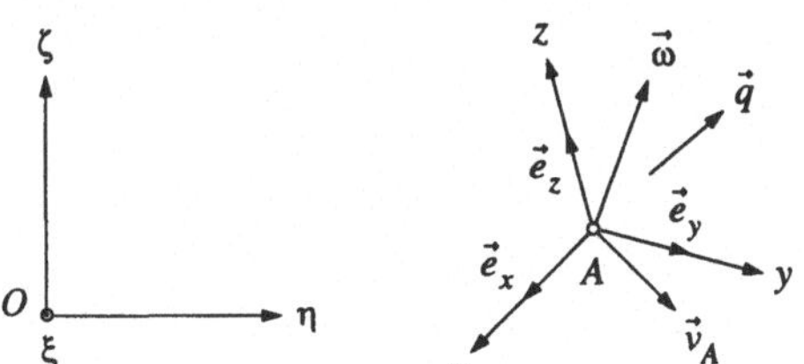

Abb. 2.32.

Wir untersuchen zunächst den Zusammenhang der zeitlichen Ableitungen
eines beliebigen Vektors $\vec{q}$ in zwei gegeneinander rotierenden Koordinatensystemen. Das erste Koordinatensystem mit den Achsenbezeichnungen ξ, η und ζ
denken wir uns festgehalten, das zweite System mit den Koordinatenachsen x, y
und z rotiere mit der Winkelgeschwindigkeit $\vec{\omega}$ (siehe Abb. 2.32). Wir zerlegen
den Vektor $\vec{q}$ im rotierenden System,

$$\vec{q} = q_x \vec{e}_x + q_y \vec{e}_y + q_z \vec{e}_z, \tag{2.84}$$

und leiten ihn nach der Zeit ab,

$$\frac{d\vec{q}}{dt} = \frac{dq_x}{dt}\vec{e}_x + \frac{dq_y}{dt}\vec{e}_y + \frac{dq_z}{dt}\vec{e}_z + q_x\frac{d\vec{e}_x}{dt} + q_y\frac{d\vec{e}_y}{dt} + q_z\frac{d\vec{e}_z}{dt}. \qquad (2.85)$$

Für die Summe der ersten drei Terme führen wir die Bezeichnung $d'\vec{q}/dt$ ein. Die Einheitsvektoren $\vec{e}_x$, $\vec{e}_y$ und $\vec{e}_z$ drehen sich mit $\vec{\omega}$; für ihre zeitlichen Ableitungen gilt analog zu Gl. (2.36)

$$\frac{d\vec{e}_x}{dt} = \vec{\omega} \times \vec{e}_x \qquad (2.86)$$

und so weiter. Damit geht Gl. (2.85) über in

$$\frac{d\vec{q}}{dt} = \frac{d'\vec{q}}{dt} + \vec{\omega} \times \vec{q}. \qquad (2.87)$$

Von dieser Möglichkeit, einen Vektor abzuleiten, macht man in der hier behandelten Relativkinematik sowie bei der speziellen Form des Drallsatzes Gebrauch.

Bemerkung: Da sich - wie schon eingangs erwähnt - in der Kinematik jedes starre Achsenkreuz als Bezugssystem eignet, ist die Vorstellung, daß das ξ, η, ζ-System im Raume festgehalten ist, unwesentlich. $\vec{\omega}$ bedeutet also eigentlich die Winkelgeschwindigkeit, mit welcher sich das x, y, z-System gegenüber dem ξ, η, ζ-System dreht;

$$\frac{d\vec{q}}{dt} = \frac{dq_\xi}{dt}\vec{e}_\xi + \frac{dq_\eta}{dt}\vec{e}_\eta + \frac{dq_\zeta}{dt}\vec{e}_\zeta \qquad (2.88)$$

ist die Ableitung des Vektors $\vec{q}$ bei konstanten Einheitsvektoren $\vec{e}_\xi, \vec{e}_\eta$ und $\vec{e}_\zeta$, und

$$\frac{d'\vec{q}}{dt} = \frac{dq_x}{dt}\vec{e}_x + \frac{dq_y}{dt}\vec{e}_y + \frac{dq_z}{dt}\vec{e}_z \qquad (2.89)$$

bezeichnet die Ableitung des Vektors $\vec{q}$ bei konstanten Einheitsvektoren $\vec{e}_x, \vec{e}_y$ und $\vec{e}_z$, wobei „konstant" im Sinne der Differentialrechnung zu verstehen ist.

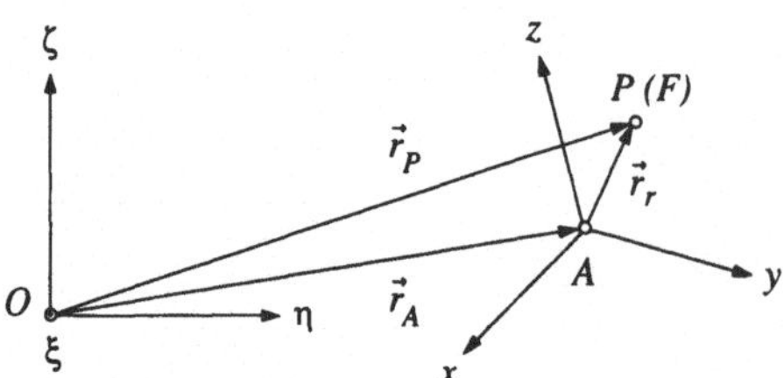

Abb. 2.33.

In der Relativkinematik heißt das feste ξ, η, ζ-System Absolutsystem und das rotierende x, y, z-System Führungssystem. Dessen Ursprung A bewegt sich mit der Geschwindigkeit $\vec{v}_A$. Ermittelt wird die Geschwindigkeit und die Beschleunigung eines Körperpunkts P, dessen augenblickliche Position durch

$$\vec{r}_P = \vec{r}_A + \vec{r}_r \qquad (2.90)$$

gegeben ist (siehe Abb. 2.33). In Übereinstimmung mit der Anschauung nennt man

$$\vec{v}_r = \frac{d'\vec{r}_r}{dt} \tag{2.91}$$

Relativgeschwindigkeit und

$$\vec{a}_r = \frac{d'\vec{v}_r}{dt} \tag{2.92}$$

Relativbeschleunigung.

Wir merken an, daß das Führungssystem dort, wo sich der Punkt P augenblicklich befindet, die Geschwindigkeit

$$\vec{v}_F = \vec{v}_A + \vec{\omega} \times \vec{r}_r \tag{2.93}$$

und die Beschleunigung

$$\vec{a}_F = \vec{a}_A + \dot{\vec{\omega}} \times \vec{r}_r + \vec{\omega} \times (\vec{\omega} \times \vec{r}_r) \tag{2.94}$$

hat. Sie werden als Führungsgeschwindigkeit beziehungsweise Führungsbeschleunigung bezeichnet.

Wir leiten nun Gl. (2.90) nach der Zeit ab, wobei der Formalismus (2.87) auf $\vec{r}_r$ und später auch auf $\vec{v}_r$ angewandt wird. Es ergibt sich

$$\vec{v}_P = \vec{v}_A + \vec{\omega} \times \vec{r}_r + \frac{d'\vec{r}_r}{dt}$$

$$= \vec{v}_F + \vec{v}_r. \tag{2.95}$$

Durch nochmaliges Ableiten erhält man

$$\vec{a}_P = \frac{d\vec{v}_F}{dt} + \frac{d\vec{v}_r}{dt}. \tag{2.96}$$

$d\vec{v}_F/dt$ ist nicht die Beschleunigung eines materiellen Punktes und unterscheidet sich von $\vec{a}_F$ nach Gl. (2.94), da wegen der Abhängigkeit des Vektors $\vec{r}_r$ von der Zeit $\vec{v}_F$ jeweils die Geschwindigkeit eines anderen Punktes des Führungssystems ist. Durch Ableiten der Gl. (2.93) finden wir

$$\frac{d\vec{v}_F}{dt} = \vec{a}_A + \dot{\vec{\omega}} \times \vec{r}_r + \vec{\omega} \times (\vec{\omega} \times \vec{r}_r) + \vec{\omega} \times \frac{d'\vec{r}_r}{dt}$$

$$= \vec{a}_F + \vec{\omega} \times \vec{v}_r. \tag{2.97}$$

Dies wird ergänzt durch

$$\frac{d\vec{v}_r}{dt} = \frac{d'\vec{v}_r}{dt} + \vec{\omega} \times \vec{v}_r$$

$$= \vec{a}_r + \vec{\omega} \times \vec{v}_r, \tag{2.98}$$

wobei der zweite Summand die Drehung des Vektors $\vec{v}_r$ mit dem Führungssystem erfaßt.

Die Bestandteile der Ableitungen $d\vec{v}_F/dt$ und $d\vec{v}_r/dt$ werden deutlich an dem folgenden Beispiel: Auf einer horizontalen Geraden rollt eine Kreisscheibe mit konstanter Winkelgeschwindigkeit. In ihrem Mittelpunkt ist eine gerade Stange angelenkt, die (durch ihr Eigengewicht) vertikal herabhängt. Gesucht ist die Geschwindigkeit und die Beschleunigung des Punktes P der Stange in der Entfernung R unterhalb des Anlenkpunkts (siehe Abb. 2.34). Als Führungssystem bietet sich die Kreisscheibe an, welche die Winkelgeschwindigkeit ω im Uhrzei-

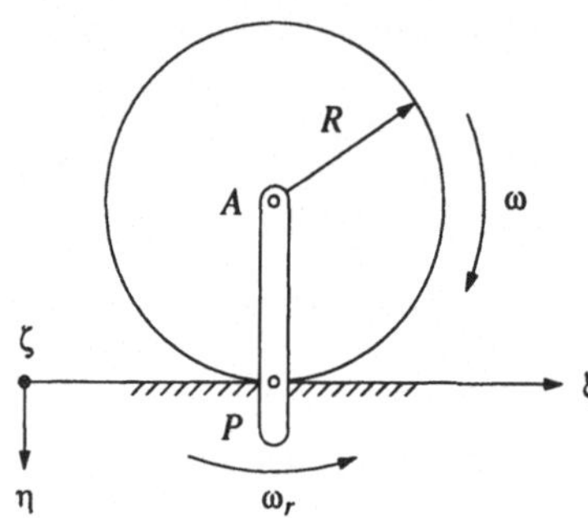

Abb. 2.34.

gersinn hat. Die Stange rotiert mit derselben Winkelgeschwindigkeit $\omega_r = \omega$ um den Punkt A relativ zur Kreisscheibe im Antiuhrzeigersinn. Da dort, wo sich P befindet, der Geschwindigkeitspol des Führungssystems ist, gilt

$$\vec{v}_F = \vec{0}, \tag{2.99}$$

$$\vec{a}_F = -\omega^2 R \vec{e}_\eta. \tag{2.100}$$

Bei der Relativbewegung im Führungssystem durchläuft der Punkt P eine Kreisbahn mit

$$\vec{v}_r = \omega_r R \vec{e}_\xi \tag{2.101}$$

und

$$\vec{a}_r = -\omega_r^2 R \vec{e}_\eta. \tag{2.102}$$

Mit den Gln. (2.95), (2.99) und (2.101) erhält man

$$\vec{v}_P = \omega_r R \vec{e}_\xi = \omega R \vec{e}_\xi. \tag{2.103}$$

Die Gln. (2.97), (2.100) und (2.101) ergeben

$$\frac{d\vec{v}_F}{dt} = -\omega^2 R \vec{e}_\eta + \omega \vec{e}_\zeta \times \omega_r R \vec{e}_\xi = \vec{0} \tag{2.104}$$

und die Gln. (2.98), (2.102) und (2.101)

$$\frac{d\vec{v}_r}{dt} = -\omega_r^2 R \vec{e}_\eta + \omega \vec{e}_\zeta \times \omega_r R \vec{e}_\xi = \vec{0}. \tag{2.105}$$

Damit liefert Gl. (2.96) $\vec{a}_p = \vec{0}$.

Nun zur Interpretation der Teilergebnisse: Wie erwähnt, ist $d\vec{v}_F/dt$ nicht die Beschleunigung eines Körperpunkts der Kreisscheibe, sondern die auf das Absolutsystem bezogene zeitliche Änderung der Führungsgeschwindigkeit. Diese verschwindet jedoch als Geschwindigkeit des jeweiligen Geschwindigkeitspols im vorliegenden Falle für alle Zeiten. Auch $d\vec{v}_r/dt$ ist gleich null, da $\vec{v}_r$ als Geschwindigkeit des Punktes P bezüglich des jeweiligen Geschwindigkeitspols im Absolutsystem konstant ist, was man auch der Gl. (2.101) entnimmt.

Das vorstehende Beispiel bedarf eigentlich nicht der relativkinematischen Behandlung - die Stange mit dem Punkt P bewegt sich translatorisch mit konstanter Geschwindigkeit -, eignet sich aber in hervorragender Weise zur prägnanten Interpretation der dort auftretenden Terme, insbesondere der Summanden $\vec{\omega} \times \vec{v}_r$.

Wir kehren zurück zum allgemeinen Falle. Bei der praktischen Anwendung des Formalismus der Relativkinematik verzichtet man auf die Interpretation und geht schematisch vor. Die Geschwindigkeit $\vec{v}_P$ wird nach Gl. (2.95) berechnet, und Zusammenfassen der Gln. (2.97) und (2.98) führt zu

$$\vec{a}_P = \vec{a}_F + \vec{a}_C + \vec{a}_r, \qquad (2.106)$$

wo

$$\vec{a}_C = 2\vec{\omega} \times \vec{v}_r \qquad (2.107)$$

als Coriolisbeschleunigung bezeichnet wird. Die Führungsgeschwindigkeit $\vec{v}_F$ und die Führungsbeschleunigung $\vec{a}_F$ ist die augenblickliche Geschwindigkeit beziehungsweise Beschleunigung des zum Führungssystem gehörigen Systemdeckpunkts F (siehe Abb. 2.33), welcher augenblicklich mit P zusammenfällt.

Die gewonnenen Ergebnisse werden angewandt auf einen Körperpunkt P, der sich mit der Relativgeschwindigkeit v_r und der Relativbeschleunigung a_r entlang einer Geraden bewegt, welche um eine zu ihr windschiefe zweite Gerade rotiert (siehe Abb. 2.35.a).

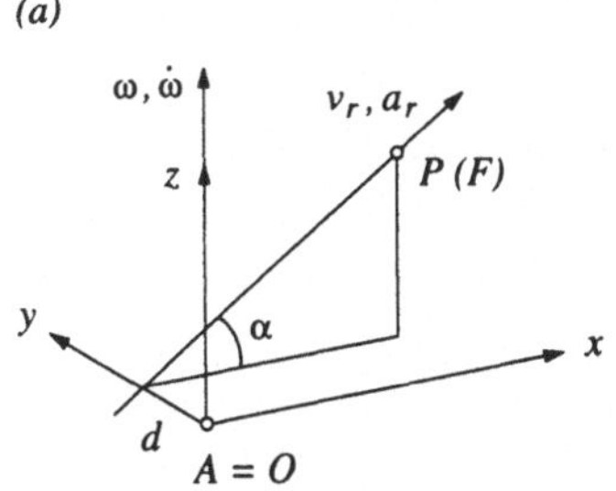

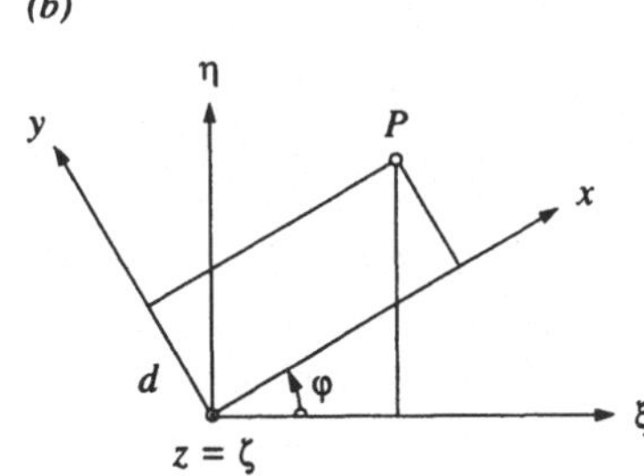

Abb. 2.35.

Es ist zweckmäßig, eine Achse des Führungssystems, zum Beispiel die z-Achse, mit letzterer zusammenfallen zu lassen; die y-Achse wird so gelegt, daß die erste Gerade sie im Abstand d von der zweiten Geraden schneidet, und damit ist auch die x-Achse fixiert. Der Anstieg der ersten Geraden ist durch den Winkel α gegeben.

Mit

$$\vec{r}_r = x\vec{e}_x + d\vec{e}_y + x\tan\alpha\,\vec{e}_z, \tag{2.108}$$

$$\vec{v}_r = v_r(\cos\alpha\,\vec{e}_x + \sin\alpha\,\vec{e}_z) = \dot{x}(\vec{e}_x + \tan\alpha\,\vec{e}_z), \tag{2.109}$$

$$\vec{a}_r = a_r(\cos\alpha\,\vec{e}_x + \sin\alpha\,\vec{e}_z) = \ddot{x}(\vec{e}_x + \tan\alpha\,\vec{e}_z) \tag{2.110}$$

erhält man nach Gl. (2.95) die Geschwindigkeit

$$\vec{v}_P = \omega\vec{e}_z \times (x\vec{e}_x + d\vec{e}_y + x\tan\alpha\,\vec{e}_z) + \dot{x}(\vec{e}_x + \tan\alpha\,\vec{e}_z)$$

$$= (-\omega d + \dot{x})\vec{e}_x + \omega x\vec{e}_y + \dot{x}\tan\alpha\,\vec{e}_z \tag{2.111}$$

und nach Gl. (2.106) mit Gl. (2.94) in der Form von Gl. (2.48) und Gl. (2.107) die Beschleunigung

$$\vec{a}_P = \dot{\omega}\vec{e}_z \times (x\vec{e}_x + d\vec{e}_y + x\tan\alpha\,\vec{e}_z) - \omega^2(x\vec{e}_x + d\vec{e}_y)$$

$$+2\omega\vec{e}_z \times \dot{x}(\vec{e}_x + \tan\alpha\,\vec{e}_z) + \ddot{x}(\vec{e}_x + \tan\alpha\,\vec{e}_z)$$

$$= (-\dot{\omega}d - \omega^2 x + \ddot{x})\vec{e}_x + (\dot{\omega}x - \omega^2 d + 2\omega\dot{x})\vec{e}_y$$

$$+\ddot{x}\tan\alpha\,\vec{e}_z. \tag{2.112}$$

Bemerkung: Die vorliegende Rechnung liefert den Geschwindigkeitsvektor $\vec{v}_P$ und den Beschleunigungsvektor $\vec{a}_P$ durch die jeweiligen Komponenten im Führungssystem. Diese kann man bei Bedarf ersetzen durch die Komponenten im Absolutsystem mit Hilfe einer Transformation, über welche der Abschnitt 4.2.4 Auskunft gibt. In der letzteren Form erhält man die Ergebnisse auch direkt, indem man die Koordinaten des Punktes P im Absolutsystem (siehe Abb. 2.35.b),

$$\xi = x\cos\varphi - d\sin\varphi, \tag{2.113}$$

$$\eta = x\sin\varphi + d\cos\varphi, \tag{2.114}$$

$$\zeta = x\tan\alpha, \tag{2.115}$$

nach der Zeit ableitet.

Bemerkung: Der Spezialfall $d = 0$ läßt sich am einfachsten in Zylinderkoordinaten nach den Gln. (2.15) und (2.16) behandeln, wenn man dort $\vec{e}_r$ und $\vec{e}_\varphi$ mit $\vec{e}_x$ beziehungsweise $\vec{e}_y$ beim vorliegenden Beispiel zusammenfallen läßt und $z = x\tan\alpha$ setzt.

Abschließend untersuchen wir die Absolutbewegung eines Körperpunkts in der ξ, η-Ebene, welcher sich relativ zu einer Scheibe mit der Winkelgeschwindigkeit $\dot{\psi}$ und der Winkelbeschleunigung $\ddot{\psi}$ auf einer Kreisbahn vom Radius R um den Mittelpunkt M bewegt. Die Scheibe dreht sich auf derselben Ebene mit $\dot{\varphi}$ und $\ddot{\varphi}$ um den körper- und raumfesten Punkt O. Das Führungssystem mit dem Ursprung $A = O$ wird auf der Scheibe so festgelegt, daß die z-Achse mit der ζ-Achse zusammenfällt und der Mittelpunkt M der Kreisbahn die Koordinaten $x = e$ und $y = 0$ hat (siehe Abb. 2.36). Bei dieser Wahl des Punktes A errechnet sich die Geschwindigkeit des Systemdeckpunkts gemäß Gl. (2.56) und seine Beschleunigung gemäß Gl. (2.62).

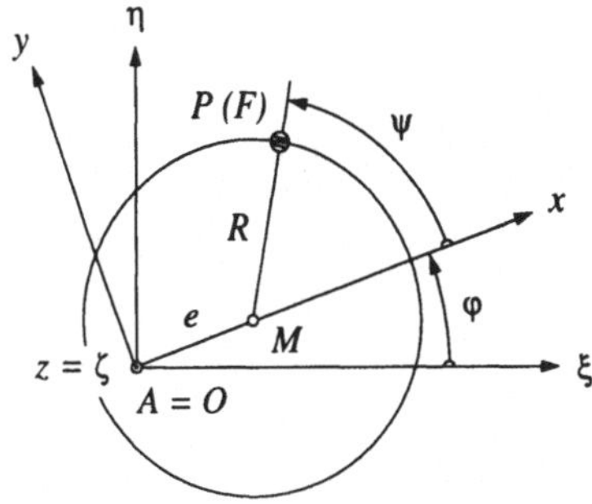

Abb. 2.36.

Mit

$$\vec{r}_F = (e + R\cos\psi)\vec{e}_x + R\sin\psi\,\vec{e}_y, \tag{2.116}$$

$$\hat{\vec{r}}_F = -R\sin\psi\,\vec{e}_x + (e + R\cos\psi)\vec{e}_y \tag{2.117}$$

und

$$\vec{r}_{PM} = R\cos\psi\,\vec{e}_x + R\sin\psi\,\vec{e}_y, \tag{2.118}$$

$$\hat{\vec{r}}_{PM} = -R\sin\psi\,\vec{e}_x + R\cos\psi\,\vec{e}_y \tag{2.119}$$

erhält man nach Gl. (2.95)

$$\vec{v}_P = \vec{v}_F + \vec{v}_r = \dot{\varphi}\hat{\vec{r}}_F + \dot{\psi}\hat{\vec{r}}_{PM}$$

$$= \dot{\varphi}e\vec{e}_y + (\dot{\varphi} + \dot{\psi})R(-\sin\psi\,\vec{e}_x + \cos\psi\,\vec{e}_y) \tag{2.120}$$

und nach den Gln. (2.106) und (2.107)

$$\vec{a}_P = \vec{a}_F + \vec{a}_C + \vec{a}_r$$

$$= \ddot{\varphi}\hat{\vec{r}}_F - \dot{\varphi}^2\vec{r}_F + 2\dot{\varphi}\vec{e}_z \times \dot{\psi}\hat{\vec{r}}_{PM} + \ddot{\psi}\hat{\vec{r}}_{PM} - \dot{\psi}^2\vec{r}_{PM}$$

$$= \ddot{\varphi}e\vec{e}_y - \dot{\varphi}^2 e\vec{e}_x + (\ddot{\varphi} + \ddot{\psi})R(-\sin\psi\,\vec{e}_x + \cos\psi\,\vec{e}_y)$$
$$-(\dot{\varphi} + \dot{\psi})^2 R(\cos\psi\,\vec{e}_x + \sin\psi\,\vec{e}_y); \tag{2.121}$$

die Coriolisbeschleunigung $-2\dot{\varphi}\dot{\psi}\vec{r}_{PM}$ ergänzt den Anteil $-\dot{\varphi}^2\vec{r}_{FM} = -\dot{\varphi}^2\vec{r}_{PM}$ der Beschleunigung des Systemdeckpunkts und den Anteil $-\dot{\psi}^2\vec{r}_{PM}$ der Relativbeschleunigung als doppeltes Produkt zu dem quadrierten Binom $-(\dot{\varphi}+\dot{\psi})^2\vec{r}_{PM}$.

Man erkennt an den Ergebnissen - und bestätigt dies durch die Anschauung -, daß sich der Punkt P so bewegt, wie wenn er der Punkt eines starren Körpers wäre, welcher sich um den (seine Kreisbahn durchlaufenden) Punkt M mit der absoluten Winkelgeschwindigkeit $\omega = \dot{\varphi} + \dot{\psi}$ und der absoluten Winkelbeschleunigung $\dot{\omega} = \ddot{\varphi} + \ddot{\psi}$ dreht, denn

$$\vec{v}_P = \vec{v}_M + \omega\hat{\vec{r}}_{PM}, \tag{2.122}$$

$$\vec{a}_P = \vec{a}_M + \dot{\omega}\hat{\vec{r}}_{PM} - \omega^2\vec{r}_{PM} \tag{2.123}$$

in Analogie zu den Gln. (2.52) und (2.57).

3. Statik

3.1 Die Kraft

Kräfte manifestieren sich durch ihre Auswirkungen auf die Körper, an denen sie angreifen. Eine Feder der ungespannten Länge l_0 - beispielsweise ein Expander - erfährt durch zwei langsam anwachsende entgegengesetzt gleiche Kräfte $\vec{F}$ und $-\vec{F}$ eine zunehmende Verlängerung $\Delta\vec{l}$ (siehe Abb. 3.1).

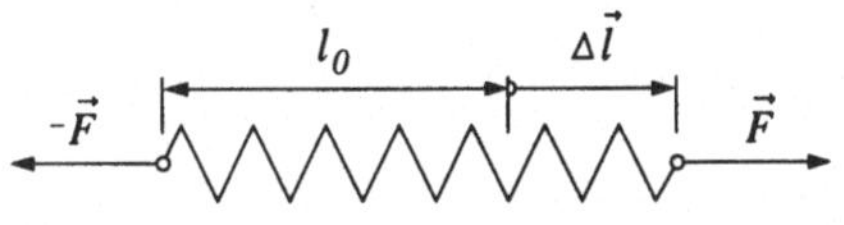

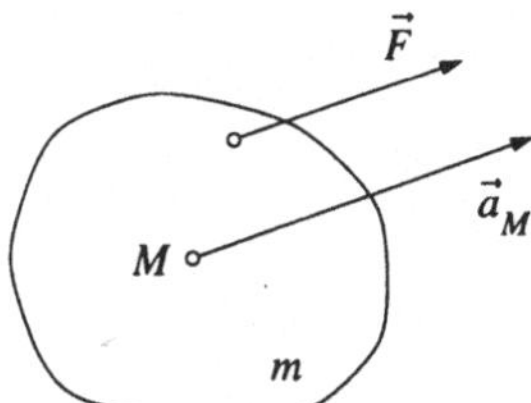

Abb. 3.1.

Andererseits beschleunigt eine Kraft den Körper, auf welchen sie einwirkt. Nach dem Schwerpunktsatz erteilt sie seinem Massenmittelpunkt M die Beschleunigung $\vec{a}_M = \vec{F}/m$, wo m die Masse des Körpers bedeutet. Außerdem führt die Kraft zu einer Änderung des Dralls $\vec{L}_M$, wenn ihre Wirkungslinie - wie im Falle der Abb. 3.2 - nicht durch den Massenmittelpunkt geht, wie wir im Kapitel „Kinetik" sehen werden. Ein nichtstarrer Körper erfährt neben der Beschleunigung auch eine Deformation.

Abb. 3.2.

Bemerkung: In manchen Darstellungen der Mechanik wird das Produkt aus Masse und Beschleunigung als Definition der Kraft bezeichnet. Daß dies unzutreffend ist, soll im folgenden gezeigt werden. Bei einer physikalischen Definition wie dem in der Einleitung erwähnten Impuls eines translatorisch bewegten Körpers ersetzt man eine Kombination von Größen durch ein neues Symbol, wobei eine Identität besteht, oder es handelt sich bei der Definition um eine Übereinkunft, wie zum Beispiel die Summationskonvention. Definitionen können nicht richtig oder falsch sein; als Abkürzungen sind sie entbehrlich und als Konventionen nicht unumstößlich, das heißt, man kann auf sie ebenfalls verzichten oder sie austauschen. Nach diesen allgemeinen Bemerkungen betrachten wir einen Klotz auf idealglatter Unterlage, an dem über eine Feder eine Kraft angreift (siehe Abb. 3.3). Diese soll dabei nur eine kleine Verlängerung erfahren. Bei einer solchen verhält sich die Feder linear; aus der doppelten Verlängerung kann man auf doppelte Kräfte an den Federenden schließen, auch wenn man nur eine vage Vorstellung vom Wesen der Kraft hat. Offensichtlich läßt sich der Klotz nicht vorschreiben, daß er sich bei doppelter Verlängerung der Feder mit doppelter Beschleunigung zu bewegen habe. Dieser Sachverhalt läßt sich allenfalls registrieren. Mit $\vec{F} = m\vec{a}_M$ liegt also keine Identität, sondern vielmehr ein auf Beobachtung gegründeter Zusammenhang vor, der zudem nicht uneingeschränkt gültig ist, da er bei Geschwindigkeiten von der Größenordnung der Lichtgeschwindigkeit der Korrektur bedarf.

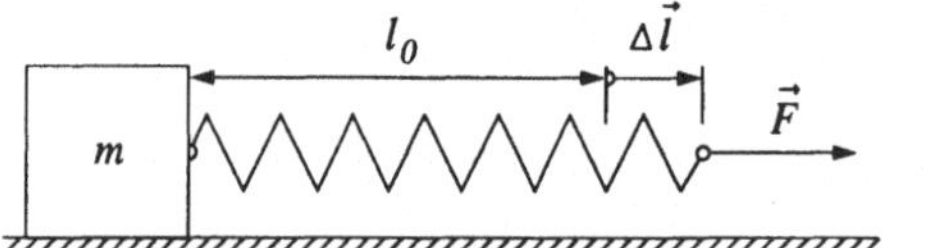

Abb. 3.3.

Wir entnehmen also den Kraftbegriff der Erfahrung und stellen lediglich fest, daß die Kraft aufgrund ihrer Auswirkungen quantifizierbar ist. Der Versuch ergibt ferner, daß Kräfte Vektoren sind, sich also nach der Parallelogrammregel addieren (siehe Abb. 3.4). Bei gemeinsamem Angriffspunkt ist ein Unterschied zwischen der Wirkung der beiden Kräfte $\vec{F}_1$ und $\vec{F}_2$ und der Wirkung der Kraft $\vec{R} = \vec{F}_1 + \vec{F}_2$ nicht feststellbar.

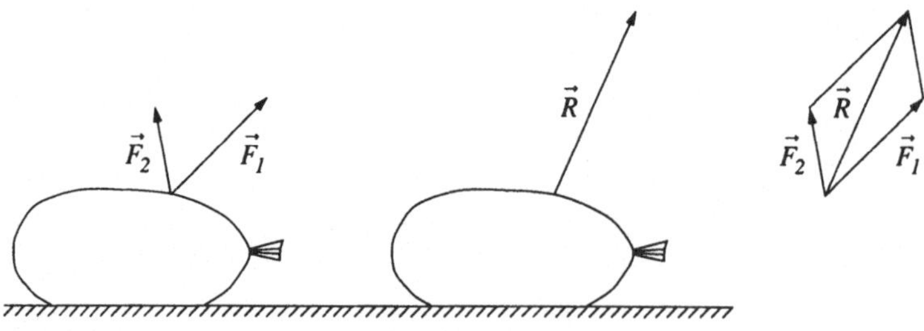

Abb. 3.4.

Beim starren Körper wirkt sich das Verschieben von Kräften längs ihrer Wirkungslinien und das Parallelverschieben der (im folgenden Abschnitt eingeführten) Momentenvektoren nicht auf das Gleichgewicht oder die Änderung von Impuls und Drall aus.

3.2 Kraftsystem, Kräftepaar, Moment und Gleichgewicht

3.2.1 Das Kräftepaar

Wenn mehr als eine Kraft am Körper angreift, dann liegt ein Kraftsystem vor. Besteht dieses aus zwei Kräften auf parallelen Wirkungslinien mit gleichem Betrag aber entgegengesetztem Richtungssinn, dann spricht man von einem Kräftepaar (siehe Abb. 3.5.a). Solche Kräfte, und damit ein Kräftepaar, üben beispielsweise die Hände auf ein Ventilrad aus. Der Massenmittelpunkt erfährt durch das Kräftepaar keine Beschleunigung, wohl aber bewirkt es eine Dralländerung des Körpers. Das Moment des Kräftepaars ist definiert als

$$\vec{M} = \vec{r} \times \vec{F}, \tag{3.1}$$

wo $\vec{r}$ ein Vektor von einem beliebigen Punkt der Wirkungslinie von $-\vec{F}$ zu einem beliebigen Punkt der Wirkungslinie von $\vec{F}$ ist (siehe Abb. 3.5.b). $\vec{M}$ steht senkrecht auf der von den beiden Wirkungslinien aufgespannten Ebene. $\vec{r}, \vec{F}$ und $\vec{M}$ bilden ein Rechtssystem. Wenn das Kräftepaar auf der Zeichenebene liegt, dann wird der Richtungssinn seines Momentenvektors durch eine Pfeilspitze, $\odot$, ein Pfeilende, $\otimes$, oder durch gekrümmte Pfeile gekennzeichnet. Der Betrag des Momentenvektors ist das Produkt aus dem Abstand a der Wirkungslinien und dem Betrag der Kraft. Nach Definition ist der Momentenvektor eines Kräftepaars unabhängig von einem Bezugspunkt. Momentenvektoren sind wie andere Vektoren nach der Parallelogrammregel zu addieren.

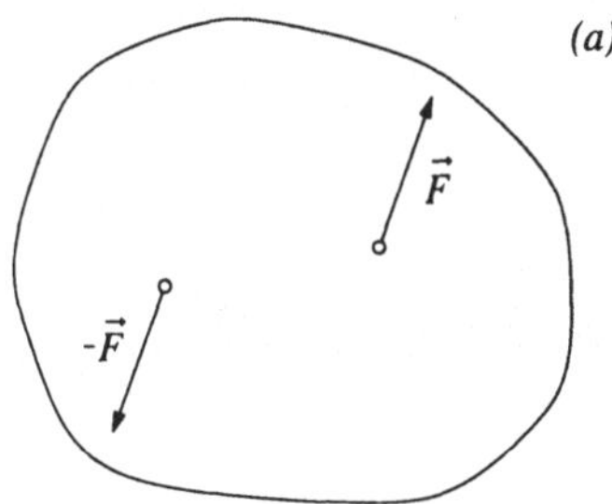

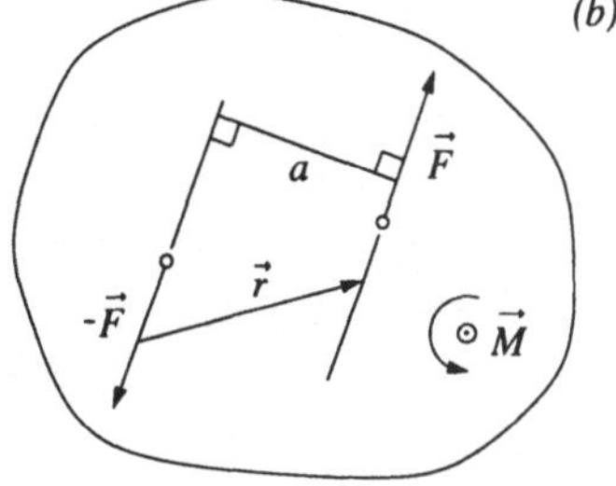

Abb. 3.5.

Es gibt auch andere von einem Bezugspunkt unabhängige Momentenvektoren, welche wir aber weder als Kräftepaar deuten wollen noch können, wie zum Beispiel das in einer Welle übertragene Motormoment oder das Einspannmoment eines Kragträgers.

3.2.2 Das Moment der Einzelkraft. Die Reduktion des Kraftsystems

Eine weitere zweckmäßige Definition ist das auf den Punkt A bezogene Moment einer Einzelkraft, nämlich

$$\vec{M}_A = \vec{r} \times \vec{F}, \tag{3.2}$$

wo $\vec{r}$ einen Vektor vom Bezugspunkt A zu einem beliebigen Punkt der Wirkungslinie von $\vec{F}$ bezeichnet (siehe Abb. 3.6). Wie aus der Definition hervorgeht, hängt
das Moment der Einzelkraft von der Wahl des Bezugspunkts ab, ist aber gleich
für alle Bezugspunkte, die auf ein- und derselben Geraden parallel zu $\vec{F}$ liegen.

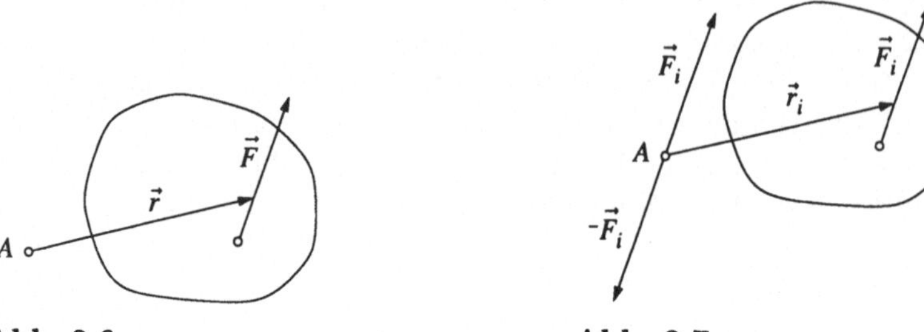

Abb. 3.6.   **Abb. 3.7.**

Mehrere an einem Körper angreifende Kräfte lassen sich zu einer resultierenden Kraft und zu einem resultierenden Moment zusammenfassen durch einen
Vorgang, der Reduktion des Kraftsystems in den Punkt A heißt. Dieser wird
anhand der allgemeinen Kraft $\vec{F}_i$ erläutert (siehe Abb. 3.7). Man bringt im Bezugspunkt A die Kräfte $\vec{F}_i$ und $-\vec{F}_i$ an; es ändert sich also nichts, die Kraft $\vec{F}_i$
auf ihrer ursprünglichen Wirkungslinie läßt sich aber formal ersetzen durch eine
ebensolche im Reduktionspunkt A angreifende Kraft und durch ein Kräftepaar
mit dem Momentenvektor $\vec{M}_i = \vec{r}_i \times \vec{F}_i$. Dies geschieht mit sämtlichen Kräften.
Die in A angreifenden Kräfte ergeben eine resultierende Kraft $\vec{R} = \sum_{i=1}^{n} \vec{F}_i$
und die Momente ein resultierendes Moment $\vec{M}_A = \sum_{i=1}^{n} \vec{r}_i \times \vec{F}_i$. (Zu letzterem
kommen auch eventuell vorhandene Momentenvektoren.) Im folgenden sind der
Summationsindex und dessen Grenzen am Summenzeichen weggelassen.

Das Originalsystem und die in der beschriebenen Weise gewonnenen Vektoren werden als einander statisch äquivalent bezeichnet. Beide üben auf den
starren Körper dieselbe Wirkung aus, der deformierbare Körper reagiert jedoch
verschieden, wie man weiter unten erfährt.

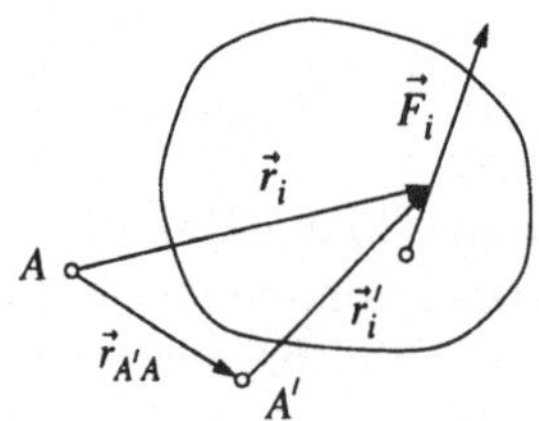

Abb. 3.8.

Ein Wechsel des Bezugspunkts von A nach A' wirkt sich nicht auf die resultierende Kraft, wohl aber auf das resultierende Moment aus. Wir stellen den
Zusammenhang

$$\vec{M}_{A'} = \sum \vec{r}_i' \times \vec{F}_i = \sum \vec{r}_i \times \vec{F}_i - \vec{r}_{A'A} \times \sum \vec{F}_i = \vec{M}_A - \vec{r}_{A'A} \times \vec{R} \qquad (3.3)$$

der Momentenvektoren auf (siehe Abb. 3.8). $\vec{R}$ und $\vec{M}_{A'}$ sind dem Originalsystem ebenfalls statisch äquivalent. Für $\vec{R} = \vec{0}$ gilt $\vec{M}_{A'} = \vec{M}_A = \vec{M}$, und der resultierende Momentenvektor ist dann unabhängig von einem Bezugspunkt.

3.2.3 Das Gewicht als Resultierende der Schwerkraft. Der Massenmittelpunkt

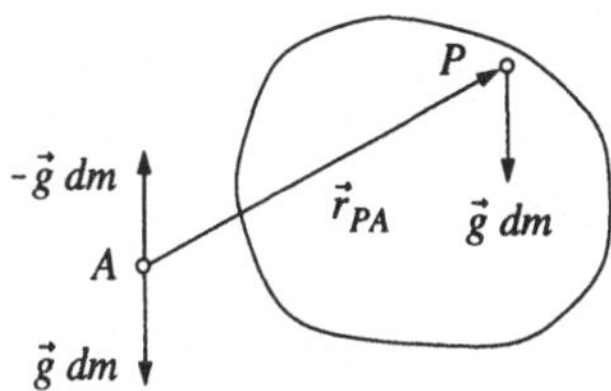

Abb. 3.9.

Wir stellen uns die Aufgabe, die an einem Körper im homogenen Schwerefeld angreifende kontinuierlich verteilte Gewichtskraft durch ihre Resultierende zu ersetzen. Dazu reduzieren wir das Schwerkraftelement $\vec{g}\,dm$ in den zunächst allgemeinen Punkt A (siehe Abb. 3.9) und erhalten durch Integrieren über die gesamte Masse die resultierende Kraft

$$\vec{G} = \int_m \vec{g}\,dm \qquad (3.4)$$

und das resultierende Moment

$$\vec{M}_A = \int_m \vec{r}_{PA} \times \vec{g}\,dm. \qquad (3.5)$$

Nun wählen wir den Reduktionspunkt so, daß das resultierende Moment verschwindet. Aus

$$\vec{M}_A = \int_m \vec{r}_{PA} \times \vec{g}\,dm = \int_m (x\vec{e}_x + y\vec{e}_y + z\vec{e}_z) \times (-g\vec{e}_z)dm$$

$$= g \int_m (-y\vec{e}_x + x\vec{e}_y)dm = \vec{0}, \qquad (3.6)$$

wo x, y, z die Koordinaten des allgemeinen Punktes P mit A als Koordinatenursprung sind und die Fallbeschleunigung $\vec{g}$ die negative z-Richtung hat, ergibt sich

$$\int_m x\,dm = 0, \qquad (3.7)$$

$$\int_m y\,dm = 0. \qquad (3.8)$$

Dadurch wird die Wirkungslinie der Resultierenden, eine sogenannte Schwerlinie, festgelegt. Für den im Schwerefeld gedrehten starren Körper ermitteln wir eine

zweite Schwerlinie und zeigen, daß alle Schwerlinien einen gemeinsamen Schnittpunkt - den Schwerpunkt - besitzen, welchen man bei beliebiger Winkellage des
starren Körpers als Angriffspunkt der Schwerkraft bezeichnen kann. Wir fixieren
im Körper ein Koordinatensystem mit dem Ursprung A, welches den Bedingungen (3.7) und (3.8) entspricht, und drehen ihn dann in negativer Richtung durch
den Winkel φ um die zur x-Achse parallele x'-Achse durch den Punkt M mit
den Koordinaten $x = 0$, $y = 0$, $z = z_M$, wobei z_M zunächst noch offen bleibt
(siehe Abb. 3.10).

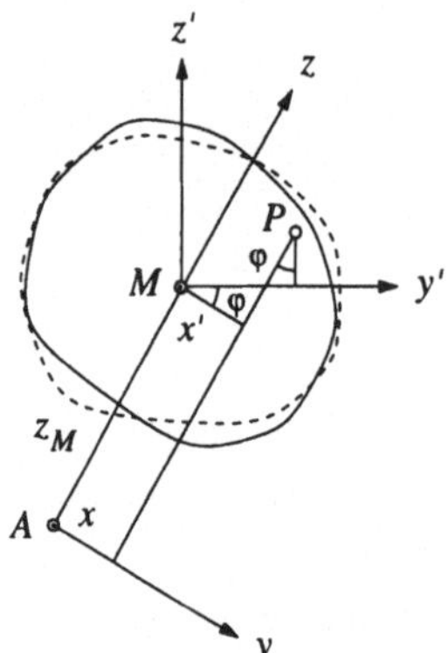

Abb. 3.10.

Nach der Drehung hat der allgemeine Punkt P die Koordinaten

$$x' = x, \tag{3.9}$$

$$y' = y \cos\varphi + (z - z_M)\sin\varphi, \tag{3.10}$$

$$z' = -y \sin\varphi + (z - z_M)\cos\varphi, \tag{3.11}$$

wobei z' vertikal nach oben zeigt. Das Moment der Schwerkraft im Reduktionspunkt M ist

$$\vec{M}_M = \int_m \vec{r}_{PM} \times \vec{g}\,dm = \int_m (x'\vec{e}_x' + y'\vec{e}_y' + z'\vec{e}_z') \times (-g\vec{e}_z')dm$$

$$= g\int_m (-y'\vec{e}_x' + x'\vec{e}_y')dm$$

$$= -g\vec{e}_x'\left[\cos\varphi \int_m y\,dm + \sin\varphi\left(\int_m z\,dm - z_M m\right)\right]$$

$$+ g\vec{e}_y'\int x\,dm. \tag{3.12}$$

Die z'-Achse wird zur Schwerlinie, wenn $\vec{M}_M$ verschwindet. Da das erste und
das dritte Integral die Größe 0 haben wegen der Gln. (3.7) und (3.8), ist dies der
Fall für

$$z_M = \frac{1}{m}\int_m z\,dm, \tag{3.13}$$

und zwar unabhängig vom Winkel φ. Daraus folgt, daß M der gemeinsame Punkt aller Schwerlinien bei beliebigem Drehwinkel ist. Eine Drehung um eine andere nichtvertikale Achse führt zu demselben Ergebnis. Für den Punkt M gilt also

$$\int_m \vec{r}_{PM}\, dm = \vec{0}, \tag{3.14}$$

wie man durch Darstellen des Vektors $\vec{r}_{PM}$ im x, y, z-System, $\vec{r}_{PM} = x\vec{e}_x + y\vec{e}_y + (z - z_M)\vec{e}_z$, und mit Hilfe der Gln. (3.7), (3.8) und (3.13) zeigt. Von einem (wieder ganz) beliebigen Bezugspunkt A aus hat der Punkt M den Ortsvektor

$$\vec{r}_{MA} = \frac{1}{m} \int_m \vec{r}_{PA}\, dm. \tag{3.15}$$

Dies folgt aus (siehe Abb. 3.11)

$$\int_m \vec{r}_{PM}\, dm = \int_m \vec{r}_{PA}\, dm - \vec{r}_{MA} m = \vec{0}. \tag{3.16}$$

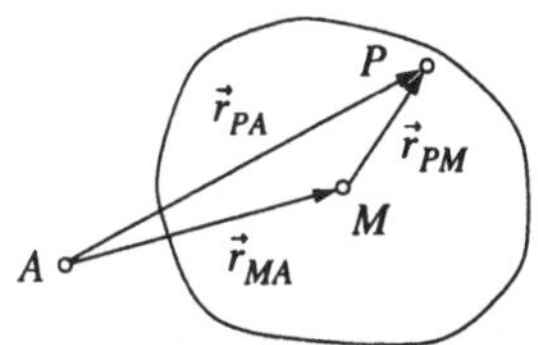

Abb. 3.11.

Mit dem Punkt M sind wir auf den Massenmittelpunkt gestoßen. Wie gezeigt wurde, ist der Massenmittelpunkt des starren Körpers im homogenen Schwerefeld als Schwerpunkt der Angriffspunkt der Schwerkraft; dies trifft nicht zu im inhomogenen Schwerefeld bei beliebiger Winkellage des Körpers. In der Kinetik spielt die Beschleunigung des Massenmittelpunkts eine große Rolle. Der Massenmittelpunkt des deformierbaren Körpers ist im allgemeinen nicht körperfest.

Bemerkung: Anstatt den starren Körper im homogenen Schwerefeld zu drehen, kann man auch die Richtung der Fallbeschleunigung gegenüber dem starren Körper drehen. Aus der Forderung $\vec{M}_M = \int_m \vec{r}_{PM} \times \vec{g}\, dm = \vec{0}$ läßt sich bei beliebiger Richtung von $\vec{g}$ der Schluß $\int_m \vec{r}_{PM}\, dm = \vec{0}$ ziehen in Übereinstimmung mit Gl. (3.14).

3.2.4 Das Gleichgewicht

Wenn ein Körper im Gleichgewicht ist, also alle Körperpunkte bezüglich eines Inertialsystems ruhen, dann verschwinden die Resultierenden der an ihm angreifenden Kräfte und Momente,

$$\vec{R} = \vec{0}, \tag{3.17}$$

$$\vec{M}_A = \vec{0}. \tag{3.18}$$

Der Bezugspunkt A der Gl. (3.18) ist beliebig, da für $\vec{R} = \vec{0}$ und $\vec{M}_A = \vec{0}$ nach Gl. (3.3) auch $\vec{M}_{A'} = \vec{0}$ gilt. $\vec{R}$ ist die Resultierende aller gegebenen und gesuchten Kräfte. $\vec{M}_A$ beinhaltet die Momente aller gegebenen und gesuchten Kräfte in Bezug auf A sowie alle gegebenen und gesuchten Momentenvektoren. Die Gln. (3.17) und (3.18) werden als Gleichgewichtsbedingungen bezeichnet und zur Ermittlung unbekannter Kräfte und Momente herangezogen.

Bemerkung: Die soeben gemachte Aussage ist nicht umkehrbar. Aus $\vec{R} = \vec{0}$ ergibt sich $\vec{a}_M = \vec{0}$, und aus $\vec{M}_A = \vec{0}$ zusammen mit $\vec{a}_M = \vec{0}$ folgt, daß der Drall $\vec{L}_M$ konstant bleibt. Die Konstanz des auf den inertialfesten Punkt O bezogenen Dralls $\vec{L}_O$ folgt aus $\vec{M}_O = \vec{0}$. Die Erfülltheit der Gleichgewichtsbedingungen ist notwendig für Gleichgewicht, hinreichend aber nur für das globale Gleichgewicht. (Die Stabilität von Gleichgewichtslagen bleibt hier außer Betracht.) Ein mit konstanter Winkelgeschwindigkeit um seine vertikal stehende Symmetrieachse rotierender homogener Drehkörper zum Beispiel befindet sich im globalen Gleichgewicht. Um Ruhe aller Körperpunkte in einem Inertialsystem zu gewährleisten, müssen die lokalen Gleichgewichtsbedingungen erfüllt sein. Das lokale Gleichgewicht impliziert das globale Gleichgewicht.

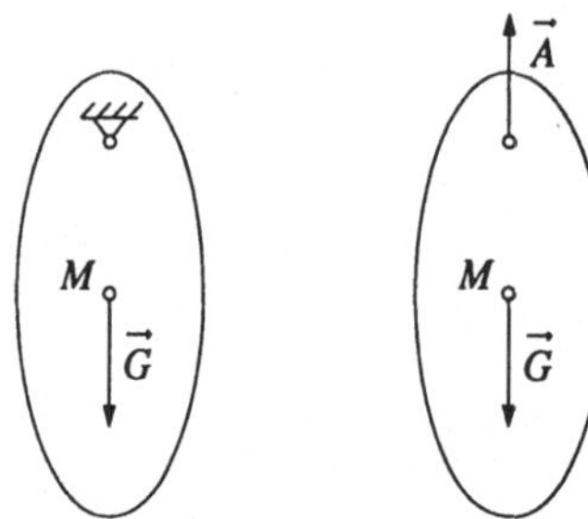

Abb. 3.12.

Im einfachsten Falle hat man es mit zwei Kräften, nämlich einer gegebenen und einer unbekannten Kraft, zu tun. Abbildung 3.12 zeigt eine an einem reibungsfreien Gelenk aufgehängte Platte im homogenen Schwerefeld. Die an den Körperelementen angreifende Schwerkraft wird durch das Gewicht $\vec{G}$ im Massenmittelpunkt ersetzt. Das Gelenk übt eine weitere Kraft $\vec{A}$ auf den Körper aus. Dieser befindet sich unter der Wirkung beider im Gleichgewicht. Aus

$$\vec{R} = \vec{G} + \vec{A} = \vec{0} \tag{3.19}$$

folgt

$$\vec{A} = -\vec{G}. \tag{3.20}$$

Die Auflagerung übt also auf den Körper eine dem Gewicht gegengleiche Kraft aus. Das Momentengleichgewicht für einen beliebigen Bezugspunkt verlangt, daß die Wirkungslinien der beiden Kräfte zusammenfallen.

Die Verwendung von Vektoren bei der Ermittlung unbekannter Kräfte und Momente ist im allgemeinen nicht möglich, da der Richtungssinn auf der Wirkungslinie häufig nicht bekannt ist oder man nicht einmal diese kennt. Bei bekannter Wirkungslinie arbeitet man mit skalaren Unbekannten und erfaßt den

Vektorcharakter durch die Wahl einer positiven Zählrichtung,

$$\vec{A} = A\vec{e}. \tag{3.21}$$

Von dieser Möglichkeit der Darstellung eines Vektors haben wir bereits in der Kinematik Gebrauch gemacht (siehe Abb. 2.15). Die skalare Größe A darf nicht mit dem Betrag des Vektors verwechselt werden, da sie sich als positiv oder negativ erweisen kann. Bei unbekannter Wirkungslinie zerlegt man die unbekannten Vektoren in Produkte aus skalaren Komponenten und Einheitsvektoren parallel zu einem orthonormalen Dreibein.

Die praktische Auswertung der Gleichgewichtsbedingungen wird weiter unten ausführlich erläutert.

3.3 Die Einteilung der Kräfte

3.3.1 Innere und äußere Kräfte

Innere Kräfte wirken im Innern eines Körpers oder zwischen den Teilkörpern eines Systems, und äußere Kräfte greifen - wie der Name besagt - von außen am System an. Die Abgrenzung des Systems ist willkürbehaftet; durch einen Schnitt werden innere Kräfte zu gegengleichen äußeren Kräften an den beiden Teilsystemen. Sie werden als Actio und Reactio bezeichnet und mit entgegengesetzten positiven Zählrichtungen in die Skizze der Teilsysteme eingetragen. Bei Systemerweiterung verschwinden sie und treten nach außen nicht mehr in Erscheinung. Die gemachten Aussagen gelten sinngemäß auch für Momente.

Als Beispiel dient ein an einem masselosen Faden aufgehängter Quader (siehe Abb. 3.13). Das System ist zunächst so abgegrenzt, daß es aus Seil und Quader besteht. Von außen wirkt das Gewicht G sowie die von der Decke ausgeübte Kraft A auf das System. Ein Schnitt durch das Seil erzeugt zwei Teilsysteme mit entgegengesetzt gleichen Seilkräften als zusätzlichen äußeren Kräften. Wir halten fest, daß Actio und Reactio stets an verschiedenen Körpern angreifen.

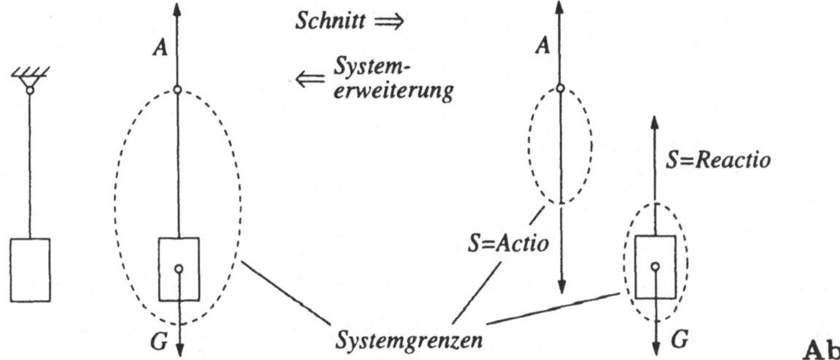

Abb. 3.13.

Actio gleich Reactio gilt als drittes Newtonsches Gesetz auch für die skalaren Gravitationskräfte mit entgegengesetzten positiven Zählrichtungen zwischen Körpern, welche einander nicht berühren.

Physikalisch relevant ist die Unterscheidung von inneren und äußeren Kräften deswegen, weil innere Kräfte die Bewegung des Massenmittelpunkts des Gesamtsystems nicht beeinflussen. Als Beispiel betrachten wir ein Kraftfahrzeug mit Frontantrieb auf horizontaler Fahrbahn gemäß Abb. 3.14. In die Skizze sind alle

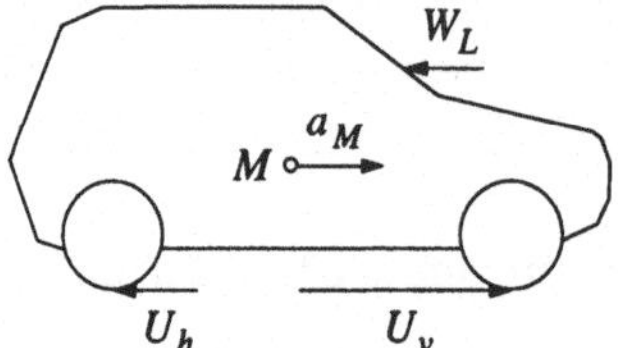

Abb. 3.14.

in horizontaler Richtung angreifenden äußeren Kräfte eingetragen. Unter diesen erfährt sein Massenmittelpunkt die Beschleunigung

$$ma_M = U_v - U_h - W_L. \tag{3.22}$$

m ist dabei die gesamte Masse des Fahrzeugs mit Rädern, U_v und U_h sind die von der Fahrbahn auf die Vorderräder beziehungsweise Hinterräder ausgeübten Umfangskräfte, und W_L bezeichnet den Luftwiderstand. Gleichung (3.22) enthält keinerlei Vereinfachungen oder Vernachlässigungen. Die äußeren Kräfte in vertikaler Richtung, nämlich Gewicht und Aufstandskräfte, sind in Abb. 3.14 nicht eingetragen.

3.3.2 Eingeprägte Kräfte und Bedingungskräfte

Eingeprägte Kräfte sind entweder gegeben oder lassen sich durch einen expliziten Zusammenhang direkt auf eine andere Größe zurückführen, welche häufig zunächst selbst unbekannt ist.

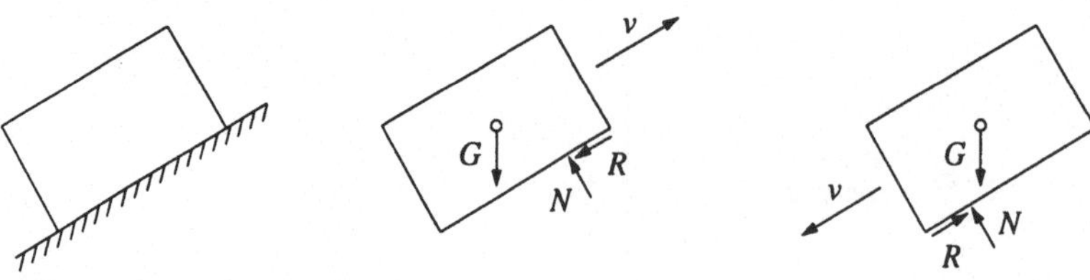

Abb. 3.15.

Beispiele für gegebene eingeprägte Kräfte sind das Gewicht eines Körpers oder das Produkt aus Druck und Fläche, wenn die Verschraubung eines Behälterdeckels berechnet werden soll. Nichtgegebene eingeprägte Kräfte sind beispielsweise die gegen die Relativgeschwindigkeit gerichtete Gleitreibungskraft

$$R = \mu N \tag{3.23}$$

mit der senkrecht zur Berührfläche stehenden Normalkraft N und dem Gleitreibungskoeffizienten μ (siehe Abb. 3.15) und der Luftwiderstand

$$W_L = c_w \cdot \frac{1}{2}\varrho v^2 A, \tag{3.24}$$

wo v die Relativgeschwindigkeit der Luft gegen den Körper, ϱ die Dichte der Luft, A die Querschnittsfläche des Körpers und c_w den Luftwiderstandsbeiwert bezeichnet. Im ersten Beispiel wird die Gleitreibungskraft auf die Normalkraft und im zweiten Beispiel der Luftwiderstand auf die Relativgeschwindigkeit zurückgeführt.

Bedingungskräfte treten auf an Stellen, wo zwei Körper miteinander in Kontakt stehen und die gemeinsamen Punkte beider dieselbe Geschwindigkeit haben. Der Kontakt kann durch Formschluß erzwungen sein, wie bei einem Gelenk, oder durch das Gegeneinanderdrücken von Körpern mit im allgemeinen rauhen Oberflächen zustande kommen. Die gemeinsame Geschwindigkeit wird durch Kräfte erzwungen, deren Größe und Richtung nicht a priori bekannt sind; sie heißen Bedingungskräfte, da man zu ihrer Ermittlung Bedingungen heranzieht.

Vor weiteren Ausführungen betrachten wir noch einmal das Kraftfahrzeug von Abb. 3.14, und zwar im Hinblick auf die zweite Einteilung der Kräfte. Der Luftwiderstand ist eine eingeprägte Kraft, und die Umfangskräfte sind Bedingungskräfte. Wenn man die Räder als starr idealisiert, dann sind sie bei reinem Rollen der kinematischen Bedingung unterworfen, daß die Geschwindigkeit der Berührpunkte verschwindet, diese also die Geschwindigkeitspole sind. Die Umfangskräfte der auf der Straße haftenden Räder hängen von der augenblicklichen Motorleistung und von anderen Parametern ab.

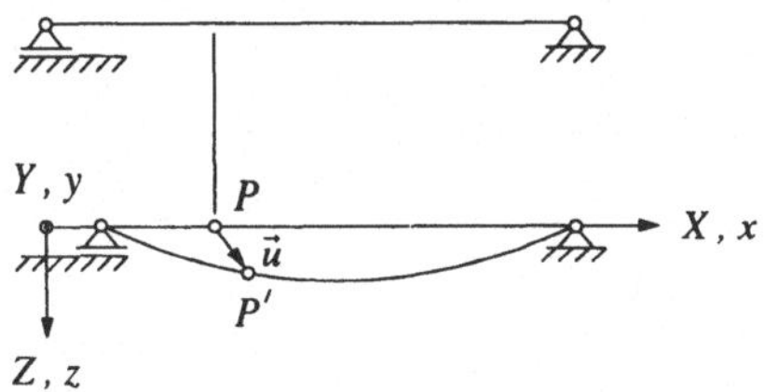

Abb. 3.16.

Die kinematischen Bedingungen lassen sich in vielen Fällen durch Integrieren nach der Zeit in geometrische Bedingungen verwandeln; bei ruhenden Körpern handelt es sich ohnehin um solche. Als leicht zu durchschauendes und praktisch bedeutsames Beispiel für die Entsprechung von geometrischen Bedingungen einerseits und Kräften beziehungsweise Momenten andererseits betrachten wir den in der z,x-Ebene gebogenen Träger. Dieser wird in Abb. 3.16 durch seine Stabachse ersetzt. Die Enden sind über reibungsfrei drehbare Lager mit Lagerböcken verbunden, von welchen der linke in horizontaler Richtung reibungsfrei gleiten kann. Der Verschiebungsvektor $\vec{u}$ verbindet die Position $P(X,Y,Z)$ eines materiellen Punktes vor der Deformation mit der Position $P'(x,y,z)$ desselben materiellen Punktes nach der Deformation. Ist dies ein allgemeiner Punkt der Stabachse, dann nimmt der Verschiebungsvektor

$$\vec{u} = u\vec{e}_x + w\vec{e}_z \tag{3.25}$$

seinen Ausgang von X, $Y = 0$, $Z = 0$ und endet bei $x = X + u$, $y = 0$ und $z = w$. Die Kurve $w = w(x)$ heißt Biegelinie, und dw/dx ist ihr Anstieg.

Wir untersuchen nun die Auswirkungen verschiedener geometrischer Bedingungen für das linke Stabende auf die dort angreifenden Kräfte und das Moment.

Beim Gleitlager (siehe Abb. 3.17) erfährt der durch die Koordinate $X = 0$ gekennzeichnete materielle Punkt - also das linke Stabende - eine sich mit der Belastung ändernde Verschiebung u, und es stellt sich eine Tangentenneigung $dw/dx \neq 0$ ein, wohingegen $w = 0$ ist. Dort wirkt eine vertikale Auflagerkraft A, welche die Bewegung des Trägerendes in vertikaler Richtung verhindert.

Abb. 3.17.    **Abb. 3.18.**

An einem Festlager (siehe Abb. 3.18) gilt $u = 0$ und $w = 0$, aber dw/dx ändert sich mit der Belastung. Es tritt also in der z, x-Ebene eine Auflagerkraft unbekannter Richtung mit den Skalarkomponenten A_h und A_v auf; die Indizes bedeuten horizontal und vertikal.

Bei der festen Einspannung nach Abb. 3.19 gibt es weder eine Verschiebung noch eine Tangentenneigung, $u = 0$, $w = 0$, und $dw/dx = 0$, und demnach greifen dort Auflagerkraftkomponenten A_h und A_v sowie ein Einspannmoment M_A an.

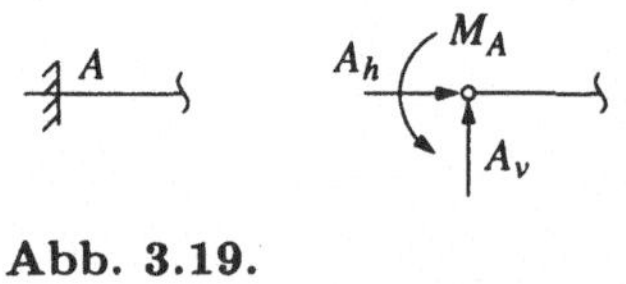

Abb. 3.19. 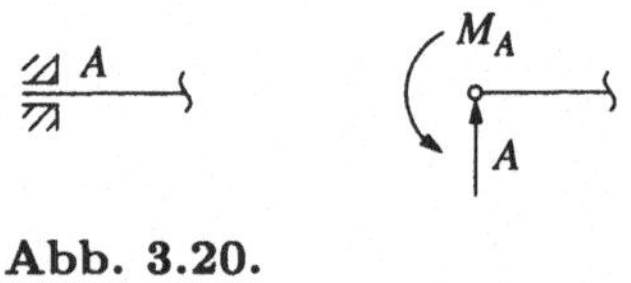   **Abb. 3.20.**

Kann sich das Trägerende in der Einspannung reibungsfrei verschieben (siehe Abb. 3.20), dann ändert sich bei $X = 0$ die Horizontalverschiebung mit der Belastung, und die Auflagerkraftkomponente A_h entfällt.

Bemerkung: Um typische Bedingungskräfte handelt es sich bei Haftkräften. Der reibungsfrei verschiebliche Lagerbock der Abbn. 3.16 und 3.17 stellt eine Idealisierung dar. In der Realität kann durch die Rauheit der Berührung eine Horizontalverschiebung unterbunden werden, und damit liegt gewissermaßen die Situation der Abb. 3.18 vor. Der Unterschied zum Festlager besteht darin, daß eine Kraftübertragung vom Lagerbock auf das Stabende nicht in beliebiger Richtung erfolgen kann. Wenn diese zu sehr von der Normale der Berührfläche abweicht, dann wird der Lagerbock wegrutschen. Auf Haftkräfte, zu welchen auch die Umfangskräfte U_v und U_h der Abb. 3.14 gehören, kommen wir im Abschnitt 3.9 zurück.

3.4 Die Gleichgewichtsbedingungen

Wie wir in der Kinematik festgestellt haben, hat ein starrer Körper den Freiheitsgrad 6. Eine Auflagerung, welche den zur Festlegung des starren Körpers hinreichenden geometrischen Bedingungen entspricht, übt bei allgemeiner Belastung sechs skalare Auflagerreaktionen auf ihn aus.

Bemerkung: Auflagerreaktionen ist hier ein Sammelbegriff für Auflagerkräfte und -momente und hat nichts mit Reactio zu tun, es sei denn, man bezeichnet die Kräfte und Momente, welche der Körper auf die Auflagerung ausübt, mit Actio.

Für die Bestimmung der sechs Auflagerreaktionen stehen die den vektoriellen Gleichgewichtsbedingungen, Gln. (3.17) und (3.18), entsprechenden sechs skalaren Gleichgewichtsbedingungen zur Verfügung. Diese lauten:

$$\sum X_i = 0, \tag{3.26}$$

$$\sum Y_i = 0, \tag{3.27}$$

$$\sum Z_i = 0 \tag{3.28}$$

und

$$\sum M_{xi}^A + \sum (y_i Z_i - z_i Y_i) = 0, \tag{3.29}$$

$$\sum M_{yi}^A + \sum (z_i X_i - x_i Z_i) = 0, \tag{3.30}$$

$$\sum M_{zi}^A + \sum (x_i Y_i - y_i X_i) = 0, \tag{3.31}$$

wo die Kraft $\vec{F}$ und der Vektor $\vec{r}$ in Komponenten parallel zu einem kartesischen Koordinatensystem x, y, z zerlegt wurden gemäß

$$\vec{F}_i = X_i \vec{e}_x + Y_i \vec{e}_y + Z_i \vec{e}_z \tag{3.32}$$

und

$$\vec{r}_i = x_i \vec{e}_x + y_i \vec{e}_y + z_i \vec{e}_z. \tag{3.33}$$

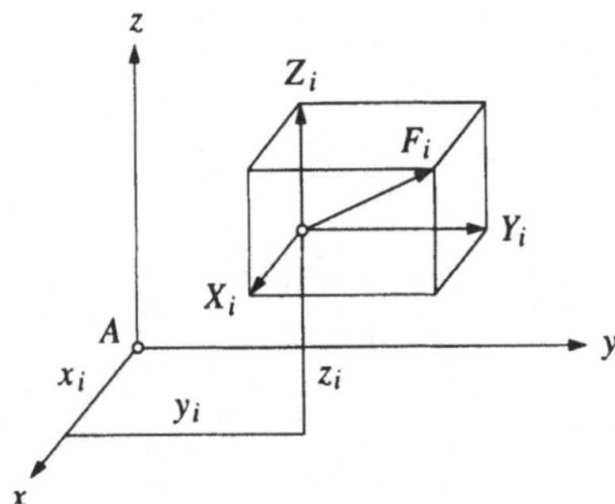

Abb. 3.21.

Obwohl das Moment $\vec{M}_i^A$ der Einzelkraft $\vec{F}_i$ auf einen Punkt A bezogen ist, interpretiert man seine Komponenten als Momente der Kraftkomponenten um Achsen (siehe Abb. 3.21). Die Kraftkomponente Z_i bildet am Hebelarm y_i ein positives Moment um die x-Achse und die Kraftkomponente Y_i am Hebelarm z_i ein negatives. Ebenso deutet man auch die Komponenten des Moments $\vec{M}_i^A$ um die anderen beiden Achsen.

Aus den sechs Gleichgewichtsbedingungen kann man sechs unbekannte Größen berechnen, wenn das Gleichungssystem eine eindeutige Lösung besitzt. Dies wollen wir zunächst voraussetzen.

Die Unbekannten können die Skalarkomponenten von Kräften und von Momenten sein. Unbekannte Kräfte zerlegen wir also in Skalarkomponenten, zum Beispiel A_x, A_y und A_z. Unbekannte Kräfte auf bekannten Wirkungslinien werden ebenfalls in Komponenten zerlegt (siehe Abb. 3.22), und zwar in

$$A_x = A\cos\alpha = An_x, \tag{3.34}$$

$$A_y = A\cos\beta = An_y, \tag{3.35}$$

$$A_z = A\cos\gamma = An_z. \tag{3.36}$$

$\cos\alpha$, $\cos\beta$ und $\cos\gamma$ heißen Richtungskosinus. Diese sind bei gegebener Wirkungslinie bekannt. Die Richtungskosinus erfüllen die Gleichung

$$\cos^2\alpha + \cos^2\beta + \cos^2\gamma = 1. \tag{3.37}$$

Identisch mit den Richtungskosinus sind die Komponenten n_x, n_y, n_z des Einheitsvektors in Richtung der Kraft. Es gilt entsprechend

$$n_x^2 + n_y^2 + n_z^2 = 1. \tag{3.38}$$

Trotz der drei Komponenten liegt also nur eine Unbekannte vor, nämlich A. Analog zu den unbekannten Kräften verfährt man auch mit unbekannten Momenten.

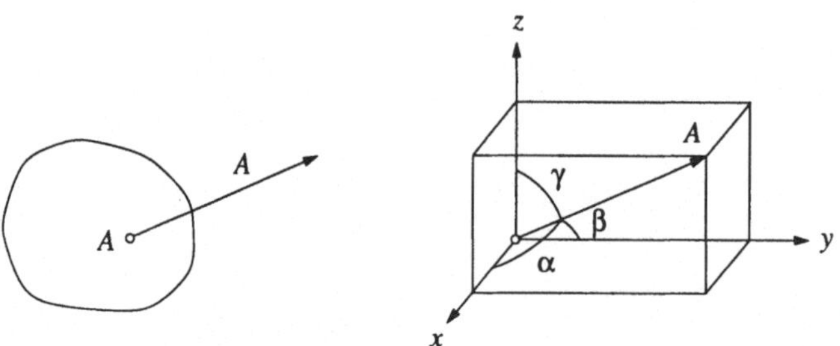

Abb. 3.22.

Der Richtungssinn der Reaktionen hängt von den Belastungen ab und läßt sich nur in einfachen Fällen erraten. Dies ist auch nicht notwendig, denn ihre positiven Richtungen können beliebig angenommen werden. Die Gleichgewichtsbedingungen liefern den Betrag und den Richtungssinn. Ergibt sich eine Unbekannte als positiv/negativ, dann zeigt die Kraft in/gegen die angenommene positive Richtung.

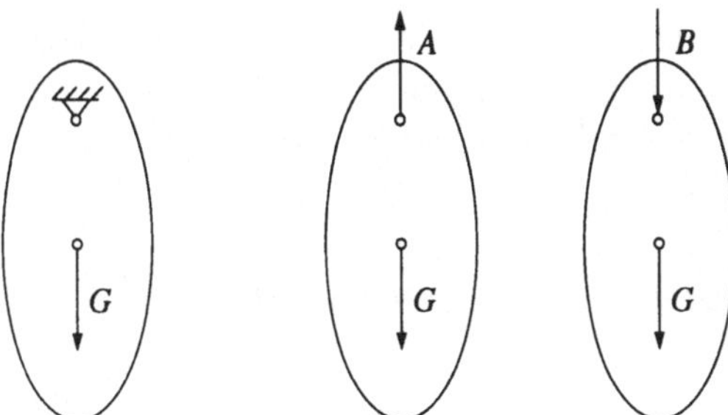

Abb. 3.23.

Zur Demonstration wird der im Schwerefeld aufgehängte Körper (siehe Abbn. 3.12 und 3.23) wieder aufgegriffen. Wir lösen den Körper vom Auflager und bringen dort in Übereinstimmung mit der Anschauung die Auflagerkraft A mit der positiven Zählrichtung nach oben an. Nun ist eine positive Richtung für das Aufstellen der Gleichgewichtsbedingung in vertikaler Richtung zu wählen. Entscheiden wir uns für senkrecht nach oben als positive Richtung und kennzeichnen dies durch den Pfeil ↑, dann erhalten wir

$$\uparrow: \quad A - G = 0, \tag{3.39}$$

$$A = G. \tag{3.40}$$

Als Alternative ist auch senkrecht nach unten als positive Richtung möglich, ↓, und das Ergebnis ist

$$\downarrow: \quad -A + G = 0. \tag{3.41}$$

Der mathematische Inhalt der Gln. (3.39) und (3.41) stimmt offensichtlich überein.

Statt der Auflagerkraft A mit der positiven Zählrichtung nach oben kann man sich auch für eine Auflagerkraft B mit positiver Zählrichtung nach unten entscheiden; wie erwähnt, läßt sich der Richtungssinn einer Bedingungskraft nicht immer der Anschauung entnehmen. Die Gleichgewichtsbedingung liefert

$$\uparrow: \quad -B - G = 0, \tag{3.42}$$

$$B = -G. \tag{3.43}$$

Das Minuszeichen besagt, daß die Auflagerkraft nach oben wirkt, was in diesem einfachen Falle von Anfang an klar war. Die positive Richtung in der Skizze darf natürlich nicht nachträglich geändert werden, weil dann die Rechnung nicht mehr zur Skizze paßt. Es ist wohl selbstverständlich, daß Vorzeichen von Auflagerreaktionen ohne Skizze inhaltslos sind.

Man muß also keineswegs die positiven Zählrichtungen der Unbekannten mit den positiven Richtungen eines kartesischen Koordinatensystems zusammenfallen lassen, und diese sind auch nicht als positive Richtungen für das Aufstellen der Gleichgewichtsbedingungen verbindlich, eine solche Wahl ist bei komplexen Problemen aber anzuraten.

Die Gleichgewichtsbedingungen (3.26) bis (3.31) sind linear in den gegebenen und in den gesuchten Kräften und Momenten. Somit eröffnet sich die Möglichkeit der Superposition. Bei n gegebenen Belastungen läßt sich das Gesamtproblem aufspalten in n Teilprobleme mit jeweils einer Belastung. Die zugehörigen Auflagerreaktionen können getrennt ermittelt und dann addiert werden.

3.5 Statisch bestimmte und statisch unbestimmte Gleichgewichtsprobleme

3.5.1 Mathematische Aspekte

Gleichgewichtsprobleme heißen statisch bestimmt, wenn die Auflagerreaktionen und Kontaktkräfte mit Hilfe der Gleichgewichtsbedingungen allein ermittelt werden können. Erfolgt die Festlegung der sechs Lagekoordinaten eines starren Körpers im Raume durch eine Auflagerung, welche sechs skalare Auflagerreaktionen auf ihn ausübt, dann ist er statisch bestimmt aufgelagert.

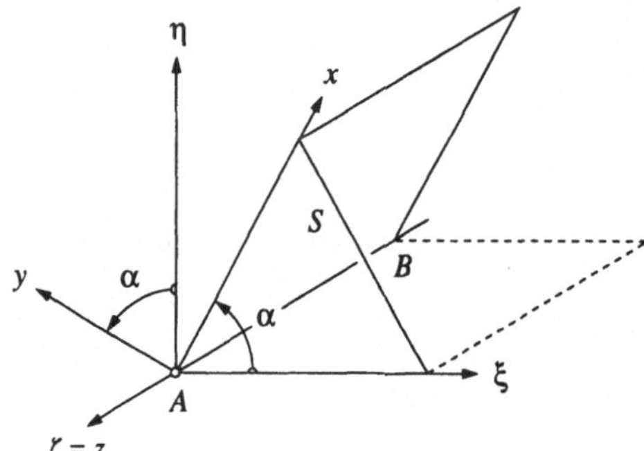

Abb. 3.24.

Als Beispiel betrachten wir eine starre Platte - einen Schachtdeckel (siehe Abb. 3.24). Seine Position im Raume liegt fest durch die drei Koordinaten eines Eckpunkts A und durch die drei Eulerschen Winkel $\alpha\,(\neq 0)$, $\beta = 0$ und $\gamma = 0$ (vergleiche Abb. 2.6); die Koordinaten und die Winkel sind unabhängig voneinander. Aufgelagert ist die Platte durch ein Kugelgelenk im Punkt A, ein Scharniergelenk im Punkt B und einen Stab S. Damit bilden $\xi_A = 0$, $\eta_A = 0$, $\zeta_A = 0$, $\xi_B = 0$, $\eta_B = 0$ und α einen äquivalenten Satz von Lagekoordinaten; ζ_B ist durch die Lagerung nicht vorgegeben. Bei allgemeiner Belastung tritt an der Platte eine Auflagerkraft allgemeiner Richtung im Kugelgelenk A, eine Kraft parallel zur ξ, η-Ebene im Scharniergelenk B sowie die Stützkraft des Stabes auf, insgesamt gibt es also sechs skalare Auflagerkräfte. (Auf den Stab als Pendelstütze kommen wir zurück.)

Übt eine Auflagerung weniger als sechs skalare Reaktionen auf einen starren Körper aus, dann ist er beweglich.

Mehr als sechs skalare Reaktionen unnachgiebiger Lager sind beim starren Körper theoretisch denkbar, über deren Größe lassen sich aber keine Aussagen machen. Solche Lagerungen werden ausgeschlossen.

Die statisch bestimmte Auflagerung eines starren Körpers ist auch für den deformierbaren Körper eine solche.

Ein deformierbarer Körper, auf welchen weniger als sechs skalare Reaktionen einwirken, ist selbstverständlich beweglich. Er kann aber auch bei sechs oder mehr als sechs Reaktionen beweglich sein, wie man am Beispiel einer an mehreren Scharniergelenken befestigten (deformierbaren) Platte sieht. Die Anzahl 6 der Auflagerreaktionen ist also nur eine notwendige Bedingung für statische Bestimmtheit.

Zusätzlich zu den Auflagerungen, die einen starren Körper im Raume fixieren, kann ein deformierbarer Körper weitere Auflagerungen aufweisen. In diesem Falle ist er statisch unbestimmt oder - genauer gesagt - statisch überbestimmt gelagert. Außer den Gleichgewichtsbedingungen sind dann geometrische Bedingungen zur Ermittlung der Auflagerreaktionen heranzuziehen.

Ein Gleichgewichtsproblem heißt eben, wenn Momente um zwei Achsen und Kräfte in Richtung der dritten Achse fehlen; drei der sechs Lagekoordinaten sind a priori festgelegt, zum Beispiel $\zeta_A = 0$, $\beta = 0$ und $\gamma = 0$, wenn die Bezeichnungen der Abb. 2.6 verwendet werden. Zur Fixierung des Körpers bleiben ξ_A, η_A und α; der Freiheitsgrad reduziert sich von 6 auf 3, und von den sechs skalaren Gleichgewichtsbedingungen, Gln. (3.26) bis (3.31), entfallen die Gln. (3.28) bis (3.30).

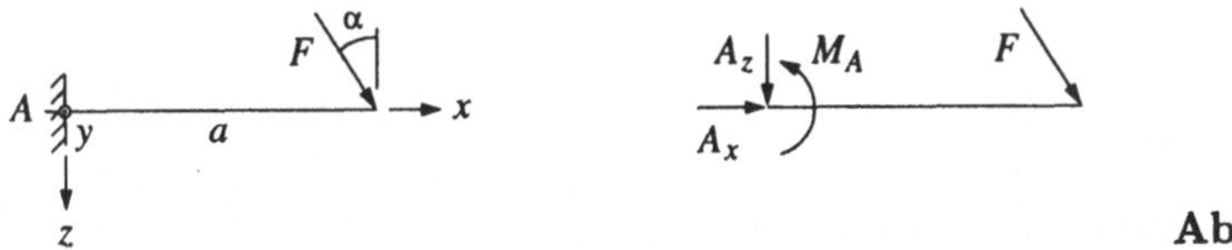

Abb. 3.25.

Als Beispiel für ein ebenes Problem - allerdings unter Verwendung des in der Balkentheorie üblichen Koordinatensystems - betrachten wir nun einen Träger mit einer festen Einspannung und einem freien Ende, welcher als Kragträger bezeichnet wird. Dieser ist an seinem freien Ende durch eine gegen die Vertikale unter dem Winkel α geneigte Kraft belastet (siehe Abb. 3.25). (Bei $x = 0$ befindet sich kein Gelenk, sondern die Pfeilspitze der positiven y-Achse.) Wir lösen den Träger aus seiner Auflagerung und tragen dort die Auflagerreaktionen ein. Hier stimmen die positiven Richtungen mit denen der Koordinatenachsen überein. Sie können aber - wie erwähnt - auch auf andere Weise festgelegt werden. Die Gleichgewichtsbedingungen lauten:

$$\rightarrow : \quad A_x + F \sin \alpha = 0, \tag{3.44}$$

$$\downarrow : \quad A_z + F \cos \alpha = 0, \tag{3.45}$$

$$\widehat{A} : \quad M_A - a F \cos \alpha = 0. \tag{3.46}$$

Sie liefern

$$A_x = -F \sin \alpha, \tag{3.47}$$

$$A_z = -F \cos \alpha, \tag{3.48}$$

$$M_A = a F \cos \alpha. \tag{3.49}$$

Der Bezugspunkt für das Momentengleichgewicht ist zwar frei wählbar, es empfiehlt sich aber als solcher der Schnittpunkt der Wirkungslinien zweier unbekannter Kräfte. Bei dieser Wahl wird die Momentengleichgewichtsbedingung besonders einfach; sie enthält nur eine Unbekannte.

Bemerkung: $aF\cos\alpha$ läßt sich als Moment der Kraftkomponente $F\cos\alpha$
am Hebelarm a oder der Kraft F am Hebelarm $a\cos\alpha$ interpretieren (siehe
Abb. 3.26).

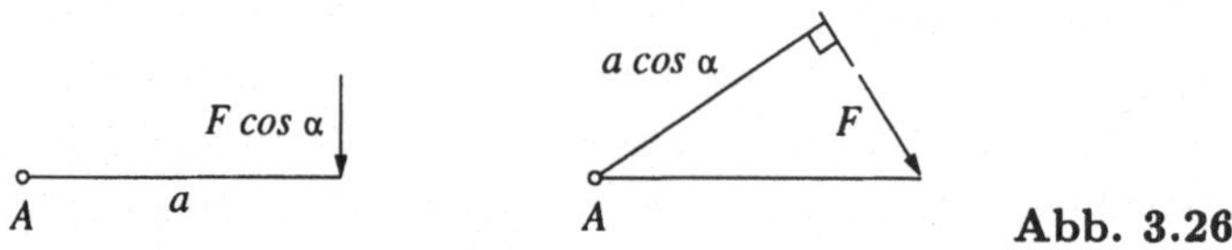

Abb. 3.26.

Die drei Auflagerreaktionen sind mit Hilfe der Gleichgewichtsbedingungen
allein ermittelt worden; es handelt sich also um ein statisch bestimmtes Gleichgewichtsproblem.

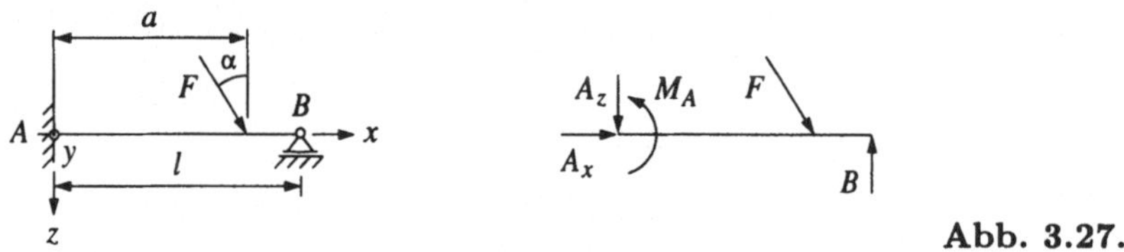

Abb. 3.27.

Wir betrachten nun eine Modifikation des Problems. Zusätzlich zur Einspannung am linken Ende befinde sich am rechten Ende an der Stelle $x = l$ ein
Gleitlager (siehe Abb. 3.27). Dort tritt die vertikale Auflagerkraft B auf. Die
drei Gleichgewichtsbedingungen,

$$\rightarrow: \quad A_x + F\sin\alpha = 0, \tag{3.50}$$

$$\downarrow: \quad A_z - B + F\cos\alpha = 0, \tag{3.51}$$

$$\widehat{A}: \quad M_A + lB - aF\cos\alpha = 0, \tag{3.52}$$

enthalten vier Unbekannte. Der Träger ist statisch unbestimmt gelagert. Eine
weitere Bedingung liefert die Betrachtung der Deformation, welche auf Abb. 3.28
in stark übertriebener Weise dargestellt ist. Am rechten Trägerende, $x = l$,

Abb. 3.28.

verschwindet die Vertikalverschiebung, $w = 0$. Im Kapitel „Festigkeitslehre"
behandeln wir derartige Probleme.

Trotz der statischen Unbestimmtheit folgt aus Gl. (3.50) eine Auflagerreak-
tion, nämlich

$$A_x = -F\sin\alpha. \tag{3.53}$$

Bemerkung: Es sei festgehalten, daß wir Verformungen betrachten, die im Gegensatz zu Abb. 3.28 klein sind im Vergleich zur Länge des Trägers. Dies bedeutet, daß die mit der Deformation einhergehende Änderung der Trägerlänge und des Hebelarms der vertikalen Kraftkomponente $F\cos\alpha$ vernachlässigt wird wie auch das Moment der horizontalen Kraftkomponente $F\sin\alpha$. Wir stellen also die Gleichgewichtsbedingungen näherungsweise am unverformten Körper auf. Dies haben wir stillschweigend auch beim Kragträger getan.

Wie erwähnt, ist der Bezugspunkt für das Momentengleichgewicht willkürlich. Demnach kann man beliebig viele Momentengleichgewichtsbedingungen aufstellen. Trotzdem ist es nicht möglich, mit ihrer Hilfe statisch unbestimmte Probleme zu lösen; die zusätzlichen Gleichungen sind nämlich linear abhängig von den anderen. Es gibt nur sechs beziehungsweise im ebenen Falle drei voneinander unabhängige Gleichgewichtsbedingungen. Die Kräftegleichgewichtsbedingungen lassen sich allerdings teilweise oder ganz durch Momentengleichgewichtsbedingungen ersetzen. Dies wird am folgenden Beispiel gezeigt.

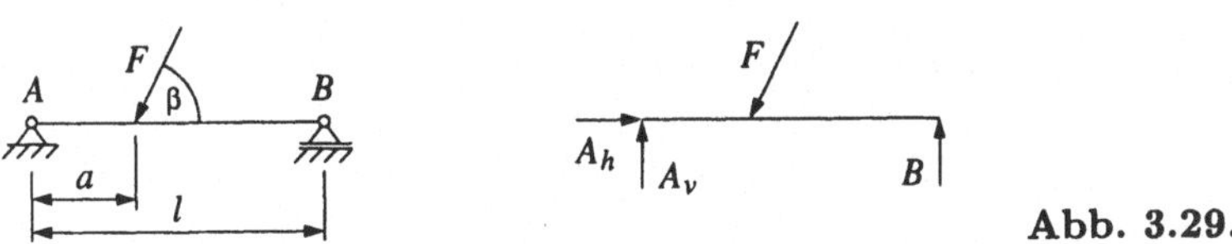

Abb. 3.29.

Ein statisch bestimmt auf einem Festlager und einem Gleitlager aufgestützter Träger sei an der Stelle $x = a$ durch eine unter dem Winkel β gegen die Horizontale geneigte Kraft belastet (siehe Abb. 3.29). Die Komponenten der Auflagerkraft am linken Ende werden diesmal mit A_h und A_v bezeichnet. Die Gleichgewichtsbedingungen liefern

$$\rightarrow: \quad A_h - F\cos\beta = 0, \tag{3.54}$$

$$\uparrow: \quad A_v - F\sin\beta + B = 0, \tag{3.55}$$

$$\curvearrowright\!\!A: \quad -aF\sin\beta + lB = 0. \tag{3.56}$$

Aus Gl. (3.54) und Gl. (3.56) erhält man

$$A_h = \cos\beta\, F, \tag{3.57}$$

$$B = \sin\beta\,\frac{a}{l}F. \tag{3.58}$$

Mit dem letzteren Ergebnis folgt dann aus Gl. (3.55)

$$A_v = \sin\beta\left(1 - \frac{a}{l}\right)F. \tag{3.59}$$

Wir betrachten nun das Momentengleichgewicht um den Punkt B,

$$\curvearrowright\!\!B: \quad -lA_v + (l-a)F\sin\beta = 0. \tag{3.60}$$

Diese Gleichung ersetzt Gl. (3.55). Zusammen mit den Gln. (3.54) und (3.56) bildet sie ein Gleichungssystem zur Bestimmung der drei Unbekannten A_h, A_v und B. Gegenüber der Gl. (3.55) hat Gl. (3.60) den Vorteil, daß sie direkt zu A_v führt. Wie man sich leicht überzeugt, erhält man durch Subtrahieren der mit l multiplizierten Gl. (3.55) von Gl. (3.56) die Gl. (3.60). Letztere ist also von den ersteren linear abhängig und kann somit keine neue Information enthalten.

Zum ebenen Gleichgewichtsproblem werde noch folgendes bemerkt: Da beide Kräftegleichgewichtsbedingungen durch Momentengleichgewichtsbedingungen ersetzt werden können, implizieren drei Momentengleichgewichtsbedingungen das Kräftegleichgewicht, wobei die drei Bezugspunkte allerdings nicht auf einer Geraden liegen dürfen. Für drei Punkte A, B und C in der Ebene $z = 0$ gilt

$$M_A = 0, \tag{3.61}$$

$$M_B = M_A - (x_B - x_A)\sum Y_i + (y_B - y_A)\sum X_i = 0, \tag{3.62}$$

$$M_C = M_A - (x_C - x_A)\sum Y_i + (y_C - y_A)\sum X_i = 0, \tag{3.63}$$

wobei von Gl. (3.3) Gebrauch gemacht wurde. Diese Bedingungen reduzieren sich auf

$$- (x_B - x_A)\sum Y_i + (y_B - y_A)\sum X_i = 0, \tag{3.64}$$

$$- (x_C - x_A)\sum Y_i + (y_C - y_A)\sum X_i = 0. \tag{3.65}$$

Wenn

$$\frac{y_C - y_A}{x_C - x_A} - \frac{y_B - y_A}{x_B - x_A} \neq 0 \tag{3.66}$$

oder - in Worten - wenn die drei Punkte A, B und C nicht auf einer Geraden liegen, dann hat das homogene Gleichungssystem (3.64) und (3.65) nur die (triviale) Lösung $\sum X_i = 0$ und $\sum Y_i = 0$.

Bei beliebigem Bezugspunkt, zum Beispiel B, beinhaltet Gl. (3.62) wegen der frei wählbaren Faktoren $(x_B - x_A)$ und $(y_B - y_A)$ das Kräftegleichgewicht, $\sum X_i = 0$ und $\sum Y_i = 0$, und das Momentengleichgewicht, $M_A = 0$. Davon machen wir später Gebrauch.

Bemerkung: Für beliebigen Bezugspunkt B handelt es sich bei Bedingung (3.62) nicht um nur eine Gleichung, sondern sie umfaßt unendlich viele, welche aber bis auf je drei voneinander linear abhängig und damit redundant sind.

Bei der Untersuchung eines in Ruhe befindlichen Körpersystems wird man zuerst nachprüfen, ob es sich um ein statisch bestimmtes Problem handeln kann. Ein notwendiges Kriterium dafür ist die Übereinstimmung der Anzahl der Unbekannten mit der Anzahl der Gleichgewichtsbedingungen. Bei einem statisch bestimmt aufgelagerten System aus n starren oder elastischen Körpern treten $6n$ unbekannte Kräfte und Momente auf. Diese zerfallen in Auflagerreaktionen und Kontaktkräfte und -momente, welche die einzelnen Körper aufeinander ausüben. Man zerlegt das System in Einzelkörper und zählt die Unbekannten ab.

Als ebenes Beispiel dienen zwei Scheiben, welche im Schwerefeld an reibungsfreien Gelenken aufgehängt und durch ein solches untereinander verbunden

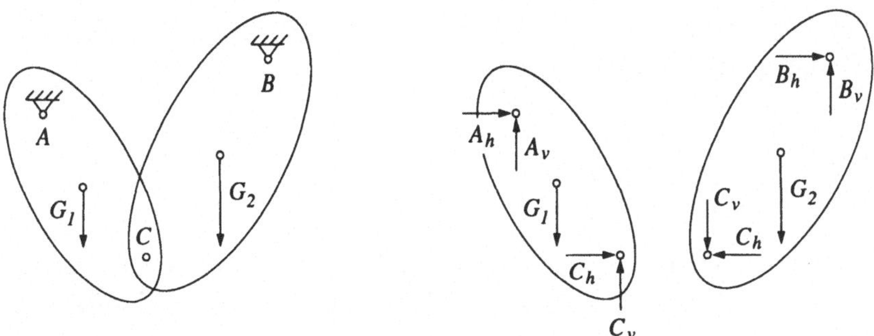

Abb. 3.30.

sind (siehe Abb. 3.30). Im Verbindungsgelenk wird ebenso wie in den Lagern
eine Kraft unbekannter Richtung übertragen. Wir lösen die Scheiben aus den
Auflagern, trennen sie voneinander, tragen die unbekannten Auflager- und Gelenkkräfte ein und zählen sechs Unbekannte. Diese Zahl stimmt mit der Anzahl
der Gleichgewichtsbedingungen überein, nämlich zwei mal drei bei ebenen Problemen zweier Körper. Die notwendige Bedingung für statische Bestimmtheit
ist also erfüllt, und es handelt sich hier in der Tat um ein statisch bestimmtes
Gleichgewichtsproblem.

3.5.2 Physikalische Unterschiede zwischen statisch bestimmten und statisch unbestimmten Systemen

Erwärmung und Fertigungsungenauigkeiten führen bei statisch bestimmt gelagerten unbelasteten Tragwerken nicht zu Auflagerreaktionen, im allgemeinen
aber bei statisch unbestimmter Lagerung.

Wir betrachten dazu ein Tragwerk aus zwei masselosen Stäben, welche im
ersten Falle durch reibungsfreie Gelenke aufgestützt und untereinander durch
ein solches Gelenk verbunden sind (siehe Abb. 3.31). Im zweiten Falle sind die
Stäbe miteinander verschweißt. Bei Erwärmung ändern sich die Längen der Stäbe
des ersten Tragwerks und die Winkel. Die Stäbe bleiben aber kräftefrei. Das
zweite Tragwerk hingegen wird durch die Auflagerung daran gehindert, sich bei
Erwärmung so auszudehnen, wie es ohne Lagerung tun würde. In den Gelenken
treten zwei entgegengesetzt gleiche Kräfte auf, welche das Tragwerk verbiegen.

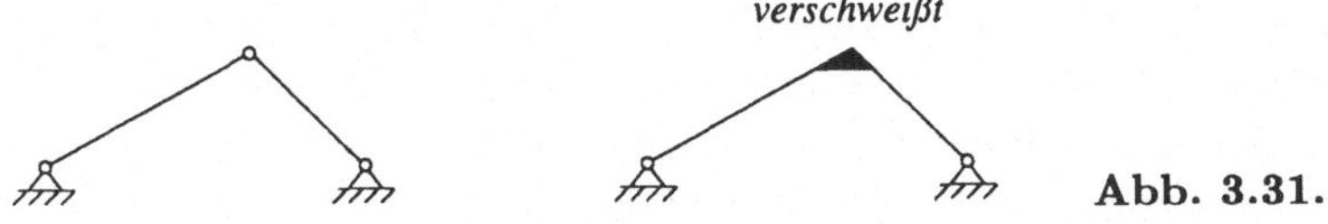

Abb. 3.31.

Im obigen Beispiel genügt zur Erzeugung der Auflagerkräfte eine homogene
Temperatur. Ein Stab mit einer festen und einer längsverschieblichen Einspannung (siehe Abb. 3.32) bleibt dagegen bei gleichmäßiger Erwärmung spannungs-
frei. Zu Auflagerreaktionen - und zwar entgegengesetzt gleichen Einspannmo-

menten - kommt es nur dann, wenn sich der von der Lagerung befreite Stab durch ungleichmäßige Erwärmung verbiegt.

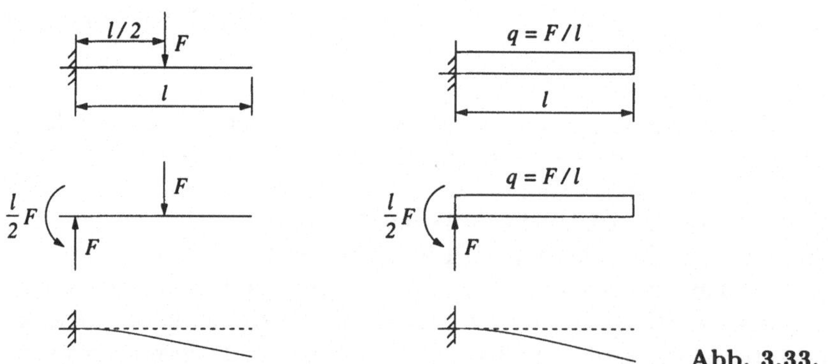

Abb. 3.32.

Fertigungsungenauigkeiten wirken sich beim statisch bestimmt gelagerten Tragwerk nur auf die Geometrie aus, wie ein Blick auf das erste Stabwerk von Abb. 3.31 bestätigt. Das statisch unbestimmt gelagerte Tragwerk hingegen muß schon bei der Montage leicht deformiert werden und steht dann unter Eigenspannungen. Die Differenz von Soll- und Istmaß in der Länge des Stabes von Abb. 3.32 führt selbstverständlich nicht zu irgendwelchen Kräften.

3.5.3 Die Auswirkung statisch äquivalenter Systeme von Belastungen auf Auflagerreaktionen und Deformation

Statisch äquivalente Systeme von Belastungen rufen bei einem statisch bestimmt gelagerten Tragwerk dieselben Auflagerreaktionen hervor. Die Deformation und die Beanspruchung des Tragwerks ist im allgemeinen verschieden. Beim statisch unbestimmten Tragwerk führen unterschiedliche statisch äquivalente Belastungen sowohl zu verschiedenen Auflagerreaktionen als auch zu verschiedener Deformation und Beanspruchung.

Abb. 3.33.

Wir betrachten als Beispiel einen Kragträger einmal unter der Wirkung der in der Mitte angreifenden Kraft F und einmal bei konstanter verteilter Belastung q, einer Gleichlast, deren Resultierende $F = ql$ ebenfalls in der Mitte angreift. Es handelt sich also um zwei statisch äquivalente Belastungen. In beiden Fällen finden wir die in Abb. 3.33 eingezeichneten Auflagerreaktionen. Die Deformationen, welche sich nach dem Studium des Kapitels „Festigkeitslehre" unschwer verifizieren lassen, sind jedoch verschieden. Im ersten Falle ist die Krümmung im Abschnitt $l/2 \leq x \leq l$ gleich null. Die Absenkung des Trägerendes hat die Größe

$$w(l) = \frac{5Fl^3}{48EJ}, \tag{3.67}$$

wo E der Elastizitätsmodul, J das Flächenträgheitsmoment und das Produkt EJ die Biegesteifigkeit ist. Bei Gleichlast verschwindet die Krümmung nur am Trägerende. Es erfährt die Absenkung

$$w(l) = \frac{Fl^3}{8EJ}. \tag{3.68}$$

Wir betrachten nun den statisch unbestimmten Träger mit einer Einspannung und einer zusätzlichen Stütze am rechten Ende (siehe Abb. 3.34). Die jeweiligen Auflagerreaktionen sind in die Skizzen der von den Auflagerungen befreiten Träger eingetragen. Sie sind verschieden und selbstverständlich auch die Durchbiegungen.

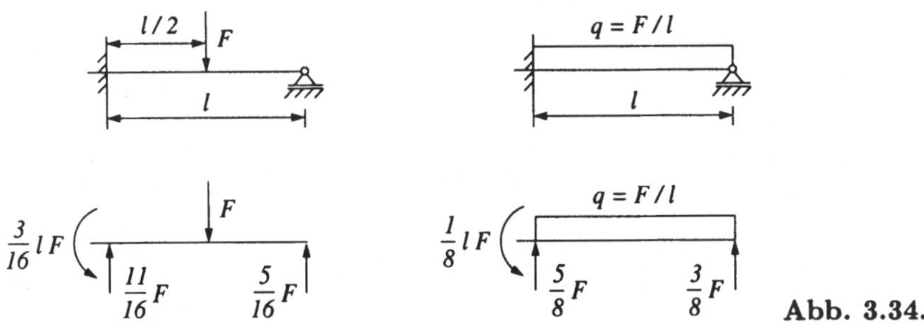

Abb. 3.34.

Es sei daran erinnert, daß am starren Körper Kräfte längs ihrer Wirkungslinien und Momentenvektoren parallel verschoben werden dürfen, wohingegen dies am deformierbaren Körper im allgemeinen unzulässig ist.

3.6 Gleichgewichtslagen beweglicher Körper

Abb. 3.35.

Bewegliche starre und deformierbare Körper erfahren bei allgemeiner Belastung Änderungen des Impulses und des Dralls. Unter der Wirkung spezieller Kräfte und Momente kann sich der Körper im Gleichgewicht befinden, und dann unterliegt er den Gleichgewichtsbedingungen. Wir betrachten hier nur stabile Gleichgewichtslagen; eine intuitive Vorstellung von der Stabilität einer Gleichgewichtslage unterstützt die Abb. 3.35. Dargestellt ist das stabile, indifferente und labile

Gleichgewicht einer Kugel in einer Mulde, auf einer Ebene und auf einer Kuppe. Die Stabilität von Gleichgewichtslagen ist einer der Problemkreise der Stabilitätstheorie.

Gleichgewichtslagen von beweglichen Körpern oder Körpersystemen können statisch bestimmt oder statisch unbestimmt sein. Bei den Unbekannten handelt es sich neben Reaktionen oft auch um geometrische Größen. Die Gleichgewichtskonfiguration einer Kette im Schwerefeld zum Beispiel ist zunächst unbekannt; sie wird im Abschnitt 3.8 ermittelt.

Wir suchen die Gleichgewichtslage der auf Abb. 3.36.a gezeigten Anordnung zweier Körper im Schwerefeld, die an einem über eine reibungsfrei gelagerte Rolle geschlungenen Seil hängen, von welchem ein Punkt durch ein zweites Seil mit einem festen Punkt verbunden ist. Gegeben seien die Längen a, h, R und l (in den gezeichneten Proportionen) sowie die Gewichte G_1 und G_2 der Körper. Gesucht sind die Winkel α und β und die Seilkraft S im Seilstück $\overline{AB}$.

(a)

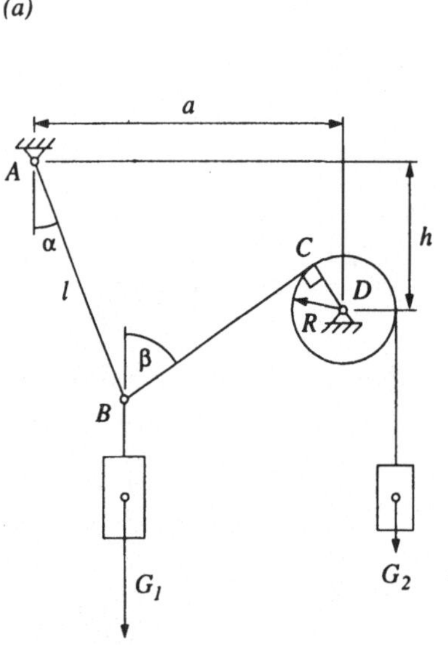

(b)

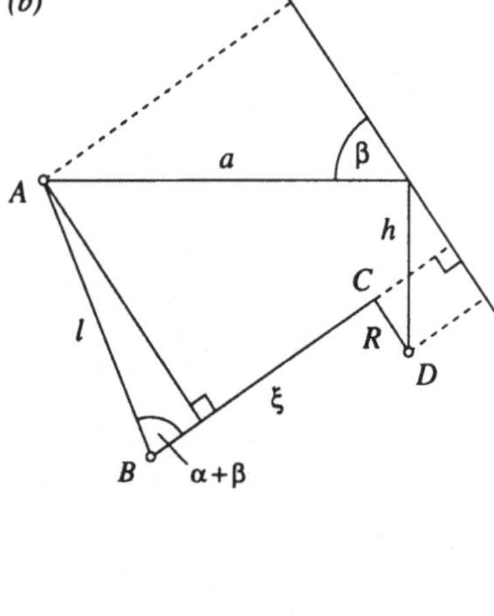

Abb. 3.36.

Die Seile werden als undehnbar, biegeschlaff und masselos idealisiert. Näheres über das Zusammenwirken von Seil und Scheibe findet man im Abschnitt 3.9.3 „Seil auf Scheibe". Es wird vorweggenommen, daß wegen der reibungsfreien Lagerung der Rolle die Seilkraft im Seilstück $\overline{BC}$ mit G_2 übereinstimmt.

Die Anordnung hat den Freiheitsgrad 1, wenn die beiden Körper nicht pendeln. Als Lagekoordinate bietet sich der Winkel α an. Wir stellen zunächst den Zusammenhang zwischen α und β auf und führen dazu die unbekannte Länge ξ der Strecke $\overline{BC}$ als Hilfsgröße ein, welche dann eliminiert wird. Durch Projizieren der Strecken auf die horizontale und die vertikale Richtung findet man

$$l \sin \alpha + \xi \sin \beta + R \cos \beta = a \qquad (3.69)$$

beziehungsweise

$$l \cos \alpha - \xi \cos \beta + R \sin \beta = h. \tag{3.70}$$

Daraus ergibt sich

$$l \sin(\alpha + \beta) + R = a \cos \beta + h \sin \beta. \tag{3.71}$$

Diese Beziehung läßt sich verifizieren, indem man die Strecken auf eine unter dem Winkel β gegen die Horizontale geneigte Gerade projiziert. $\overline{BC}$ ist projizierend, und $\overline{CD}$ erscheint in wahrer Länge (siehe Abb. 3.36.b).

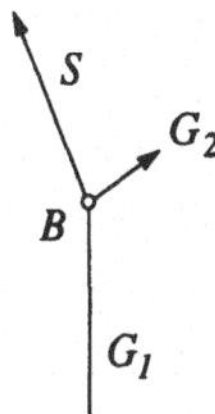

Abb. 3.37.

Die Gleichgewichtsbedingungen des Knotens B liefern

$$S \sin \alpha = G_2 \sin \beta, \tag{3.72}$$
$$S \cos \alpha = G_1 - G_2 \cos \beta \tag{3.73}$$

(siehe Abb. 3.37). Diese und Gl. (3.71) enthalten die drei Unbekannten α, β und S und liefern aus physikalischen Gründen eine eindeutige Lösung. Im Gegensatz zu den bisher behandelten Gleichgewichtsproblemen, in denen die Unbekannten Reaktionskräfte und -momente waren, sind die Gleichungen nichtlinear in den Winkeln, und eine Superposition der zu verschiedenen Gewichten gehörigen Winkel ist selbstverständlich nicht möglich.

Die Unbekannte α läßt sich aus Gl. (3.71) eliminieren, und damit liegt eine Bestimmungsgleichung für β vor. Aus den Gln. (3.72) und (3.73) erhält man

$$\cot \alpha = \frac{1}{\sin \beta} \frac{G_1}{G_2} - \cot \beta. \tag{3.74}$$

Man kann nun $\sin \alpha$ und $\cos \alpha$ in dem Summanden $l(\sin \alpha \cos \beta + \cos \alpha \sin \beta)$ der Gl. (3.71) mit Hilfe trigonometrischer Identitäten durch $\cot \alpha$ ausdrücken und aus der so entstandenen Beziehung β bei gegebenem G_1/G_2 ausrechnen. Ein anderer Weg führt direkt zur Umkehrfunktion $G_1/G_2 = f(\beta)$. Diesem wollen wir folgen. Aus Gl. (3.74) ergibt sich

$$\frac{G_1}{G_2} = \cot \alpha \sin \beta + \cos \beta. \tag{3.75}$$

$\cot \alpha$ wird mit Hilfe von Gl. (3.71) durch β ausgedrückt. Man erhält zunächst

$$\alpha = \varphi - \beta \tag{3.76}$$

und dann

$$\sin\varphi = \cos\beta\,\frac{a}{l} + \sin\beta\,\frac{h}{l} - \frac{R}{l}. \tag{3.77}$$

Diese Gleichung ordnet einem Winkel β im Intervall $\beta_{\min} < \beta < \beta_{\max}$ zwei Winkel φ und damit zwei Winkel α zu, welche im Bereich $\alpha \geq 0$ sinnvoll sind; die Intervallgrenzen entsprechen den Werten $\varphi = \pi/2$ beziehungsweise $\varphi = \pi$. Mit Gl. (3.77) geht Gl. (3.75) über in

$$\frac{G_1}{G_2} = \frac{\sin\beta\cos\beta \pm \sin\varphi\sqrt{1 - \sin^2\varphi}}{\sin^2\varphi - \sin^2\beta}\,\sin\beta + \cos\beta, \tag{3.78}$$

wobei von den bekannten Additionstheoremen für Sinus und Kosinus Gebrauch gemacht wurde. Der Nenner ist wegen $\varphi \geq \beta$ nichtnegativ. Zu $\alpha \to 0$ gehört $G_1/G_2 \to \infty$ in Übereinstimmung mit dem anschließend behandelten ersten Sonderfall. Gleichung (3.78) liefert für $\beta > \beta_{\min}$ zwei Werte G_1/G_2; da aber dem Vorzeichen von $\cos\varphi$ entsprechend für $\varphi < \pi/2$ das positive und für $\varphi > \pi/2$ das negative Vorzeichen der Wurzel gilt, ist der Zusammenhang zwischen G_1/G_2 und φ und damit auch α eindeutig. Schließlich ergibt sich S/G_2 bei nichtverschwindenden endlichen Kräften aus Gl. (3.72) oder Gl. (3.73).

Das Ergebnis soll noch durch das Hervorheben von Sonderfällen interpretiert werden, wobei an ein Anwachsen von G_2 bei festgehaltenem G_1 gedacht ist, aber Winkel vorgegeben werden.

Wir beginnen mit $\alpha = 0$. β ist nach Gl. (3.71) festgelegt durch

$$(l - h)\sin\beta - a\cos\beta + R = 0, \tag{3.79}$$

und aus den Gleichgewichtsbedingungen folgt

$$G_2 = 0, \tag{3.80}$$
$$S = G_1. \tag{3.81}$$

Als nächstes wird $\alpha = \pi/2 - \beta_{\min}$ betrachtet. Man erhält die Kräfte

$$S = \cos\alpha\,G_1, \tag{3.82}$$
$$G_2 = \sin\alpha\,G_1. \tag{3.83}$$

Bei horizontalem Seilstück $\overline{BC}$, $\beta = \pi/2$, findet man

$$\cos\alpha = \frac{h - R}{l}, \tag{3.84}$$

$$S = \frac{l}{h - R}G_1, \tag{3.85}$$

$$G_2 = \frac{\sqrt{l^2 - (h - R)^2}}{h - R}\,G_1. \tag{3.86}$$

Schließlich wollen wir den Fall $\overline{AB}$ parallel $\overline{BC}$ untersuchen. Wir gehen aus von $\beta = \pi - \alpha - \varepsilon$, und zwar in der Absicht, ε gegen null gehen zu lassen. Zunächst wird ε lediglich in den Bereich $0 < \varepsilon \leq \varepsilon^*$ eingeschrankt, wobei der Größtwert ε^*

dem Falle $\alpha = 0$ entspricht und nach Gl. (3.71) oder der gleichbedeutenden Gl. (3.88) durch

$$(l - h)\sin\varepsilon^* + a\cos\varepsilon^* + R = 0 \tag{3.87}$$

festgelegt ist. Es ergibt sich

$$l\sin\varepsilon + R = -a\cos(\alpha + \varepsilon) + h\sin(\alpha + \varepsilon), \tag{3.88}$$

$$S = \frac{\sin(\alpha + \varepsilon)}{\sin\varepsilon}G_1, \tag{3.89}$$

$$G_2 = \frac{\sin\alpha}{\sin\varepsilon}G_1. \tag{3.90}$$

Die Gln. (3.88) bis (3.90) ersetzen die Gln. (3.71) bis (3.73). Sie enthalten die behandelten Sonderfälle in der Reihenfolge $\varepsilon = \varepsilon^*$ ($\alpha = 0$), $\varepsilon = \pi/2$ ($\alpha = \pi/2 - \beta_{\min}$) und $\varepsilon = \pi/2 - \alpha$ ($\beta = \pi/2$). Für $\varepsilon \to 0$ geht Gl. (3.88) über in

$$R = -a\cos\alpha + h\sin\alpha, \tag{3.91}$$

und die Kräfte S und G_2 wachsen über alle Grenzen.

Als nächstes betrachten wir eine Rechteckplatte im Schwerefeld. Diese hängt an zwei Stäben, von welchen sich einer am oberen Ende über eine Rolle auf einer horizontalen Ebene abstützt. Reibungsfreie Gelenke sind vorausgesetzt (siehe Abb. 3.38). Ferner sei $0 \leq a \leq l$.

Bei starren Stäben besitzt die Platte den Freiheitsgrad 2. Die Beschaffenheit der Stäbe ist jedoch im folgenden unwesentlich, da das Gleichgewicht des unverformten Systems untersucht wird. Im Falle fehlender horizontaler Kraft an der Platte ist die Gleichgewichtskonfiguration dadurch festgelegt, daß die Stäbe vertikal stehen (auch wenn sie durch Fertigungsungenauigkeiten ungleich lang sein sollten).

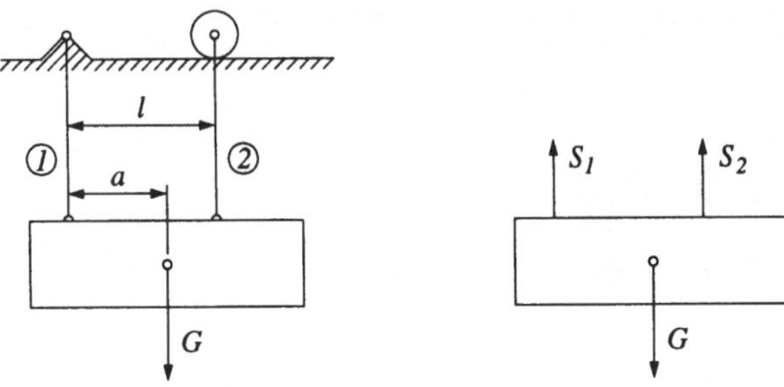

Abb. 3.38.

Die Gleichgewichtsbedingung in horizontaler Richtung ist in trivialer Weise erfüllt. Es bleibt je eine Bedingung für das Kräftegleichgewicht in vertikaler Richtung und für das Momentengleichgewicht. Diese Bedingungen liefern

$$S_1 = \left(1 - \frac{a}{l}\right)G, \tag{3.92}$$

$$S_2 = \frac{a}{l}G. \tag{3.93}$$

Das Ergebnis ist in Übereinstimmung mit der Anschauung: Für $a = 0$ verschwindet S_2; der Stab ① trägt das gesamte Gewicht der Platte. Für $a = l$ entfällt S_1; der Stab ② übernimmt das gesamte Gewicht.

Wesentlich ist, daß die Stabkräfte unabhängig sind von der Beschaffenheit der Stäbe im Hinblick auf Querschnittsfläche und Material. Diese müssen allerdings im Stande sein, die Kräfte aufzunehmen ohne zu brechen oder sich so ungleich zu verlängern, daß die Platte merklich schräg hängt.

Bemerkung: Ein masseloser Stab, welcher nur an seinen Enden durch von reibungsfreien Gelenken übertragene (gegengleiche) Kräfte belastet ist, wird als Pendelstütze bezeichnet (siehe Abb. 3.39). Bei einer durch Druckkräfte belasteten Pendelstütze besteht die Gefahr des Ausknickens. Diese Problematik gehört ebenfalls zum Themenbereich der Stabilitätstheorie.

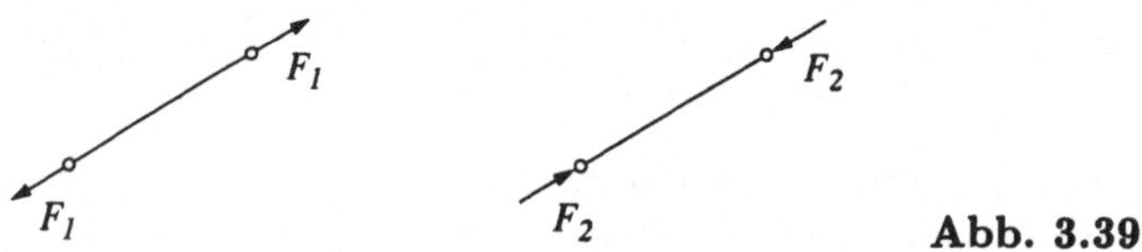

Abb. 3.39.

Wie bereits erwähnt, ist die Übereinstimmung der Anzahl von Unbekannten und Gleichungen eine notwendige Voraussetzung für statische Bestimmtheit. Wenn - wie im soeben behandelten Beispiel - eine Gleichgewichtsbedingung in trivialer Weise erfüllt ist, dann liegt im ebenen Falle auch mit drei Unbekannten ein statisch unbestimmtes Problem vor.

Dies diskutieren wir am modifizierten Problem der Platte an drei Stäben (siehe Abb. 3.40). Auch hier haben die Stäbe aufgrund der Lagerung die vertikale Richtung.

Bemerkung: Es ist möglich, daß bei ungleichen Längen (infolge von Fertigungsungenauigkeiten) der längste Stab keine Kraft überträgt; dieser wird schräg stehen.

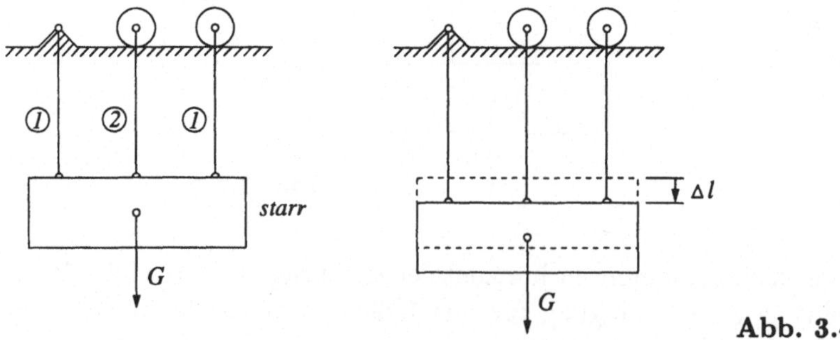

Abb. 3.40.

Ebenso wie bei der auf Abb. 3.38 gezeigten Anordnung fehlen Lasten und Auflagerkräfte in horizontaler Richtung. Die Gleichgewichtsbedingungen reduzieren sich also wieder auf das Kräftegleichgewicht in vertikaler Richtung und das Momentengleichgewicht. Sie werden ergänzt durch eine Gleichung, welche sich aus der Betrachtung des deformierten Systems ergibt. Wenn wir eine starre Platte voraussetzen und Symmetrie hinsichtlich der Mitte, dann senkt sich die Platte unter ihrem Eigengewicht in vertikaler Richtung ab, ohne sich dabei zu drehen (siehe Abb. 3.40). Die geometrische Bedingung lautet:

$$\Delta l_1 = \Delta l_2. \tag{3.94}$$

Das Ergebnis sei wieder vorweggenommen; man findet bei masselosen Stäben

$$S_1 = \frac{G}{2 + \frac{E_2 A_2}{E_1 A_1}}, \tag{3.95}$$

$$S_2 = \frac{G}{2\frac{E_1 A_1}{E_2 A_2} + 1}, \tag{3.96}$$

wo E_i den Elastizitätsmodul und A_i die Querschnittsfläche des i-ten Stabes bezeichnet. Für $E_2 A_2/(E_1 A_1) << 1$ trägt der mittlere Stab fast nichts und für $E_2 A_2/(E_1 A_1) \to \infty$ trägt er beinahe das gesamte Gewicht in Übereinstimmung mit der Anschauung. Die Beschaffenheit der Stäbe wirkt sich also auf die Stangenkräfte aus.

Bei statisch bestimmten Problemen hängen die Auflagerreaktionen von den Belastungen und im allgemeinen auch von geometrischen Parametern ab, und bei statisch unbestimmten Problemen kann ein Einfluß von Steifigkeitsverhältnissen hinzukommen.

3.7 Die graphische Lösung statisch bestimmter ebener Gleichgewichtsprobleme

Zur graphischen Lösung statisch bestimmter Gleichgewichtsprobleme gibt es ausgefeilte Methoden, welche viel vom Scharfsinn ihrer Entdecker künden und auch viel Scharfsinn vom Anwender fordern. Sie besitzen aber nur noch geringe praktische Bedeutung.

Wir beschränken uns hier auf den einfachsten Fall, nämlich das Gleichgewicht eines Körpers unter der Wirkung dreier Kräfte in der Ebene. Die Bedeutung der dabei erworbenen Erkenntnisse geht über die eigentliche graphische Behandlung hinaus; sie tragen vielmehr wesentlich zum Verständnis des Gleichgewichts bei ebenen Problemen bei.

Betrachtet wird eine Scheibe, an welcher zwei gegebene Kräfte $\vec{F}_1$ und $\vec{F}_2$ auf gegebenen nichtparallelen Wirkungslinien angreifen, und gesucht ist die gleichgewichthaltende Kraft $\vec{A}$ und deren Wirkungslinie (siehe Abb. 3.41). Auch hier geht man von den Gleichgewichtsbedingungen aus. Das Kräftegleichgewicht, repräsentiert durch das geschlossene Krafteck, liefert die gleichgewichthaltende Kraft $\vec{A}$. Das Momentengleichgewicht führt zur Wirkungslinie der Kraft $\vec{A}$. Als Bezugspunkt bietet sich der Schnittpunkt der Wirkungslinien zweier Kräfte an,

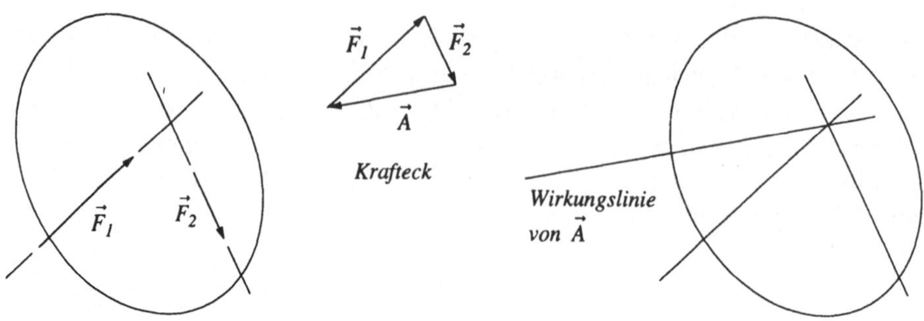

Abb. 3.41.

also von $\vec{F}_1$ und $\vec{F}_2$ im gegenwärtigen Falle. Durch diesen Punkt muß auch die Wirkungslinie der Kraft $\vec{A}$ gehen. Daraus leiten wir ab: Ein Körper unter der Wirkung von drei in einer Ebene liegenden nichtparallelen Kräften ist im Gleichgewicht, wenn die drei Wirkungslinien einen gemeinsamen Schnittpunkt haben und das Krafteck sich schließt. Dieses läßt sich auf zwei verschiedene Weisen zeichnen; die Aufeinanderfolge der Kräfte ist unwesentlich.

Bei statisch bestimmter Auflagerung durch Festlager und Gleitlager gewinnt man aus dem gemeinsamen Schnittpunkt der Wirkungslinien die Wirkungslinie der durch das Gelenk gehenden Auflagerkraft. Dies wird im folgenden Beispiel gezeigt an einer derartig gelagerten Scheibe, auf welche die Kraft $\vec{F}$ einwirkt (siehe Abb. 3.42). Gesucht sind die Auflagerreaktionen.

Die Wirkungslinie der Auflagerkraft $\vec{B}$ ist senkrecht zu der Geraden, längs welcher der Lagerbock reibungsfrei gleiten kann. Damit ergibt sich bereits der gemeinsame Schnittpunkt aller drei Wirkungslinien und insbesondere die Wirkungslinie der Auflagerkraft $\vec{A}$. Das Kräftedreieck läßt sich nun zeichnen, und somit ist die Aufgabe gelöst. Die Längen der Seiten des Dreiecks sind den Beträgen der drei Kräfte proportional.

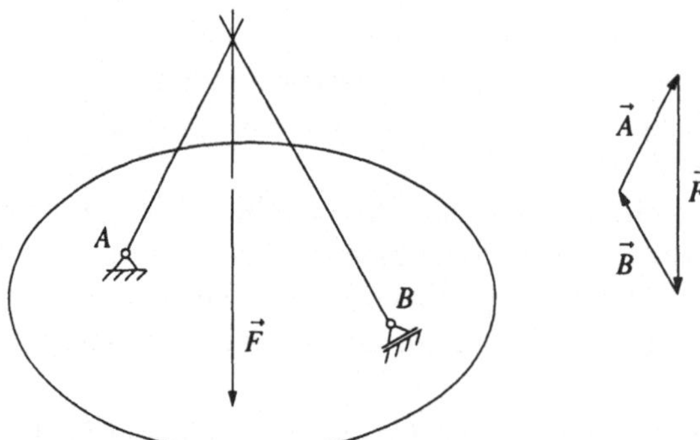

Abb. 3.42.

Hinweis: Wenn eine rechnerische Lösung angestrebt wird, sollte man nicht das Problem zuerst graphisch lösen und dann das Ergebnis mit Hilfe der Trigonometrie in ein rechnerisches verwandeln.

3.8 Statik der Seile und Ketten

Seile werden für die mathematische Behandlung häufig als undehnbar, biegeschlaff und masselos idealisiert. Die mit diesen Annahmen verbundenen Vereinfachungen werden anhand eines Aufzugs erläutert (siehe Abb. 3.43).

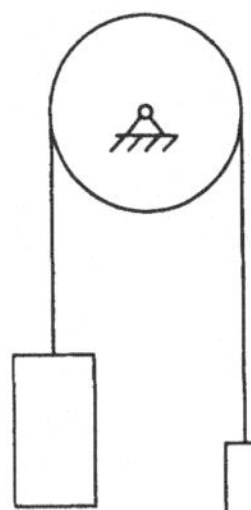

Abb. 3.43.

Das unter Zug stehende biegeschlaffe Seil schmiegt sich der Scheibe - oder
einer anderen konvexen Kontur - an und verläuft gerade in den berührungsfreien
Abschnitten. Bei vertikaler Bewegung von Fahrkorb und Gegengewicht besitzt
der Aufzug mit undehnbarem Seil den Freiheitsgrad 1, und schließlich wird in jedem Querschnitt eines geraden Teilstücks des masselosen Seils dieselbe Seilkraft
übertragen.

Was sind die Kriterien für die Zulässigkeit der genannten Idealisierungen?
Nach dem Hookeschen Gesetz dehnt sich ein Seil hoher Dehnsteifigkeit unter
geringer Zugkraft nur wenig. Als biegeschlaff kann ein Seil nur dann gelten, wenn
sein Durchmesser klein ist im Vergleich zum Krümmungsradius, zum Beispiel
dem Radius der Treibscheibe, und damit die Randfaserspannungen nur wenig
von der durch den Seilzug hervorgerufenen mittleren Spannung abweichen. Die
Vernachlässigung der Massen von Teilkörpern eines Systems wurde bereits in
der Einleitung erörtert.

Die Kette besitzt von Hause aus keine Biegesteifigkeit und läßt sich durch
ein biegeschlaffes Seil ersetzen, wenn der Quotient aus der Gliedlänge und einer anderen charakteristischen Länge, zum Beispiel dem Kettenradhalbmesser,
klein gegen eins ist. Im Hinblick auf Undehnbarkeit und Masselosigkeit bestehen keine Unterschiede zwischen Seil und Kette, und somit ist eine gemeinsame
Behandlung beider gerechtfertigt.

Ist das Eigengewicht die einzige oder eine wesentliche Belastung des Seils,
wie im Falle von Freileitungen oder Seilbahnen, dann muß selbstverständlich die
Masse berücksichtigt werden. Wir untersuchen im folgenden den Kraftverlauf in
einem ruhenden Seil im homogenen Schwerefeld. Die anderen Idealisierungen -
also undehnbar und biegeschlaff - bleiben aufrecht. Es handelt sich dabei nicht
um ein Gleichgewichtsproblem im bisher üblichen Sinne, denn die Form der Seilkurve ist zunächst unbekannt und zu ermitteln. Zu den Gleichgewichtsbedingungen tritt eine der Voraussetzung der Biegeschlaffheit entsprechende zusätzliche
Bedingung: In einem beliebigen Querschnitt eines biegeschlaffen Seils wird nur
eine Kraft, aber kein Moment übertragen. Bei der folgenden Untersuchung be-

schränken wir uns auf homogene Seile, deren Gewicht eine konstante Linienlast
bildet.

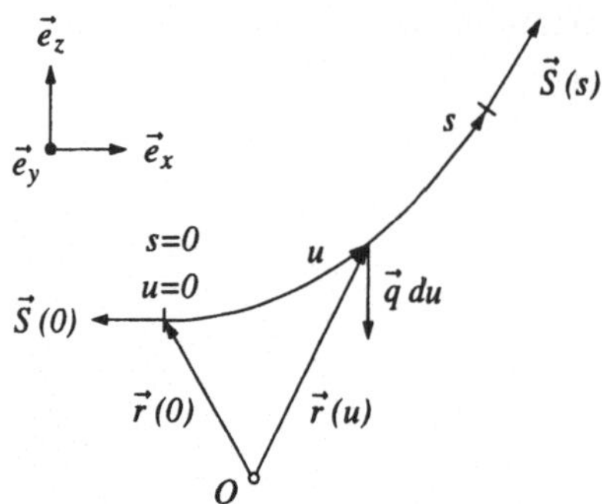

Abb. 3.44.

Wir gehen von dem auf einen Punkt O bezogenen Momentengleichgewicht
eines Seilstücks der Länge s aus (siehe Abb. 3.44),

$$\vec{r}(0) \times \vec{S}(0) + \int_0^s \vec{r}(u) \times \vec{q}\,du + \vec{r}(s) \times \vec{S}(s) = \vec{0}. \tag{3.97}$$

Da dieses für jeden Wert s der Seillänge erfüllt sein muß, handelt es sich bei
Gl. (3.97) um eine Identität, aus welcher durch Ableiten nach s wieder eine
Identität hervorgeht, nämlich

$$\vec{r}(s) \times \left(\vec{q} + \frac{d\vec{S}}{ds}\right) + \frac{d\vec{r}}{ds} \times \vec{S}(s) = \vec{0}. \tag{3.98}$$

Nun ist aber $\vec{r}(s)$ willkürbehaftet, denn ein beliebiger Punkt O kann als Bezugspunkt herangezogen werden. Also muß der Faktor des Ortsvektors verschwinden,

$$\frac{d\vec{S}}{ds} = -\vec{q}, \tag{3.99}$$

und es bleibt

$$\frac{d\vec{r}}{ds} \times \vec{S}(s) = \vec{0}. \tag{3.100}$$

In Gl. (3.99) kommt das lokale Kräftegleichgewicht zum Ausdruck. Dieses
ergibt sich auch direkt aus dem globalen Kräftegleichgewicht des Seilstücks
durch Ableiten nach s. Wir erinnern uns daran, daß beim ebenen Problem das
auf einen beliebigen Punkt bezogene Momentengleichgewicht das (vektorielle)
Kräftegleichgewicht impliziert, wie schon im Abschnitt 3.5.1 ausgeführt wurde.
Da nach Gl. (2.6) $d\vec{r}/ds$ der Tangentenvektor $\vec{t}$ der Seilkurve ist, ergibt sich aus
Gl. (3.100), daß die Seilkraft die Richtung der Seiltangente hat. Dies ist eine
Folge des Fehlens von Momenten an den Schnittstellen - also der Voraussetzung
der Biegeschlaffheit - und muß nicht als zusätzliche plausible Annahme in die
Rechnung eingebracht werden.

Bevor die Seilkurve ermittelt ist, lassen sich schon aus der vektoriellen Gleichgewichtsbedingung (3.99) wesentliche Ergebnisse gewinnen. Wir zerlegen die beteiligten Vektoren zunächst in ihre x- und z-Komponenten, also $\vec{S} = S\vec{t} = S_x\vec{e}_x + S_z\vec{e}_z$ und $\vec{q} = -q\vec{e}_z$. (Durch die Einheitsvektoren $\vec{e}_x, \vec{e}_y$ und $\vec{e}_z$ werden die positiven Richtungen der Koordinatenachsen festgelegt; der Ursprung des Koordinatensystems bleibt noch offen.) Damit geht Gl. (3.99) über in

$$\frac{dS_x}{ds}\vec{e}_x + \frac{dS_z}{ds}\vec{e}_z = q\vec{e}_z. \tag{3.101}$$

Man erkennt, daß die Horizontalkomponente S_x unabhängig von s ist. Dies war zu erwarten, da am Seilstück zwischen zwei Schnittstellen nur dessen Gewicht angreift. Wir setzen

$$S_x = qa, \tag{3.102}$$

wo die Konstante a mit der Dimension Länge als Seilparameter bezeichnet wird. Durch Integrieren ergibt sich ferner

$$S_z = qs + C. \tag{3.103}$$

Im entweder materiell vorhandenen oder auch nur gedachten Scheitel der Seilkurve ist die Seilkraft horizontal gerichtet und damit $S_z = 0$. Ordnen wir dem Scheitel den Kurvenparameter $s = 0$ zu, zählen wir also von dort aus die Seillänge - wie bereits auf Abb. 3.44 vorweggenommen wurde -, dann entfällt die Integrationskonstante in Gl. (3.103), und es bleibt

$$S_z = qs \tag{3.104}$$

(siehe Abb. 3.45).

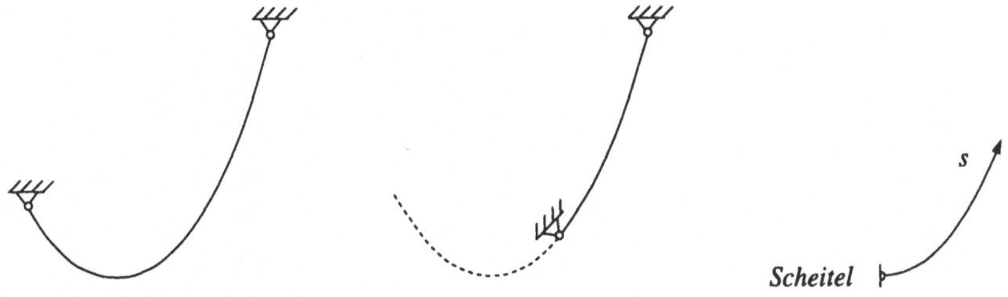

Abb. 3.45.

Nun wird $\vec{S} = S\vec{t}$ in die Gleichgewichtsbedingung (3.99) eingesetzt. Mit $d\vec{t}/ds = \vec{n}/\rho$ nach Gl. (2.7) erhält man

$$\frac{dS}{ds}\vec{t} + \frac{S}{\rho}\vec{n} = -\vec{q}, \tag{3.105}$$

und durch skalares Multiplizieren mit $\vec{t}$ ergibt sich

$$\frac{dS}{ds} = -\vec{q}\cdot\vec{t}. \tag{3.106}$$

Die rechte Seite kann als Projektion des Vektors $\vec{q}$ auf $\vec{t}$ und damit die gesamte Gleichung als lokale Gleichgewichtsbedingung in Tangentenrichtung gedeutet werden. Da die Abhängigkeit der Tangentialkomponente des Lastvektors von s nicht bekannt ist, läßt sich die Integration nicht direkt durchführen. Fassen wir jedoch die Seilkraft als $S = S[z(s)]$ auf, dann gilt

$$\frac{dS}{dz}\frac{dz}{ds} = q\vec{e}_z \cdot \vec{t}. \tag{3.107}$$

Nach Definition ist

$$\vec{t} = \frac{d\vec{r}}{ds} = \frac{dx}{ds}\vec{e}_x + \frac{dz}{ds}\vec{e}_z. \tag{3.108}$$

Dies führt auf

$$\vec{e}_z \cdot \vec{t} = \frac{dz}{ds}, \tag{3.109}$$

und Gl. (3.107) vereinfacht sich zu

$$\frac{dS}{dz} = q. \tag{3.110}$$

Daraus folgt durch Integrieren

$$S = qz + C. \tag{3.111}$$

Im Scheitel gilt $S = S_x = qa$. Wir weisen diesem die Ordinate $z = a$ zu, und damit verschwindet die Integrationskonstante,

$$S = qz \tag{3.112}$$

(siehe Abb. 3.46).

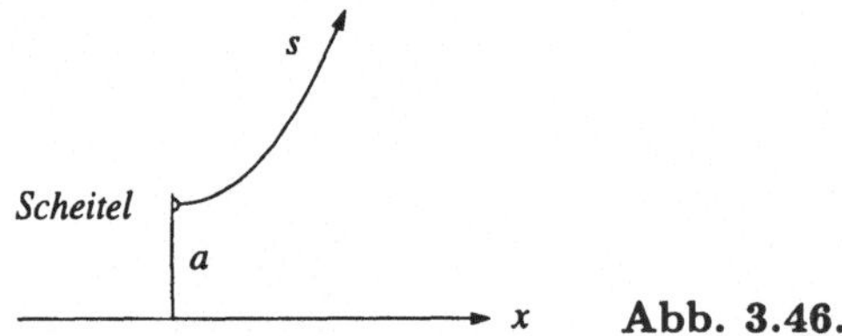

Abb. 3.46.

Bemerkung: Zur Veranschaulichung der Größe der Seilkraft mit Hilfe von Gl. (3.112) kann man sich in der Höhe z eine reibungsfrei drehbar gelagerte kleine Rolle vorstellen, durch welche das Seil umgelenkt wird und von der es vertikal herabhängt. Sein freies Ende befindet sich bei $z = 0$ (siehe Abb. 3.47).

Noch bevor die Gleichung der Seilkurve bekannt ist, können wir einen Zusammenhang zwischen der Ordinate z eines Seilpunkts, der Seillänge s bis zu dieser Höhe und dem Seilparameter a aufstellen. Nach unseren Vereinbarungen über die Ordinate des Scheitels und die Zählung der Seillänge von dort gilt nach den Gln. (3.102), (3.104) und (3.112)

$$\frac{S}{z} = \frac{S_x}{a} = \frac{S_z}{s} = q. \tag{3.113}$$

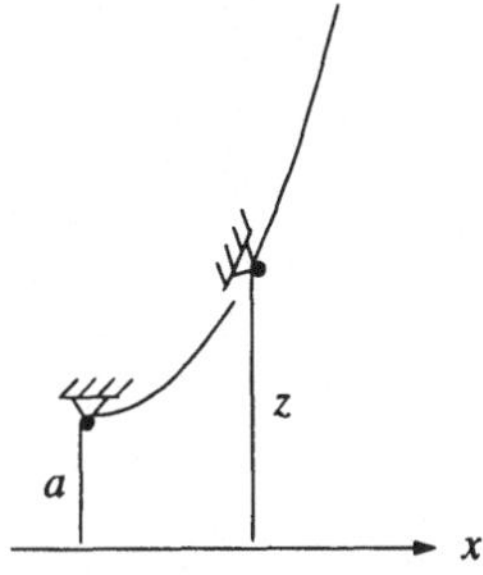

Abb. 3.47.

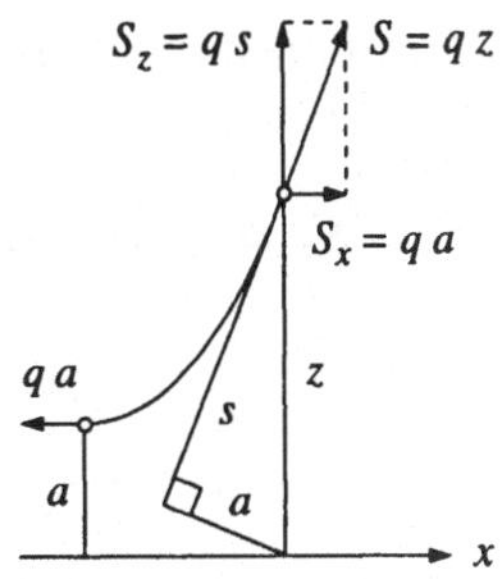

Abb. 3.48.

Aus

$$S^2 = S_x^2 + S_z^2 \tag{3.114}$$

folgt damit

$$z^2 = a^2 + s^2. \tag{3.115}$$

Der graphischen Darstellung dieses Sachverhalts kommt aber weniger praktische als mnemotechnische Bedeutung zu (siehe Abb. 3.48).

Skalares Multiplizieren der Gleichgewichtsbedingung (3.105) mit $\vec{n}$ führt schließlich auf

$$\frac{S}{\rho} = -\vec{q} \cdot \vec{n}. \tag{3.116}$$

Gleichung (3.116) verknüpft die Normalkomponente der Belastung, die Seilkraft und den Krümmungsradius miteinander und beinhaltet das lokale Gleichgewicht in Normalenrichtung. Wir finden unter Verwendung von $S_S = S_x = qa$ und $\vec{n}_S = \vec{e}_z$ den Scheitelkrümmungsradius $\rho_S = a$ (siehe Abb. 3.49), machen hier aber keinen weiteren Gebrauch von Gl. (3.116).

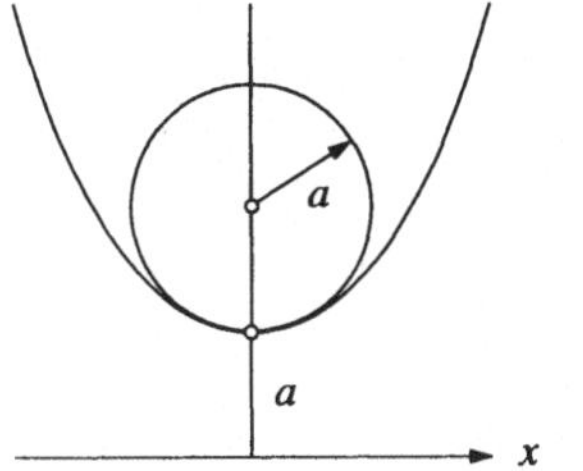

Abb. 3.49.

Nach diesen Vorarbeiten läßt sich nun die Differentialgleichung der Seilkurve leicht aufstellen. Da, wie durch Gl. (3.100) gezeigt wurde, die Seilkraft die Richtung des Tangentenvektors an die Seilkurve hat, gilt

$$\frac{dz}{dx} = \frac{S_z}{S_x}. \tag{3.117}$$

Die Vertikalkomponente S_z kann als Funktion von z angegeben werden, indem man sie zunächst durch die gesamte Seilkraft und die Horizontalkomponente ausdrückt und diese dann nach den Gln. (3.112) bzw. (3.102) durch die Ordinate und den Seilparameter. Mit

$$S_z = \sqrt{S^2 - S_x^2} = q\sqrt{z^2 - a^2} \tag{3.118}$$

geht Gl. (3.117) über in

$$\frac{dz}{dx} - \sqrt{\left(\frac{z}{a}\right)^2 - 1} = 0. \tag{3.119}$$

Dies ist die Differentialgleichung der Seilkurve. Sie läßt sich leicht integrieren durch Trennen der Variablen, und man erhält

$$z = a \cosh\frac{x - x_S}{a}, \tag{3.120}$$

wo die Integrationskonstante x_S die zum Scheitel der Seilkurve gehörige Abszisse ist. Wir ordnen dieser den Wert $x_S = 0$ zu und erhalten

$$z = a \cosh\frac{x}{a}, \tag{3.121}$$

die Gleichung der Seilkurve oder Kettenlinie. Mit diesem Ergebnis und den Gln. (3.115) und (3.113) liegen nun die Seillänge

$$s = a \sinh\frac{x}{a} \tag{3.122}$$

und die Kräfte

$$S = qa \cosh\frac{x}{a}, \tag{3.123}$$

$$S_z = qa \sinh\frac{x}{a} \tag{3.124}$$

als Funktionen von x vor.

In dimensionsloser Darstellung gibt es nur eine Seilkurve und eine Kurve für die Seillänge, und diese zeigen auch die Seilkraft beziehungsweise deren Vertikalkomponente (siehe Abb. 3.50).

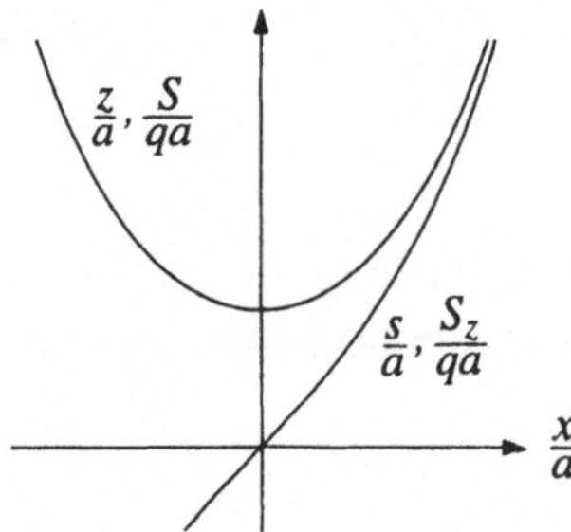

Abb. 3.50.

Die zum Lösen eines Problems der Seilstatik benötigten Gleichungen lassen sich unschwer aufstellen. Wegen ihrer Nichtlinearität ist jedoch der Weg zum

Ergebnis nicht vorgezeichnet; die Lösung kann vielmehr in verschiedenen Formen angegeben werden, deren Äquivalenz häufig nicht offensichtlich ist. Eine der Unbekannten ist dabei der Seilparameter, es sei denn, daß die Horizontalkomponente der Seilkraft vorgegeben ist. Das Problem ist gelöst, sobald wir den Ursprung des Koordinatensystems kennen.

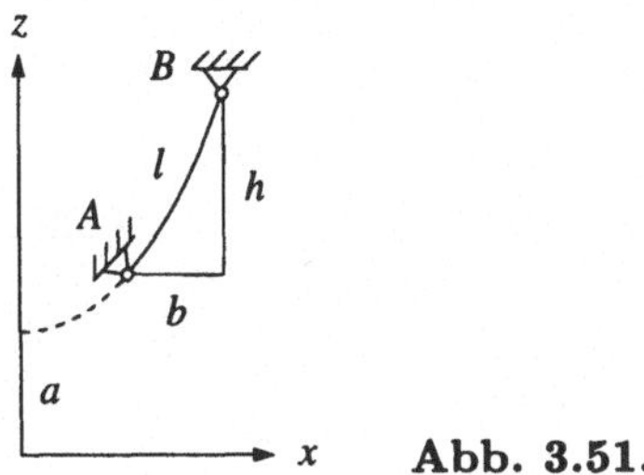

Abb. 3.51.

Wir untersuchen ein Seil der Länge l zwischen zwei gegebenen Aufhängepunkten (siehe Abb. 3.51). Es gilt

$$x_B - x_A = b, \tag{3.125}$$

$$z_B - z_A = h, \tag{3.126}$$

$$s_B - s_A = l. \tag{3.127}$$

Wegen des monotonen Wachsens von s mit x impliziert die Voraussetzung $b > 0$ eine positive Länge, $l > 0$, wohingegen h auch negativ oder gleich null sein kann. Mit Hilfe der Gln. (3.121) und (3.122) lassen sich die Ordinaten und die Seillängen durch die Abszissen ausdrücken,

$$a \cosh \frac{x_B}{a} - a \cosh \frac{x_A}{a} = h, \tag{3.128}$$

$$a \sinh \frac{x_B}{a} - a \sinh \frac{x_A}{a} = l, \tag{3.129}$$

und diese Gleichungen bilden zusammen mit Gl. (3.125) ein System für die Bestimmung der Unbekannten x_A, x_B und a. Das Eliminieren von x_A und x_B gelingt auf verschiedene Weisen; für die sich anschließende Festlegung der Ordinatenachse erweist sich die Einführung der mittleren Abszisse, $x_m = (x_A + x_B)/2$, als zweckmäßig. Mit

$$x_A = x_m - \frac{b}{2}, \tag{3.130}$$

$$x_B = x_m + \frac{b}{2} \tag{3.131}$$

und den Identitäten

$$\cosh \xi - \cosh \eta = 2 \sinh \frac{\xi + \eta}{2} \sinh \frac{\xi - \eta}{2}, \tag{3.132}$$

$$\sinh \xi - \sinh \eta = 2 \cosh \frac{\xi + \eta}{2} \sinh \frac{\xi - \eta}{2} \tag{3.133}$$

erhält man

$$\sinh \frac{x_m}{a} \sinh \frac{b}{2a} = \frac{h}{2a}, \tag{3.134}$$

$$\cosh \frac{x_m}{a} \sinh \frac{b}{2a} = \frac{l}{2a}. \tag{3.135}$$

Durch Bilden der Differenz der Quadrate von Gl. (3.135) und Gl. (3.134) wird x_m eliminiert, und es bleibt

$$\frac{\sinh \frac{b}{2a}}{\frac{b}{2a}} = \sqrt{\left(\frac{l}{b}\right)^2 - \left(\frac{h}{b}\right)^2}. \tag{3.136}$$

Daraus ermittelt man numerisch $2a/b$ und kennt nunmehr den Seilparameter. Der Quotient der Gln. (3.134) und (3.135) liefert dann

$$\frac{x_m}{a} = \operatorname{artanh} \frac{h}{l}, \tag{3.137}$$

und somit ist das Achsenkreuz festgelegt, und die Seilkurve zwischen den beiden Aufhängepunkten sowie der Kraftverlauf im Seil ermittelt.

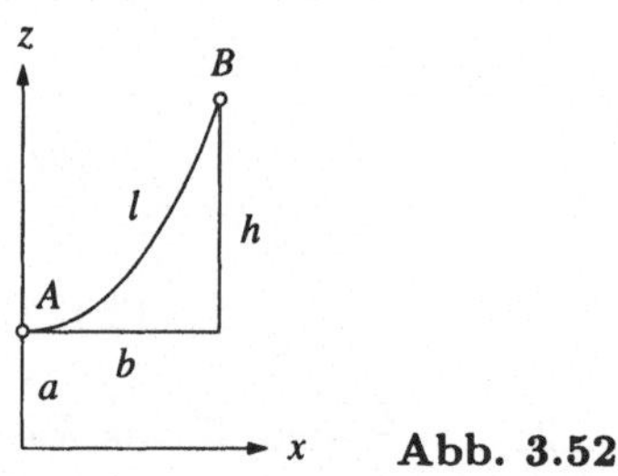

Abb. 3.52.

Die Rechnung gilt für Seillängen, welche der Ungleichung

$$l > \sqrt{b^2 + h^2} \tag{3.138}$$

genügen, aber sonst beliebig sind, also auch für den Fall, daß der Scheitel der Seilkurve zwischen den Aufhängepunkten liegt. Der Scheitel fällt (für positives h) mit dem Punkt A zusammen (siehe Abb. 3.52) bei einer Länge l, welche sich nach den Gln. (3.121) und (3.122) aus

$$a + h = a \cosh \frac{b}{a} \tag{3.139}$$

oder

$$\cosh\frac{b}{a} - \frac{h}{b}\frac{b}{a} = 1 \tag{3.140}$$

und

$$\frac{l}{b} = \frac{\sinh\frac{b}{a}}{\frac{b}{a}} \tag{3.141}$$

ergibt. Die Gln. (3.140) und (3.141) liefern

$$\frac{l}{b} = \sqrt{\frac{h}{b}\left(2\frac{a}{b} + \frac{h}{b}\right)}, \tag{3.142}$$

wo a/b aus Gl. (3.140) zu ermitteln ist.

Bemerkung: Da die Gl. (3.136) im Rahmen der Einschränkung (3.138) allgemeingültig ist, liefert sie zusammen mit Gl. (3.140) unter Verwendung der Identität

$$\sinh^2\xi = \frac{1}{2}(\cosh 2\xi - 1) \tag{3.143}$$

ebenfalls die gesuchte Seillänge, Gl. (3.142).

Das Ergebnis (3.136) enthält als Sonderfall die Bestimmungsgleichung für den Seilparameter bei gleichhohen Aufhängepunkten,

$$\frac{\sinh\frac{b}{2a}}{\frac{b}{2a}} = \frac{l}{b}, \tag{3.144}$$

in Übereinstimmung mit Gl. (3.141), wenn man dort b durch $b/2$ und l durch $l/2$ ersetzt. Man überlegt sich leicht, daß bei gegebenem b und veränderlichem l ein Minimum der Seilkraft S_B in den gleichhohen Aufhängepunkten existiert. Mit zunehmendem l wächst auch $S_{Bz} = ql/2$, aber der Scheitelkrümmungsradius a und die Horizontalkraft $S_x = qa$ nehmen ab. Für $l \to b$ hingegen nähert sich S_{Bz} der Größe $qb/2$, und a und S_x wachsen über alle Grenzen. Wir suchen das Minimum der Funktion $S_B = S_B(l)$. Diese ist gegeben in Parameterform durch

$$S_B = qa \cosh\frac{b}{2a}, \tag{3.145}$$

$$l = 2a \sinh\frac{b}{2a}, \tag{3.146}$$

und man erhält den Differentialquotienten

$$\frac{dS_B}{dl} = \frac{\frac{dS_B}{da}}{\frac{dl}{da}} = \frac{q}{2}\frac{1 - \frac{b}{2a}\tanh\frac{b}{2a}}{\tanh\frac{b}{2a} - \frac{b}{2a}} = \frac{q}{2}\frac{\frac{2a}{b} - \tanh\frac{b}{2a}}{\frac{2a}{b}\tanh\frac{b}{2a} - 1}. \tag{3.147}$$

An der unteren Grenze des Intervalls $b < l < \infty$ ($\infty > a > 0$) strebt dS_B/dl gegen minus unendlich (der Nenner der ersten Form nähert sich dem Wert -0); zu einer sehr kleinen Zunahme der Länge l gehört eine sehr große Abnahme der Kraft S_B. Mit zunehmender Länge wächst der Differentialquotient monoton auf $q/2$ an der oberen Grenze des Intervalls; für sehr große l und damit sehr kleine a ist S_B die Hälfte des Seilgewichts. Die Ableitung verschwindet nach

$$\frac{b}{2a} \tanh \frac{b}{2a} = 1 \tag{3.148}$$

bei $2a/b = 0{,}834$. Die zugehörige Seillänge ist $l/b = 1{,}258$, und als minimale Seilkraft findet man $S_B/(qb/2) = 1{,}509$.

Wir belasten nun ein Seil der Länge $2l$ an zwei gleichhohen Aufhängepunkten in der Entfernung $2b$ durch ein Gewicht G in der Mitte und fragen nach der Seilkraft in den Aufhängepunkten und nach dem Durchhang h (siehe Abb. 3.53).

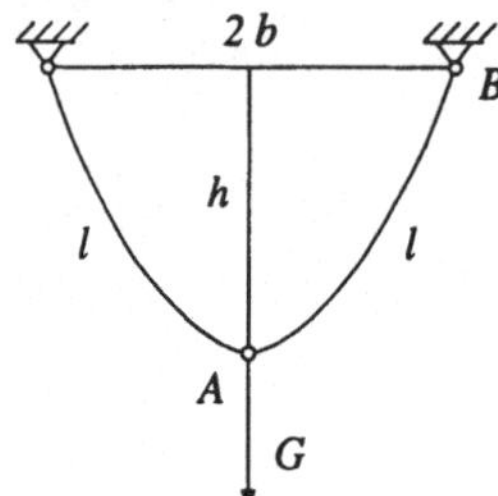

Abb. 3.53.

Die Fragestellung ist eng verwandt mit dem Problem des Auffindens der Seilkurve zwischen zwei Aufhängepunkten nach Abb. 3.51. Wir gehen von den Gln. (3.125) bis (3.127) aus. Während dort b, h und l gegeben waren, ist hier b und l direkt und s_A implizit durch

$$s_A = \frac{S_{Az}}{q} = \frac{1}{2}\frac{G}{q} \tag{3.149}$$

gegeben, wie aus dem Gleichgewicht des Knotens in vertikaler Richtung und Gl. (3.104) hervorgeht. Mit s_A und der gegebenen Länge l ist auch s_B bekannt. Wir drücken nun die Abszissen x_A/a und x_B/a nach Gl. (3.122) durch die Seillängen s_A/a beziehungsweise s_B/a aus und setzen sie in die Gl. (3.125) ein,

$$\operatorname{arsinh}\frac{s_B}{b}\frac{b}{a} - \operatorname{arsinh}\frac{s_A}{b}\frac{b}{a} = \frac{b}{a}. \tag{3.150}$$

Gleichung (3.150) liefert den Seilparameter durch den Quotienten a/b. Nun können wir x_A/a und x_B/a berechnen, und nach Gl. (3.126) mit Hilfe von Gl. (3.121) erhalten wir den Durchhang h und nach Gl. (3.123) die Seilkraft S_B.

3.9 Haften und Gleiten

3.9.1 Haften

Wir untersuchen das Verhalten eines Quaders im Schwerefeld auf einer Ebene mit veränderlichem Neigungswinkel α gegen die Horizontale (siehe Abb. 3.54). Bei waagerechter Ebene, $\alpha = 0$, ist der Quader im Gleichgewicht unter seinem Gewicht G und einer Druckverteilung an seiner Unterseite, welche die zu G gegengleiche Resultierende K auf derselben Wirkungslinie hat. Wie die Erfahrung

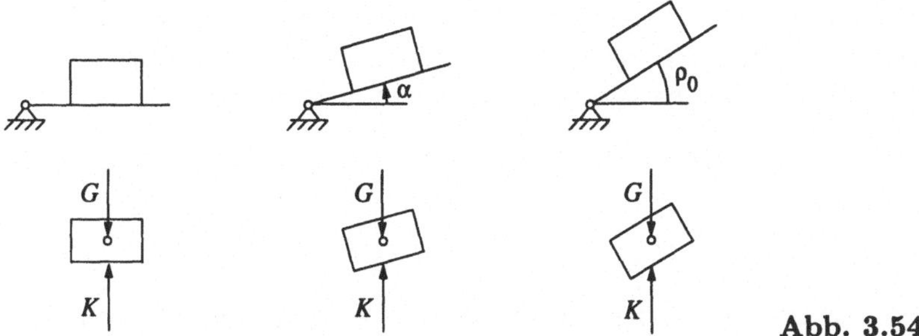

Abb. 3.54.

lehrt, geht das Gleichgewicht des Quaders auch bei langsamem Anwachsen des Neigungswinkels zunächst nicht verloren. Die Druckverteilung an der Unterseite ändert sich, und es kommt eine sogenannte Schubspannungsverteilung hinzu; die Resultierende dieser Spannungen bleibt aber entgegengesetzt gleich dem Gewicht und hat dessen Wirkungslinie. Die Kontaktkraft K ist also eine typische Bedingungskraft; sie stellt sich so ein, daß die Gleichgewichtsbedingungen erfüllt sind. Der Neigungswinkel kann bis zur Größe ρ_0 gesteigert werden, und bei Überschreiten dieses Wertes beginnt der Quader zu gleiten. Der nichtnegative Winkel ρ_0, welcher als Haftgrenzwinkel bezeichnet wird, hängt nach Versuchen von Coulomb von der Materialpaarung und der Oberflächenbeschaffenheit ab; andere weniger ausgeprägte Einflüsse werden ignoriert. Insbesondere nimmt man an, daß die Größe der Kontaktkraft und der Berührfläche keine Rolle spielt. Bei idealglattem Kontakt ist selbstverständlich für $\alpha \neq 0$ kein Gleichgewicht möglich.

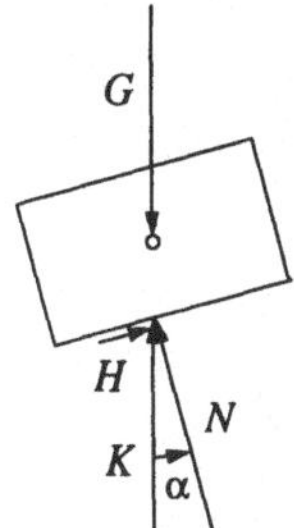

Abb. 3.55.

Wir zerlegen die Kontaktkraft K in die Normalkraft (siehe Abb. 3.55)

$$N = G \cos \alpha \qquad\qquad (3.151)$$

und in die Haftkraft

$$H = G \sin \alpha. \qquad\qquad (3.152)$$

Obwohl N ebenso wie K eine Bedingungskraft ist, die man an sich mit zwei verschiedenen positiven Zählrichtungen einzeichnen darf, wollen wir uns darauf einigen, daß die positive Normalkraft auf den Körper drückt, an welchem sie angreift. Nach dieser Vereinbarung ist die Normalkraft eine nichtnegative Größe. Sollte die von der Annahme des Gleichgewichts ausgehende Rechnung dennoch

ein negatives Vorzeichen liefern, dann ist diese Annahme ad absurdum geführt;
es ist kein Gleichgewicht möglich, und es tritt auch keine Haftkraft auf.

Für positives α gilt an der Haftgrenze $\alpha = \rho_0$ und $H = H_0$ mit

$$H_0 = N \tan \rho_0 = \mu_0 N \tag{3.153}$$

wo

$$\mu_0 = \tan \rho_0 \tag{3.154}$$

die Bezeichnung Haftgrenzkoeffizient trägt, welcher - wie erwähnt - von den
beteiligten Materialien und der Beschaffenheit der Oberflächen abhängt. (μ_0
und H_0 sind wie auch ρ_0 nichtnegativ.) Als technisch relevante Grenzen werden
angegeben etwa 0,03 für Stahl auf Eis und etwa 0,9 für den Autoreifen auf
trockener Straße.

Bei negativem α wird H mit der Zählrichtung der Abb. 3.55 negativ und an
der Haftgrenze gilt

$$H = -H_0 = -\mu_0 N. \tag{3.155}$$

Eine real existierende Haftkraft erfüllt demnach die Ungleichung

$$|H| \le \mu_0 N \tag{3.156}$$

und der (vorzeichenbehaftete) Neigungswinkel α der Normalkraft gegenüber der
Kontaktkraft die Ungleichung

$$|\alpha| \le \rho_0. \tag{3.157}$$

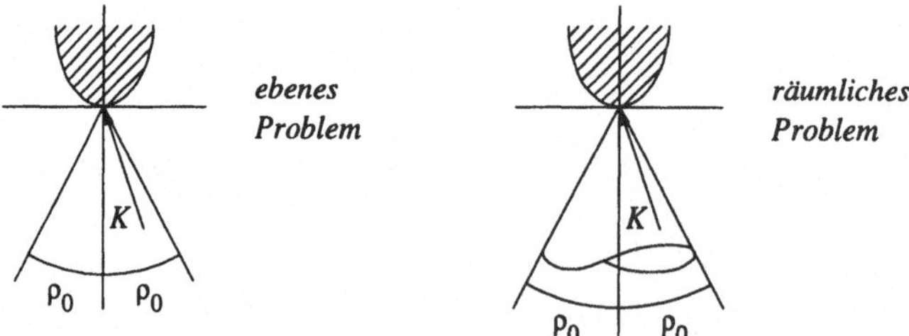

Abb. 3.56.

Gleichbedeutend mit dem Vorhergehenden, aber ohne Beschränkung auf die
Situation der Abb. 3.55 ist die Aussage, daß der auf die Normalenrichtung der
gemeinsamen Tangentialebene beider Körper bezogene Neigungswinkel der Kontaktkraft K bei ebenen Problemen durch den Haftgrenzwinkel eingeschrankt
ist. Bei räumlichen Problemen ist der geometrische Ort der maximal geneig-
ten Wirkungslinien der Haftgrenzkegel (siehe Abb. 3.56). Auch die Ungleichung
(3.156) ist von allgemeiner Gültigkeit. Für unter der Voraussetzung des Gleichgewichts rechnerisch ermittelte Kontaktkräfte nehmen die Ungleichungen (3.156)
und (3.157) die Bedeutung von einander äquivalenten Haftbedingungen an.

In der Statik gibt es zwei typische Fragestellungen im Zusammenhang mit
Haftkräften. Bei der ersten Art sind die eingeprägten Kräfte sowie der Haftgrenzkoeffizient gegeben, und die Frage lautet: Kann der Körper im Gleichgewicht

sein? Im anderen Falle ist das Gleichgewicht des Körpers unter den gegebenen Kräften und den Reaktionen vorausgesetzt, und gesucht ist die Mindestgröße des Haftgrenzkoeffizienten. Man geht stets vom Gleichgewicht aus und berechnet die Reaktionen und insbesondere die beiden Komponenten der Kontaktkräfte. Im ersten Falle prüft man nach, ob an allen Kontaktstellen $|H|/N \leq \mu_0$ ist, und im zweiten findet man $\mu_0 \geq |H|/N$.

Bemerkung: Haftkräfte sind (auch in der Kinetik) Bedingungskräfte. Sie enthalten den Haftgrenzkoeffizienten nicht als Faktor. Dieser tritt nur in der maximalen Haftkraft, $H_0 = \mu_0 N$, explizit in Erscheinung.

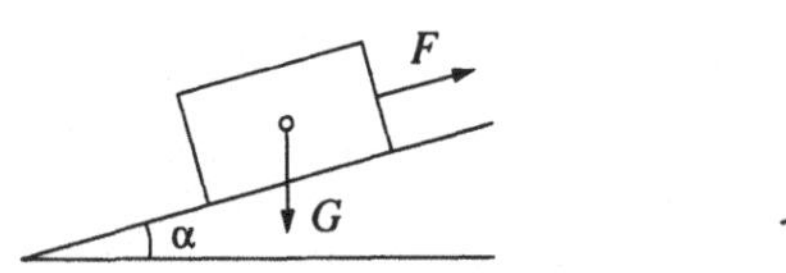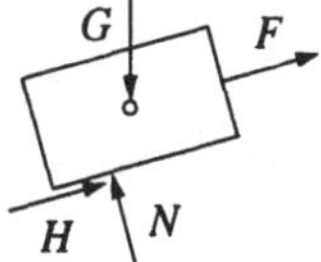

Abb. 3.57.

Wir betrachten als Beispiel einen haftenden Klotz auf der schiefen Ebene, an welchem eine Kraft F parallel zur schiefen Ebene angreift (siehe Abb. 3.57). Zwischen welchen Grenzen kann F verändert werden, ohne daß sich der Klotz nach oben oder nach unten in Bewegung setzt?

H ist eine Bedingungskraft, deren positive Richtung gewählt werden kann. Die Gleichgewichtsbedingungen lauten:

$$F + H - G \sin \alpha = 0, \tag{3.158}$$

$$N - G \cos \alpha = 0. \tag{3.159}$$

Neben den Gleichgewichtsbedingungen steht noch die Haftbedingung (3.156) zur Verfügung. Es muß gelten

$$H \leq \mu_0 N \tag{3.160}$$

für $H > 0$ und

$$-H \leq \mu_0 N \tag{3.161}$$

für $H < 0$. In diese Ungleichungen setzt man die aus den Gleichgewichtsbedingungen folgenden Kräfte

$$H = G \sin \alpha - F \tag{3.162}$$

und

$$N = G \cos \alpha \tag{3.163}$$

ein und erhält

$$F \geq G(\sin \alpha - \mu_0 \cos \alpha) \tag{3.164}$$

beziehungsweise

$$F \leq G(\sin \alpha + \mu_0 \cos \alpha). \tag{3.165}$$

Wir vereinigen die Ungleichungen (3.164) und (3.165), wobei wir für den Haftgrenzkoeffizienten $\mu_0 = \sin \rho_0 / \cos \rho_0$ setzen und von einem bekannten Additionstheorem Gebrauch machen. Das Ergebnis ist

$$\frac{\sin(\alpha - \rho_0)}{\cos \rho_0} \leq \frac{F}{G} \leq \frac{\sin(\alpha + \rho_0)}{\cos \rho_0}. \tag{3.166}$$

Wenn $\alpha < \rho_0$, dann ist die untere Grenze negativ; man kann nach links unten ziehen, und auch für $F = 0$ befindet sich der Klotz im Gleichgewicht.

Bemerkung: Bei diesem Problem handelt es sich nicht um eine typische Gleichgewichtsaufgabe, bei welcher Belastungen gegeben und Reaktionen gesucht sind. Unbekannt sind N, H und F. Zu deren Ermittlung haben wir zwei Gleichungen und eine Ungleichung. Nur N hat eine eindeutige Größe; H und F liegen innerhalb wohldefinierter Bereiche.

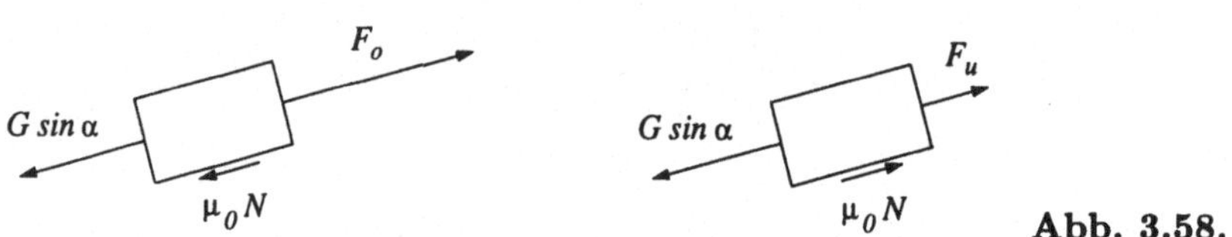

Abb. 3.58.

Neben der soeben gezeigten allgemeinen Lösung, welche Gebrauch macht von der Haftbedingung (3.156), besteht die Möglichkeit, nur die Haftgrenzen zu betrachten. Abbildung 3.58 zeigt den Klotz an den Haftgrenzen und zwar links für die maximal mögliche Kraft F_o und rechts für die minimal mögliche Kraft F_u. Die dem Betrag nach größte Haftkraft $\mu_0 N$ darf natürlich jetzt nicht mehr willkürlich eingezeichnet werden, sondern sie ist entgegengesetzt zu der Richtung, in welcher sich der Klotz bei Überschreitung der zu ermittelnden Grenzen F_o und F_u jeweils bewegt. Aus

$$F_u \leq F \leq F_o \tag{3.167}$$

erhalten wir wieder das Ergebnis (3.166).

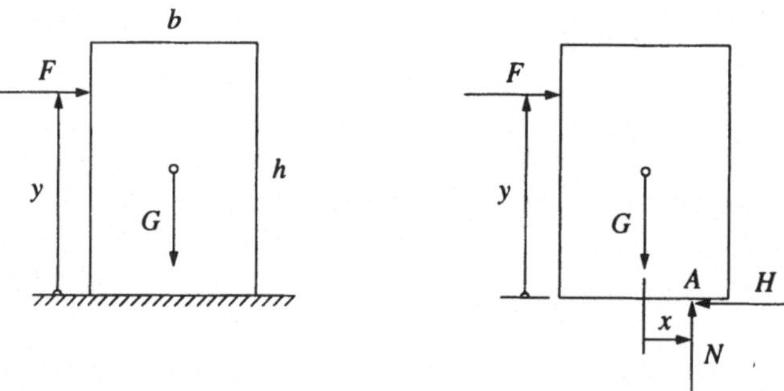

Abb. 3.59.

Der Verlust des Gleichgewichts kann nicht nur durch Wegrutschen sondern gegebenenfalls auch durch Umkippen erfolgen. Dies verdeutlichen wir durch das folgende Beispiel: An einem Quader der Breite b und der Höhe h greife in der Höhe y eine horizontale Kraft F an (siehe Abb. 3.59). Die rauhe Berührung von Quader und Ebene sei gekennzeichnet durch den Haftgrenzkoeffizienten μ_0. Die Horizontalkraft F wachse bei jeweils festgehaltenem y im angegebenen Richtungssinn von null aus langsam an.

Auch bei Kippgefahr gehen wir vom Gleichgewicht aus. Die Gleichgewichts-bedingungen,

$$-H + F = 0, \tag{3.168}$$

$$N - G = 0, \tag{3.169}$$

$$xG - yF = 0, \tag{3.170}$$

liefern

$$H = F, \tag{3.171}$$

$$N = G \tag{3.172}$$

und

$$x = \frac{F}{G}y. \tag{3.173}$$

Gleichgewicht kann nur dann herrschen, wenn $H \leq \mu_0 N$ und

$$x \leq \frac{b}{2} \tag{3.174}$$

ist. Wir erhalten daraus mit den Folgerungen aus den Gleichgewichtsbedingungen für F die Bedingungen

$$F \leq \mu_0 G = F_1 \tag{3.175}$$

und

$$F \leq \frac{1}{2}\frac{b}{y}G = F_2. \tag{3.176}$$

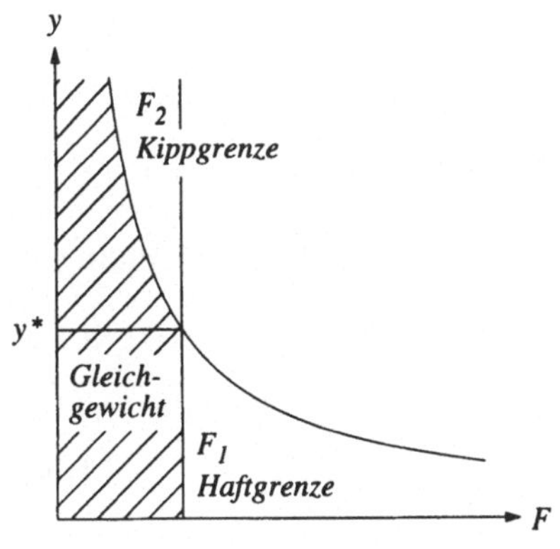

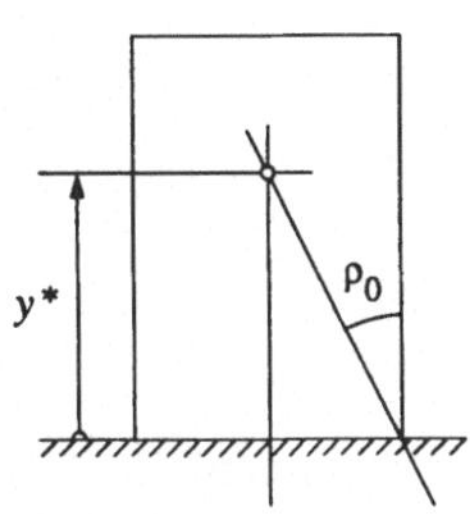

Abb. 3.60.   **Abb. 3.61.**

Nun tragen wir F_1 und F_2 über y auf (siehe Abb. 3.60). Der Schnittpunkt hat die Abszisse $y^* = b/(2\mu_0)$. Für $y < y^*$ kommt der Klotz bei Anwachsen der Kraft F an die Haftgrenze F_1 und rutscht bei geringer Überschreitung weg. Für $y > y^*$ kommt der Klotz an die Kippgrenze F_2 und kippt bei weiterem

Anwachsen der Kraft F. Bei $y = y^*$ wird für $F = \mu_0 G$ sowohl die Haftgrenze als auch die Kippgrenze simultan erreicht (siehe Abb. 3.61). Ein Klotz, dessen Höhe h kleiner als y^* ist, kann durch eine langsam anwachsende Kraft nicht umgeworfen werden.

Allgemein kann man feststellen, daß ein Körper die Kippgrenze erreicht, wenn die Normalkraft an den Rand der Berührfläche, welche auch Aufstandsfläche genannt wird, zu liegen kommt.

3.9.2 Gleiten

Wenn der Neigungswinkel der schiefen Ebene von Abb. 3.54 größer wird als der Haftgrenzwinkel, $\alpha > \rho_0$, dann beginnt der Klotz abwärts zu gleiten. Er steht unter der Wirkung seines Gewichts und der Kontaktkraft K, welche unter dem Winkel ρ gegen die Normale geneigt ist (siehe Abb. 3.62).

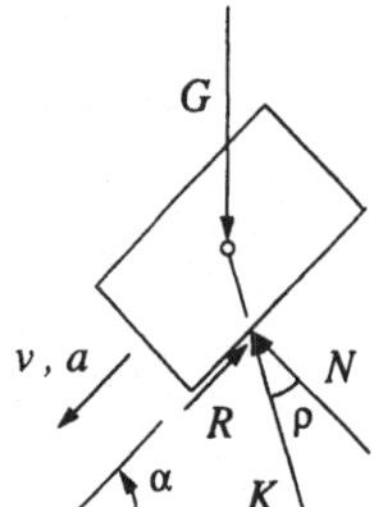

Abb. 3.62.

Die Kontaktkraft K wird in die Normalkraft

$$N = K \cos \rho \tag{3.177}$$

und die Gleitreibungskraft oder einfacher Reibungskraft

$$R = K \sin \rho \tag{3.178}$$

zerlegt. Für die Reibungskraft und die Normalkraft gilt der Zusammenhang

$$R = N \tan \rho = \mu N, \tag{3.179}$$

wo

$$\mu = \tan \rho \tag{3.180}$$

der Gleitreibungskoeffizient ist. In Gl. (3.179) kommt - wie schon erwähnt - zum Ausdruck, daß es sich bei der Reibungskraft um eine eingeprägte Kraft handelt, welche auf die Normalkraft zurückgeführt wird. (Letztere ist eine Bedingungskraft.) Der Gleitreibungskoeffizient μ hängt nach Versuchen von Coulomb, wie der Haftgrenzkoeffizient μ_0, nur von der Materialpaarung und der Oberflächenbeschaffenheit ab, nicht aber von der Größe der Kontaktkraft und der Berührfläche und von der Geschwindigkeit. Technisch relevante Zahlenwerte liegen zwischen 0,015 für Stahl auf Eis und 0,8 für den Autoreifen auf trockener

Straße; der Gleitreibungskoeffizient ist also etwas kleiner als der Haftgrenzkoeffizient.

Aus dem Kräftegleichgewicht senkrecht zur schiefen Ebene erhält man

$$N = G \cos \alpha \tag{3.181}$$

und damit die Gleitreibungskraft

$$R = \mu G \cos \alpha. \tag{3.182}$$

Somit ergibt sich nach dem dynamischen Grundgesetz die Beschleunigung des Klotzes nach unten aus

$$a = (\sin \alpha - \mu \cos \alpha)g = \frac{\sin(\alpha - \rho)}{\cos \rho}g. \tag{3.183}$$

Es sei noch angemerkt, daß das Momentengleichgewicht bezüglich des Massenmittelpunkts erfüllt ist, die Wirkungslinie der Kontaktkraft also durch diesen geht. Hinsichtlich anderer Punkte herrscht kein Momentengleichgewicht, da der Klotz sich beschleunigt bewegt; mit Details werden wir uns im Kapitel „Kinetik" beschäftigen.

Wie bereits erwähnt, ist der Gleitreibungskoeffizient etwas kleiner als der Haftgrenzkoeffizient. Dies hat zur Folge, daß nach Eintritt der Bewegung durch Überschreiten des Winkels $\alpha = \rho_0$ sich der Klotz beschleunigt abwärts bewegt. Wenn man den Neigungswinkel α der schiefen Ebene langsam verringert, wird die Beschleunigung kleiner; sie verschwindet für $\alpha = \rho$. Bei negativer Beschleunigung, $\alpha < \rho$, kommt der Klotz nach einiger Zeit zur Ruhe, und dann ist die Haftbedingung (3.157) wieder erfüllt.

Der numerische Unterschied von Haftgrenzkoeffizient μ_0 und Gleitreibungskoeffizient μ liefert die Erklärung des häufig zu beobachtenden Phänomens der Ratterschwingungen, welche in aufeinanderfolgenden Phasen des Haftens und Gleitens zweier Körper bestehen. Mit solchen befassen wir uns im Abschnitt 4.5.6.

Es folgen noch einige ergänzende Bemerkungen zu Haften und Gleiten. Wir kehren dazu zum Klotz auf der schiefen Ebene zurück.

Aus $\alpha < \rho_0$ folgt nicht, daß der Klotz immer auf der schiefen Ebene haftet. Durch einen Anstoß mit einem Hammer kann man ihm eine Geschwindigkeit nach oben oder nach unten erteilen. Sich selbst überlassen, wird er aber in beiden Fällen wieder zur Ruhe kommen, wenn $\alpha < \rho$ ist.

Aus $\alpha > \rho_0$ folgt auch nicht, daß der Klotz abwärts gleiten muß. Wenn er eine Anfangsgeschwindigkeit nach oben hat, wird er allerdings umkehren und beschleunigt nach unten gleiten.

Bei zwei sich bewegenden gegeneinander gedrückten Körpern ist für das Auftreten und die Richtung einer Gleitreibungskraft eine Relativgeschwindigkeit und deren Richtung entscheidend.

In vielen Lehrbüchern wird von Haftreibung und Gleitreibung gesprochen. Reibung ist ein dissipativer Vorgang, bei welchem mechanische Energie irreversibel in Wärme umgewandelt wird. Wir vermeiden den Begriff Haftreibung, da Haftkräfte nicht mit einem Verlust von mechanischer Energie verbunden sind.

Haftkräfte sind im allgemeinen erwünscht. Ohne Haftkräfte kann man nicht gehen, wovon man sich im Winter auf vereisten Flächen leicht überzeugen kann. Autos und Eisenbahnen könnten nicht fahren; Nägel, Schrauben und Schuhbänder würden nicht halten. Gleitreibungskräfte sind im allgemeinen unerwünscht wegen des Energieverlusts.

Aber auch hierzu gibt es Gegenbeispiele: Meßgeräte mit mechanischer Anzeige reagieren wegen Haftkräften oder -momenten nicht auf geringe Änderungen der zu messenden Größe. Man klopft beispielsweise auf das Barometer, um die Haftkräfte zu überwinden. Bremsen verwandeln kinetische Energie in Wärme. Dasselbe bewirken auch die Stoßdämpfer, welche ihren Namen zu Unrecht tragen; der Dämpfungsmechanismus ist dort allerdings ein anderer.

3.9.3 Seil auf Scheibe

Wir untersuchen den Kontakt zwischen Seil und Scheibe. Ein Beispiel für einen solchen findet sich im Aufzug nach Abb. 3.43 mit der Treibscheibe und dem darüber geschlungenen Seil, an welchem Fahrkorb und Gegengewicht befestigt sind. Das Seil wird wieder als undehnbar, biegeschlaff und masselos idealisiert.

Man muß drei Fälle unterscheiden, nämlich eine reibungsfrei drehbar gelagerte Scheibe, welche ruht oder sich mit konstanter Winkelgeschwindigkeit dreht, eine arretierte Scheibe, über welche ein Seil gezogen wird, und schließlich die arretierte Scheibe mit haftendem Seil.

Abb. 3.63.   **Abb. 3.64.**

Wir beginnen mit der reibungsfrei drehbar gelagerten Scheibe und betrachten diese zusammen mit einem Stück des Seils (siehe Abb. 3.63). Bei konstanter oder fehlender Winkelgeschwindigkeit ist die Scheibe samt Seilstück im Kräfte- und im Momentengleichgewicht. Aus dem letzteren bezogen auf O folgt

$$r(S_1 - S_0) = 0 \qquad (3.184)$$

und damit

$$S_1 = S_0. \qquad (3.185)$$

Die Kräfte, welche Seilstück und Scheibe aufeinander ausüben, haben als innere Kräfte keinen Einfluß auf das Gesamtgleichgewicht von Seilstück und Scheibe. Ob die einander gleichen Kräfte S_0 und S_1 am Seilstück oder an der Scheibe angreifen, ist für deren Gleichgewicht irrelevant.

Nun soll die Scheibe arretiert sein, und das Seil in der aus Abb. 3.64 ersichtlichen Richtung über die Scheibe gezogen werden. Das Seil übt auf die Scheibe ein Gleitreibungsmoment im Antiuhrzeigersinn aus, und die Scheibe auf das Seil ein ebensolches im Uhrzeigersinn. Dieses wird vom Gleitreibungskoeffizienten, vom Umschlingungswinkel und natürlich vom Radius der Scheibe abhängen.

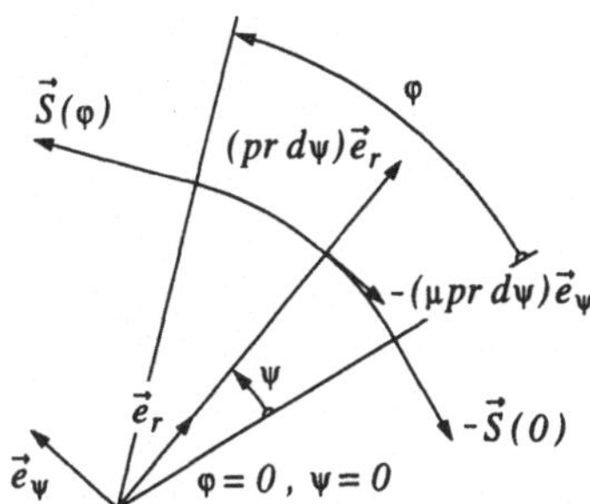

Abb. 3.65.

Das Seilstück zwischen der mit $\varphi = 0$ bezeichneten Stelle, an der das Seil auf die Scheibe aufläuft, und der allgemeinen Stelle φ befindet sich im Gleichgewicht unter den Seilkräften an seinen Enden, der verteilten Normalkraft und der verteilten Umfangskraft,

$$-\vec{S}(0) + \int_0^\varphi \vec{e}_r(\psi)p(\psi)r\,d\psi - \int_0^\varphi \vec{e}_\psi(\psi)\mu p(\psi)r\,d\psi + \vec{S}(\varphi) = \vec{0}, \qquad (3.186)$$

wo $p(\psi)$ der Druck (der Dimension Kraft/Länge) an der Stelle ψ ist (siehe Abb. 3.65). Diese Gleichung ist für jedes φ erfüllt; durch Ableiten nach φ erhalten wir

$$\vec{e}_r pr - \vec{e}_\varphi \mu pr + \frac{d\vec{S}}{d\varphi} = \vec{0}. \qquad (3.187)$$

Mit

$$\vec{S} = S\vec{e}_\varphi \qquad (3.188)$$

und

$$\frac{d\vec{S}}{d\varphi} = \frac{dS}{d\varphi}\vec{e}_\varphi - S\vec{e}_r, \qquad (3.189)$$

wo Gebrauch von Gl. (2.22) gemacht wurde, folgt daraus

$$pr - S = 0, \qquad (3.190)$$

$$\frac{dS}{d\varphi} - \mu pr = 0. \qquad (3.191)$$

Bemerkung: $\vec{S} = S\vec{e}_\varphi$ ist eine Folge des Momentengleichgewichts des biegeschlaffen Seilstücks zwischen $\psi = 0$ und $\psi = \varphi$ bezogen auf einen beliebigen Punkt, wie anhand des Seils im Schwerefeld, Gl. (3.100), gezeigt wurde.

Die letzteren Gleichungen lassen sich als lokale Gleichgewichtsbedingungen in radialer und in Umfangsrichtung interpretieren. Wir eliminieren den Druck und erhalten die Differentialgleichung

$$\frac{dS}{d\varphi} - \mu S = 0 \qquad (3.192)$$

für die Abhängigkeit der Seilkraft vom Winkel. Durch Trennen der Variablen ergibt sich

$$\frac{dS}{S} = \mu d\varphi \qquad (3.193)$$

und nach Integration

$$S = S(0)e^{\mu\varphi}, \qquad (3.194)$$

wo die Integrationskonstante bereits durch die Anfangsbedingung festgelegt wurde. Als Nebenprodukt liefert Gl. (3.191) den Druck als Funktion des Winkels,

$$p = \frac{S(0)}{r}e^{\mu\varphi}. \qquad (3.195)$$

Für den Umschlingungswinkel α gilt

$$S(\alpha) = S(0)e^{\mu\alpha}, \qquad (3.196)$$

und das Seil übt auf die Scheibe das Moment

$$M_0 = rS(0)(e^{\mu\alpha} - 1) \qquad (3.197)$$

im Antiuhrzeigersinn aus. Dieses ist ein auf $S(0)$ zurückgeführtes eingeprägtes Moment, in welchem μ explizit auftritt. Trotz des Gleitens können wir uns vorstellen, daß die Seilkräfte direkt an der Scheibe angreifen, da die inneren Kräfte zwischen beiden nach außen nicht in Erscheinung treten. Es sei nochmals betont, daß das Seil sich im Antiuhrzeigersinn über die Scheibe bewegt, diese sich also im Uhrzeigersinn relativ zum Seil dreht. Ob die Scheibe festgehalten oder beweglich ist, spielt keine Rolle. Die Arretierung der Scheibe war eine Hilfsvorstellung, die nicht wesentlich ist.

Zur Diskussion des Falles des auf der Scheibe haftenden Seils halten wir diese zunächst wieder fest und beginnen mit dem Beispiel des stehenden Aufzugs (siehe Abb. 3.66). Das Seil ist durch die Gewichte der Massen m_1 und m_2 belastet. Die Gleichgewichtsbedingungen der Massen liefern die Seilkräfte

$$S_1 = m_1 g, \qquad (3.198)$$
$$S_2 = m_2 g, \qquad (3.199)$$

und das Seil übt das Moment

$$M_0 = r(S_2 - S_1) \qquad (3.200)$$

im Antiuhrzeigersinn auf die Scheibe aus. Dieses ist ein Bedingungsmoment, in welchem der Haftgrenzkoeffizient nicht auftritt.

Die Erfahrung lehrt, daß die Differenz der Seilkräfte nicht beliebig groß sein kann. Wenn an der Haftgrenze an jeder Stelle des Umfangs $dS = \mu_0 pr\, d\varphi$ analog zu Gl. (3.191) ist, dann gilt

$$S_2^{max} = S_1 e^{\mu_0 \pi} \qquad (3.201)$$

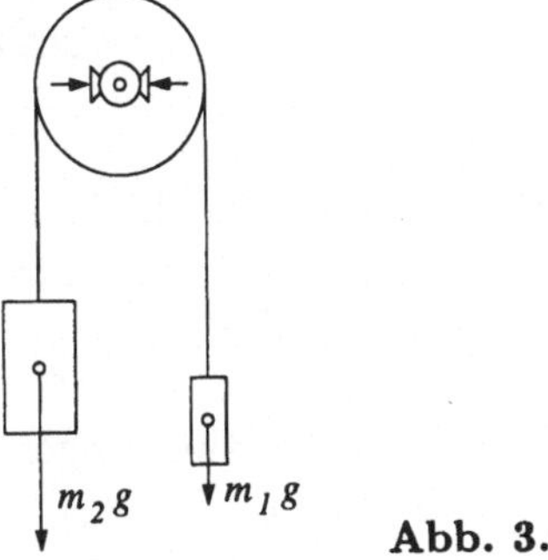

Abb. 3.66.

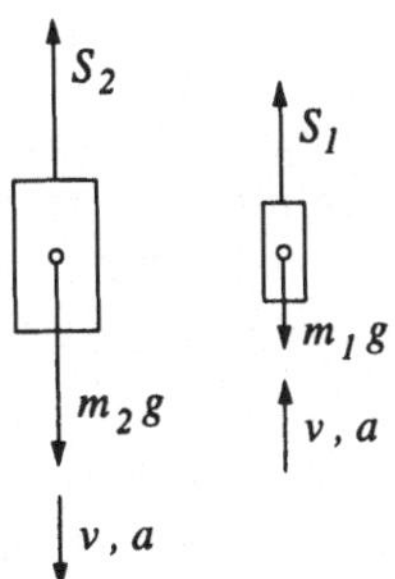

Abb. 3.67.

beziehungsweise

$$S_2^{min} = S_1 e^{-\mu_0 \pi} \tag{3.202}$$

für $dS = -\mu_0 p r\, d\varphi$, oder $e^{-\mu_0 \pi} \leq S_2/S_1 \leq e^{\mu_0 \pi}$. Die gefundene Einschränkung trifft selbstverständlich nicht auf den Quotienten der Massen beim stehenden Aufzug nach Abb. 3.66 zu. Dieser kann beliebig vorgegeben werden. Wenn $m_2/m_1 > e^{\mu_0 \pi}$ oder $m_2/m_1 < e^{-\mu_0 \pi}$ ist, muß es allerdings zum Gleiten kommen. Die Massen bewegen sich dann beschleunigt, und die Seilkräfte stimmen nicht mit den Gewichten überein, $S_1 \neq m_1 g$, $S_2 \neq m_2 g$. Wir diskutieren den Fall $m_2/m_1 > e^{\mu_0 \pi}$ (siehe Abb. 3.67).

Für die Bestimmung der Seilkräfte stehen die Gleichungen

$$m_1 a = S_1 - m_1 g, \tag{3.203}$$

$$m_2 a = m_2 g - S_2 \tag{3.204}$$

und

$$S_2 = S_1 e^{\mu \pi} \tag{3.205}$$

zur Verfügung. Gleichung (3.205) beruht auf der plausiblen Annahme, daß das Seil im Antiuhrzeigersinn über die festgehaltene Scheibe rutscht. Man findet

$$S_1 = \frac{2}{1 + \frac{m_1}{m_2} e^{\mu \pi}}\, m_1 g, \tag{3.206}$$

$$S_2 = \frac{2}{\frac{m_2}{m_1} e^{-\mu \pi} + 1}\, m_2 g. \tag{3.207}$$

Die Massen bewegen sich mit der Beschleunigung

$$a = \left(\frac{2}{1 + \frac{m_1}{m_2} e^{\mu \pi}} - 1 \right) g, \tag{3.208}$$

welche wegen $(m_1/m_2)\exp(\mu\pi) < (m_1/m_2)\exp(\mu_0\pi) < 1$ aufgrund der Voraussetzung positiv ist. Damit ist die Annahme der Bewegungsrichtung gerechtfertigt.

Auch hier ist das zunächst vorausgesetzte Ruhen der Scheibe eine unwesentliche Hilfsvorstellung. Bei Haften des Seils auf der Scheibe gilt stets

$$e^{-\mu_0\alpha} \le \frac{S_2}{S_1} \le e^{\mu_0\alpha}, \tag{3.209}$$

wo der Umschlingungswinkel auf α verallgemeinert wurde.

In der folgenden Anordnung findet man die besprochenen drei Arten des Kontakts von Seil und Scheibe (siehe Abb. 3.68). Ein horizontaler Träger, welcher an einem über drei Scheiben gleichen Durchmessers geschlungenen Seil hängt, steht unter der Wirkung einer Kraft, deren Angriffspunkt an der Stelle x liegt. Die erste Rolle dreht sich (mit konstanter Winkelgeschwindigkeit) im Antiuhrzeigersinn gegenüber dem ruhenden Seil. Die zweite Scheibe ist in ihrem Mittelpunkt reibungsfrei drehbar gelagert, und die dritte Scheibe ist festgeklemmt. Gefragt ist nach dem Bereich für x, in welchem Gleichgewicht möglich ist.

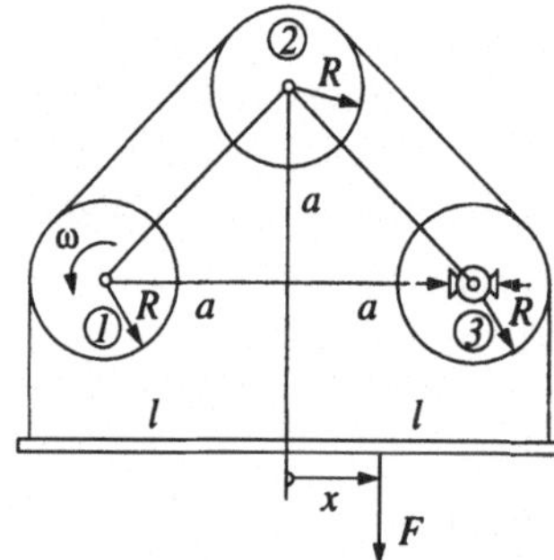
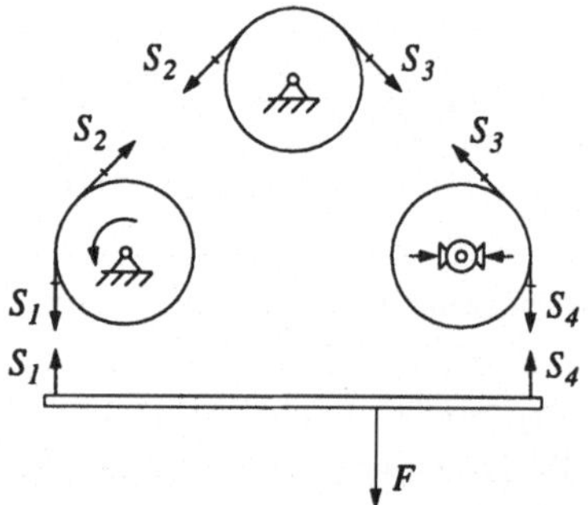

Abb. 3.68.

Wir zerlegen das System in Einzelteile, und tragen - soweit erforderlich - die an ihnen angreifenden Kräfte ein. Aus dem Gleichgewicht des Trägers ergibt sich

$$\frac{S_1}{F} = \frac{1}{2}(1 - \frac{x}{l}), \tag{3.210}$$

$$\frac{S_4}{F} = \frac{1}{2}(1 + \frac{x}{l}). \tag{3.211}$$

Ferner gilt

$$S_2 = S_1 e^{\mu\frac{\pi}{4}}, \tag{3.212}$$

$$S_3 = S_2, \tag{3.213}$$

$$S_3 e^{-\mu_0\frac{\pi}{4}} \le S_4 \le S_3 e^{\mu_0\frac{\pi}{4}}. \tag{3.214}$$

Man erhält damit

$$\frac{1}{2}(1 - \frac{x}{l})e^{-(\mu_0-\mu)\frac{\pi}{4}} \le \frac{1}{2}(1 + \frac{x}{l}) \le \frac{1}{2}(1 - \frac{x}{l})e^{(\mu_0+\mu)\frac{\pi}{4}} \tag{3.215}$$

und

$$-\frac{1 - e^{-(\mu_0-\mu)\frac{\pi}{4}}}{1 + e^{-(\mu_0-\mu)\frac{\pi}{4}}} \le \frac{x}{l} \le \frac{e^{(\mu_0+\mu)\frac{\pi}{4}} - 1}{e^{(\mu_0+\mu)\frac{\pi}{4}} + 1}. \tag{3.216}$$

Wenn man noch näherungsweise die Zahlenwerte von μ und μ_0 gleichsetzt, dann wird die untere Grenze zu null.

4. Kinetik

4.1 Die Grundgesetze der Kinetik

4.1.1 Der Schwerpunktsatz

Die Grundgesetze der Kinetik gehen im wesentlichen auf Galilei, Newton, Euler und Boltzmann zurück, wobei der größte Beitrag zweifellos Newton zu verdanken ist. Über die verschiedenen Aspekte der Grundlagen der Kinetik existiert eine umfangreiche Literatur; wir begnügen uns mit ihrer Darstellung in einer allgemein akzeptierten, auf technische Probleme anwendbaren Form.

Der Schwerpunktsatz in der Gestalt des dynamischen Grundgesetzes,

$$m\vec{a} = \vec{R}, \tag{4.1}$$

welches man auch als zweites Newtonsches Gesetz bezeichnet, ist im Abschnitt 3.9 bereits mehrfach zur Anwendung gekommen. Dabei war $\vec{a}$ die Beschleunigung eines translatorisch bewegten starren Körpers bezogen auf ein System, welches wir stillschweigend als ruhend angesehen hatten. Nun ist aber absolute Ruhe experimentell überhaupt nicht feststellbar. Nach dem ersten Newtonschen Gesetz müssen wir vielmehr das Bezugssystem als unbeschleunigt - also als Inertialsystem - verstehen. Systeme, die sich gegen ein solches mit konstanter Geschwindigkeit bewegen, sind ebenfalls Inertialsysteme. Bezüglich all dieser ist die Beschleunigung $\vec{a}$ gleich.

In allgemeiner Form lautet der Schwerpunktsatz:

$$m\vec{a}_M = \vec{R}, \tag{4.2}$$

wo $\vec{a}_M$ die auf ein Inertialsystem bezogene Beschleunigung des Massenmittelpunkts eines Körpers ist, welcher deformierbar sein kann und sich im allgemeinen auch nicht translatorisch bewegt. Gleichung (4.1) ist also ein Spezialfall von Gl. (4.2).

Im homogenen Schwerefeld fällt - wie wir wissen - der Massenmittelpunkt mit dem Schwerpunkt zusammen. Darauf beruht die Rechtfertigung der Bezeichnung „Schwerpunktsatz" anstelle der umständlicheren „Massenmittelpunktsatz". Der Massenmittelpunkt des starren Körpers ist ein körperfester Punkt, welcher aber nicht im Innern des Körpers liegen muß.

$\vec{R}$ ist die Resultierende aller am Körper angreifenden Kräfte. Bei diesen handelt es sich im allgemeinen sowohl um eingeprägte als auch um Bedingungskräfte.

Der Schwerpunktsatz enthält als Sonderfall $\vec{R} = \vec{0}$ und damit $\vec{a}_M = \vec{0}$. Letzteres impliziert aber nicht $\vec{a}_P = \vec{0}$ für einen beliebigen Körperpunkt P, wie bereits im Abschnitt 3.2.4 vorweggenommen wurde. Kräftegleichgewicht bedeutet also lediglich, daß der Massenmittelpunkt des Körpers sich mit konstantem Geschwindigkeitsvektor gegenüber einem Inertialsystem bewegt oder in einem solchen ruht.

Mit dem durch

$$\vec{p} = \int_m \vec{v}_P \, dm = m\vec{v}_M \tag{4.3}$$

definierten Impuls lautet der Schwerpunktsatz

$$\frac{d\vec{p}}{dt} = \vec{R}. \tag{4.4}$$

In dieser Form wird er auch als Impulssatz bezeichnet. (Eine Verwechslung des Impulses $\vec{p}$ mit dem in der Kinematik im Abschnitt 2.3.2 eingeführten Ortsvektor $\vec{p}$ kann wohl ausgeschlossen werden.)

Wir wenden uns nun dem Körpersystem zu. Für jeden Teilkörper gilt der Schwerpunktsatz, Gl. (4.2). Durch Addieren aller dieser Vektorgleichungen gelangt man zum Schwerpunktsatz für den Gesamtmassenmittelpunkt. Letzterer errechnet sich analog zu Gl. (3.15) aus

$$\vec{r}_M = \frac{\sum m_i \vec{r}_i}{\sum m_i}, \tag{4.5}$$

wo $\vec{r}_i$ der Vektor vom inertialfesten Punkt O zum Massenmittelpunkt des i-ten Körpers ist. Bei der Addition der Kräfte entfallen alle inneren Kräfte, welche die Teilkörper aufeinander ausüben.

Der Schwerpunktsatz für das Körpersystem stimmt also formal mit Gl. (4.2) überein; nun bedeutet $\vec{a}_M$ aber die Beschleunigung des Gesamtmassenmittelpunkts und $\vec{R}$ die Resultierende aller von außen auf das Körpersystem einwirkenden Kräfte. In analoger Weise läßt sich der Impulssatz auf das Körpersystem verallgemeinern. Wesentlich ist, daß die Beschleunigung des Gesamtmassenmittelpunkts wie auch der gesamte Impuls eines Körpersystems durch innere Kräfte nicht beeinflußt werden. Als Beispiel dafür haben wir im Abschnitt 3.3.1 das Kraftfahrzeug betrachtet.

Der Schwerpunktsatz gilt gleichermaßen für starre wie auch für deformierbare Körper. Da der Freiheitsgrad der letzteren nicht beschränkt ist, der Schwerpunktsatz aber nur drei skalare Gleichungen pro Körper zur Verfügung stellt, kann er schon aus formalen Gründen nur zu Pauschalaussagen über den deformierbaren Körper führen. Eine solche ist die Erhaltung des Impulses beim Fehlen äußerer Kräfte. Diese wird beispielsweise durch einen Mann demonstriert, welcher vom Boot ins Wasser springt und sich dabei mit den Beinen abstößt. Der Gesamtimpuls von Mann, Boot und Wasser bleibt dabei null, wenn vorher Ruhe herrschte.

Nach dem Körpersystem betrachten wir nun Teile eines Körpers. Der Schwerpunktsatz, Gl. (4.2), gilt für aus dem Gesamtkörper beliebig herausgeschnittene endliche Teilbereiche. Die auf diese einwirkenden Resultierenden enthalten selbstverständlich die hinsichtlich des Gesamtkörpers inneren Kräfte, welche durch die Schnitte zum Vorschein kommen.

Wir machen Gebrauch von dieser Tatsache und leiten aus dem Schwerpunktsatz das dynamische Grundgesetz für das Materieelement her. Die Resultierende der äußeren Kräfte besteht aus Volumenkräften $\vec{k}$ der Dimension Kraft/Länge^3 und Oberflächenkräften oder Spannungsvektoren $\vec{t}^{(n)}$ der Dimension Kraft/Länge^2,

$$\vec{R} = \int_V \vec{k}\, dV + \int_A \vec{t}^{(n)} dA, \qquad (4.6)$$

wo V das Volumen und A die Oberfläche des Körpers im aktuellen Zustand - also des verformten Körpers - ist; von Einzelkräften, die, wie wir wissen, im strengen Sinne nicht existieren, wollen wir absehen.

Spannungsvektoren gibt es nicht nur an den belasteten Teilen der Oberfläche eines Körpers, sondern auch in dessen Innern, wenn wir uns dort einen Schnitt vorstellen. Bei festgehaltener Belastung durch Volumen- und Oberflächenkräfte wird der Spannungsvektor in einem Körperpunkt von der Orientierung des Schnitts durch diesen Punkt, welche durch den Normaleneinheitsvektor $\vec{n}$ gekennzeichnet ist, abhängen (siehe Abb. 4.1).

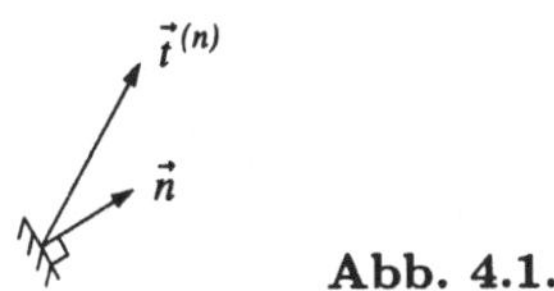

Abb. 4.1.

Bevor wir fortfahren in der Herleitung des dynamischen Grundgesetzes für das Materieelement, müssen wir diese Abhängigkeit näher ergründen. Wir untersuchen dazu das Gleichgewicht eines aus einem Körper herausgeschnittenen Tetraeders und beginnen mit einem geometrischen Aspekt, nämlich dem Verhältnis von Seitenflächen und Grundfläche. Drei der Flächen des Tetraeders liegen auf den durch die Achsen eines kartesischen Koordinatensystems im Punkt P gebildeten Ebenen, und die Orientierung der vierten Fläche oder Grundfläche ist durch den Normaleneinheitsvektor $\vec{n}$ charakterisiert (siehe Abb. 4.2.a). Für das Verhältnis der Flächen gilt

$$\frac{A_i}{A^{(n)}} = \cos\alpha_i = n_i, \qquad (4.7)$$

wo $A^{(n)}$ die Grundfläche und A_i die Fläche, auf welcher x_i senkrecht steht, bezeichnet. Die $n_i = \cos\alpha_i$ sind die Komponenten des Normaleneinheitsvektors oder seine Richtungskosinus. Gleichung (4.7) wird durch Abb. 4.2.a deutlich gemacht für $A_3/A^{(n)} = \cos\alpha_3 = n_3$. Wir vergleichen die Dreiecke $P_1 P_2 P$ und $P_1 P_2 P_3$ miteinander. Bezeichnen wir $\overline{P_1 P_2}$ als gemeinsame Grundlinie beider,

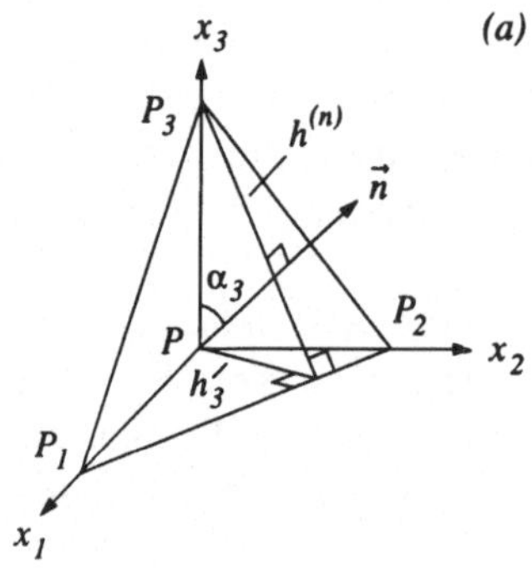

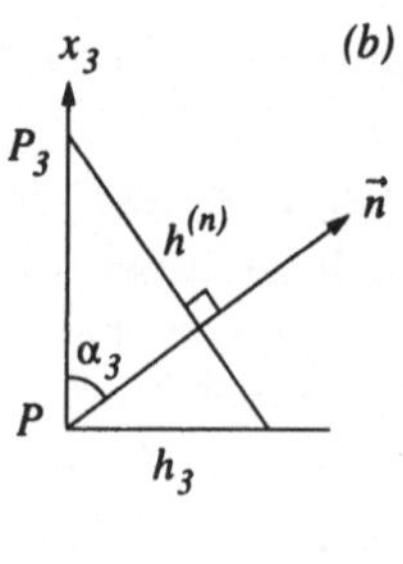

Abb. 4.2.

dann ergibt sich für die Höhen das Verhältnis $h_3/h^{(n)} = \cos\alpha_3 = n_3$. Abbildung 4.2.b zeigt der Deutlichkeit halber die in die Zeichenebene gedrehte Ebene aus dem durch den Koordinatenursprung gehenden Normalenvektor $\vec{n}$ und der x_3-Achse, welche die beiden Höhen enthält.

Wir setzen nun voraus, daß sich der Körper in einem homogenen Spannungszustand befindet, daß Volumenkräfte fehlen und daß er unbeschleunigt ist. An der Fläche mit dem nach außen gerichteten Normalenvektor $-\vec{e}_j$ greift der Spannungsvektor $-\vec{t}_j$ und an der Grundfläche der Spannungsvektor $\vec{t}^{(n)}$ an (siehe Abb. 4.3).

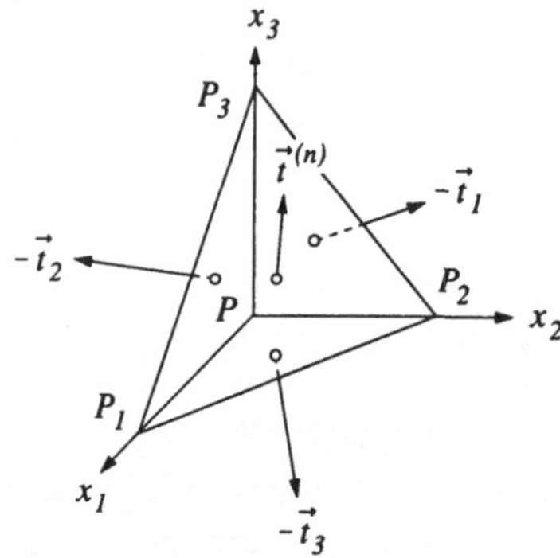

Abb. 4.3.

Die Gleichgewichtsbedingung verlangt

$$\vec{t}^{(n)} A^{(n)} - \vec{t}_j A_j = \vec{0} \tag{4.8}$$

oder

$$\vec{t}^{(n)} = n_j \vec{t}_j. \tag{4.9}$$

Bemerkung: Wir machen im folgenden wieder ausgiebig Gebrauch von der Summationskonvention. Summiert wird über einen in einem Ausdruck zweimal auftretenden Index, wofür jeder für eine natürliche Zahl übliche Kleinbuchstabe geeignet ist. Da dieser als stummer Index bezeichnete Buchstabe in einem Ausdruck nur genau zweimal vorkommen darf, muß er häufig im Laufe einer Rechnung durch einen anderen Buchstaben ersetzt werden. Demnach ist $\vec{t}^{(n)} = n_k \vec{t}_k = n_l \vec{t}_l = n_1 \vec{t}_1 + n_2 \vec{t}_2 + n_3 \vec{t}_3$ gleichbedeutend mit Gl. (4.9).

Zerlegen wir die Spannungsvektoren in Komponenten parallel zu den Koordinatenachsen,

$$\vec{t}^{(n)} = t_i^{(n)} \vec{e}_i, \tag{4.10}$$

$$\vec{t}_j = \sigma_{ji} \vec{e}_i, \tag{4.11}$$

dann gilt

$$t_i^{(n)} = n_j \sigma_{ji} \tag{4.12}$$

oder

$$\vec{t}^{(n)} = \vec{n} \cdot \boldsymbol{S} = \boldsymbol{S}^T \cdot \vec{n} \tag{4.13}$$

in symbolischer Schreibweise. In dieser kommt zum Ausdruck, daß es sich bei Gl. (4.13) um einen physikalischen Zusammenhang handelt, der unabhängig ist von der in verschiedenen Koordinatensystemen möglichen Darstellung. Die σ_{ji} bilden die Komponenten eines Tensors zweiter Stufe, nämlich des Spannungstensors $\boldsymbol{S}$, einer linearen Transformation, welche dem Normalenvektor $\vec{n}$ der Schnittfläche den Spannungsvektor $\vec{t}^{(n)}$ zuordnet (siehe Abb. 4.1).

Abbildung 4.4 veranschaulicht Gl. (4.11), und zwar für $j = 1$. σ_{11} ist eine Normalspannung, da sie die Richtung des Normalenvektors $\vec{e}_1$ der Schnittfläche hat, und σ_{12} und σ_{13} heißen Schubspannungen.

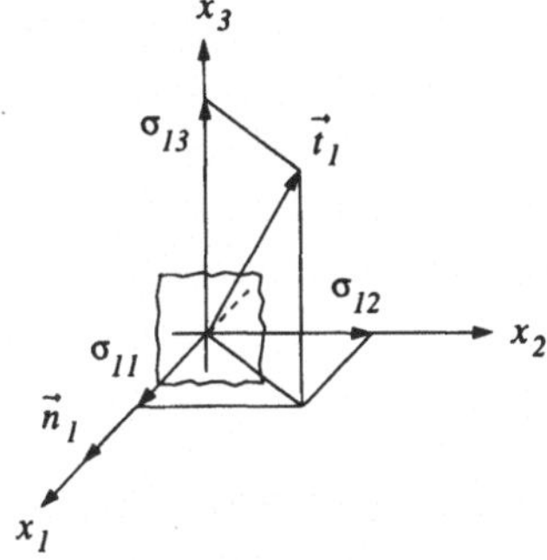

Abb. 4.4.

Bemerkung: Die Schubspannungen σ_{12} und σ_{13} werden in der Literatur häufig mit τ_{12} und τ_{13} bezeichnet.

Im allgemeinen Falle ist der Spannungszustand inhomogen, und es existieren Volumenkräfte und Beschleunigungen. Ein Grenzübergang, bei welchem die Höhe des Tetraeders gegen null geht, führt aber auch dann zu den Ergebnissen (4.12) beziehungsweise (4.13).

Wir kehren zurück zum Schwerpunktsatz, in welchem die resultierende Kraft $\vec{R}$ gemäß Gl. (4.6) durch die Volumenkräfte und Oberflächenkräfte ausgedrückt ist, und erhalten für die x_i-Richtung

$$\int_V k_i \, dV + \int_A n_j \sigma_{ji} \, dA = \int_V a_i \varrho \, dV, \tag{4.14}$$

wo der Spannungsvektor im Oberflächenintegral nach Gl. (4.12) durch das Produkt aus Spannungstensor und Normalenvektor ersetzt wurde und das Produkt aus Masse und Beschleunigung des Massenmittelpunkts durch das Integral auf der rechten Seite, in welchem a_i die i-Komponente der Beschleunigung des allgemeinen Punktes P gegen einen inertialfesten Punkt O ist. Letzteres ergibt sich aus Gl. (3.15) durch zweimaliges Ableiten.

Nun läßt sich das Oberflächenintegral mit Hilfe des Gaußschen Satzes in ein Volumenintegral verwandeln. In Operatorform lautet er

$$\int_V (\quad)_{,j}\, dV = \int_A (\quad) n_j\, dA, \tag{4.15}$$

wo $(\quad)_{,j} = \partial(\quad)/\partial x_j$ die partielle Ableitung nach x_j bedeutet und der Operand ein Tensor beliebiger Stufe sein kann. Dadurch geht Gl. (4.14) über in

$$\int_V (k_i + \sigma_{ji,j} - \varrho a_i)\, dV = 0. \tag{4.16}$$

Wie bereits gesagt, gilt der Schwerpunktsatz für beliebige Teilbereiche des Gesamtkörpers, und daraus folgt, daß der Integrand identisch gleich null sein muß,

$$\sigma_{ji,j} + k_i = \varrho a_i. \tag{4.17}$$

Es sei angemerkt, daß der erste Summand, den man als Divergenz des Spannungstensors bezeichnet, vektoriellen Charakter hat, was natürlich sofort daraus ersichtlich ist, daß er mit anderen Vektoren in additivem Zusammenhang steht. Gleichung (4.17) ist die Bewegungsgleichung für das aus dem Kontinuum herausgeschnittene Materieelement oder die lokale Bewegungsgleichung.

Auf dem umgekehrten Wege gelangt man vom Postulat der Gl. (4.17) zum Schwerpunktsatz. Trotz $a_i \neq 0$ kann aber $\vec{a}_M = \vec{0}$ und damit $\vec{R} = \vec{0}$ sein; dann herrscht globales Gleichgewicht.

Bei Ruhe des Körpers ist

$$\sigma_{ji,j} + k_i = 0. \tag{4.18}$$

In Gl. (4.18) kommt das lokale Gleichgewicht zum Ausdruck. Dieses impliziert das globale Gleichgewicht, worauf schon im Abschnitt 3.2.4 hingewiesen wurde. Daß diese Schlußfolgerung nicht umkehrbar ist, sollte aus dem Gesagten klar geworden sein.

4.1.2 Der Drallsatz

Zur Einführung wenden wir den Drallsatz auf eine homogene starre Kreisscheibe an, welche sich um ihre Achse dreht (siehe Abb. 4.5). Im vorliegenden Falle reduziert sich der Drallsatz auf seine einfachste Form, nämlich

$$I\dot{\vec{\omega}} = \vec{M}. \tag{4.19}$$

Dieser besagt, daß die Änderung des Dralls gleich dem resultierenden Moment ist, und weist eine direkte Analogie zum Impulssatz, Gl. (4.4), auf. Dem Impuls

$\vec{p} = m\vec{v}_M$ entspricht hier der Drall $\vec{L} = I\vec{\omega}$, wo I das auf die Achse bezogene Massenträgheitsmoment der Scheibe ist, und der resultierenden Kraft $\vec{R}$ das Moment $\vec{M}$. Die homogene Kreisscheibe vom Radius R hat das Trägheitsmoment $I = mR^2/2$.

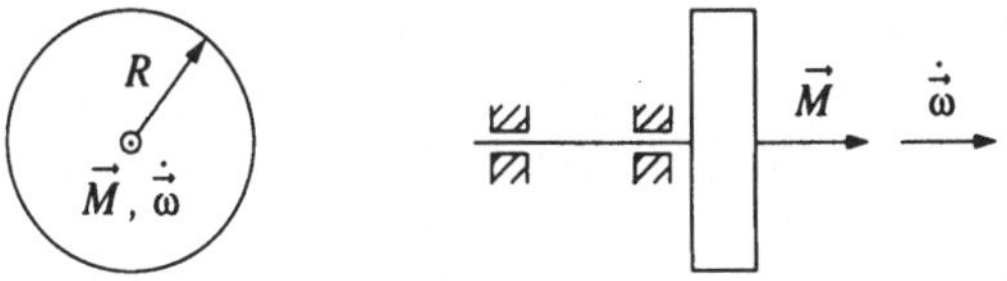

Abb. 4.5.

Wir verlassen nun den speziellen Fall und wenden uns dem allgemeinen zu. Anders als beim Schwerpunktsatz gehen wir vom Materieelement, und zwar von der Bewegungsgleichung (4.17), aus und erhalten durch Integrieren über den Gesamtkörper den Drallsatz. Mit Gl. (4.17) findet man jedoch nicht das Auslangen, sondern ein zusätzliches Postulat fließt ein, nämlich das Boltzmannsche Axiom der Symmetrie des Spannungstensors.

Bevor die Herleitung in Angriff genommen wird, müssen noch einige mathematische Hilfsmittel bereitgestellt werden. Bei diesen handelt es sich um das Permutationssymbol e_{ijk}, welches auch Alternator genannt wird, und das Kronecker-Symbol δ_{ij}. Das vektorielle Produkt zweier Vektoren $\vec{a} = a_j\vec{e}_j$ und $\vec{b} = b_k\vec{e}_k$ läßt sich darstellen durch

$$\vec{a} \times \vec{b} = e_{ijk}\vec{e}_i a_j b_k = \vec{e}_1(a_2b_3 - a_3b_2) + \vec{e}_2(a_3b_1 - a_1b_3) + \vec{e}_3(a_1b_2 - a_2b_1), \quad (4.20)$$

wo

$$e_{ijk} = e_{jki} = e_{kij} = \begin{cases} 1, & \text{wenn } i, j, k \text{ eine} \\ & \text{gerade Permutation von } 1, 2, 3 \text{ ist,} \\ -1, & \text{wenn } i, j, k \text{ eine} \\ & \text{ungerade Permutation von } 1, 2, 3 \text{ ist,} \\ 0, & \text{wenn zwei oder alle Indizes gleich sind.} \end{cases} \quad (4.21)$$

Bei voneinander unabhängigen Koordinaten x_1, x_2, x_3 gilt für die partiellen Ableitungen

$$\frac{\partial x_i}{\partial x_j} = \delta_{ij} \quad (4.22)$$

mit

$$\delta_{ij} = \begin{cases} 1 & \text{für } i = j, \\ 0 & \text{für } i \neq j. \end{cases} \quad (4.23)$$

Durch Multiplizieren mit dem Kronecker-Symbol und Summieren über den stummen Index wird ein Index ausgetauscht,

$$a_i\delta_{ij} = a_1\delta_{1j} + a_2\delta_{2j} + a_3\delta_{3j} = a_j. \quad (4.24)$$

Wir kehren zurück zur Herleitung des Drallsatzes und bilden das vektorielle Produkt aus dem Ortsvektor vom Bezugspunkt A zum allgemeinen Punkt P,

$\vec{r}_{PA} = x_k \vec{e}_k$, und den vektoriellen Summanden der lokalen Bewegungsgleichung, deren i-Komponente in Gl. (4.17) angegeben ist,

$$e_{jki}\vec{e}_j x_k (\sigma_{li,l} + k_i) = e_{jki}\vec{e}_j x_k a_i \varrho, \qquad (4.25)$$

multiplizieren mit dem Volumenelement dV und integrieren über das gesamte Volumen oder ein Teilvolumen des Körpers,

$$e_{jki}\vec{e}_j \int_V x_k (\sigma_{li,l} + k_i)\, dV = e_{jki}\vec{e}_j \int_V x_k a_i \varrho\, dV, \qquad (4.26)$$

wobei die Konstanten - wie üblich - vor die Integrale gezogen werden. Die linke Seite enthält das Moment der Oberflächenkräfte und das Moment der Volumenkräfte.

Bemerkung: Wir beschränken uns auf ein klassisches Kontinuum; Volumenmomente, Oberflächenmomente und Momentenspannungen bleiben außer Betracht.

Um mit Hilfe des Gaußschen Satzes zu einem Oberflächenintegral zu kommen, nimmt man eine Umformung des linken Integranden vor,

$$e_{jki}\vec{e}_j \int_V [(x_k \sigma_{li})_{,l} - x_{k,l}\sigma_{li} + x_k k_i]\, dV = e_{jki}\vec{e}_j \int_m x_k a_i\, dm; \qquad (4.27)$$

auf der rechten Seite setzen wir $\varrho\, dV = dm$ und integrieren über die Masse. Die linke Seite läßt sich als Summe dreier Volumenintegrale schreiben, von welchen das erste in ein Oberflächenintegral verwandelt wird, und mit $x_{k,l}\sigma_{li} = \delta_{kl}\sigma_{li} = \sigma_{ki}$ erhält man

$$e_{jki}\vec{e}_j \int_A x_k n_l \sigma_{li}\, dA - e_{jki}\vec{e}_j \int_V \sigma_{ki}\, dV + e_{jki}\vec{e}_j \int_V x_k k_i\, dV = e_{jki}\vec{e}_j \int_m x_k a_i\, dm.$$
$$(4.28)$$

Wir machen Gebrauch von Gl. (4.12), $t_i^{(n)} = n_l \sigma_{li}$, schreiben alle Integrale mit Ausnahme des zweiten in symbolischer Form,

$$\int_A \vec{r}_{PA} \times \vec{t}^{(n)} dA - \int_V [\vec{e}_1 (\sigma_{23} - \sigma_{32}) + \vec{e}_2 (\sigma_{31} - \sigma_{13}) + \vec{e}_3 (\sigma_{12} - \sigma_{21})]\, dV$$
$$+ \int_V \vec{r}_{PA} \times \vec{k}\, dV = \int_m \vec{r}_{PA} \times \vec{a}_P\, dm, \qquad (4.29)$$

und identifizieren unschwer das erste Integral als Moment der Oberflächenkräfte bezogen auf A und das dritte als Moment der Volumenkräfte.

Im Falle der Ruhe des Körpers in einem Inertialsystem ist $\vec{a}_P = \vec{0}$ für alle Körperpunkte P, und das Moment der äußeren Kräfte verschwindet für einen beliebigen Bezugspunkt A. Da wir über das Gesamtvolumen oder ein beliebiges Teilvolumen integrieren können, muß dann an jedem Punkt P

$$\sigma_{ij} = \sigma_{ji} \qquad (4.30)$$

beziehungsweise

$$\boldsymbol{S} = \boldsymbol{S}^T \qquad (4.31)$$

gelten; im ruhenden Körper ist der Spannungstensor symmetrisch. Nach Boltzmann postulieren wir diese Symmetrie bei beliebig bewegtem Körper, und damit entfällt das zweite Integral der linken Seite.

Bemerkung: Symmetrie des Spannungstensors herrscht nicht nur im ruhenden Körper, sondern ohne Postulat auch bei globalem Gleichgewicht des Körpers und konstantem Drall $\vec{L}_M$, welcher weiter unten definiert wird. Die rechte Seite von Gl. (4.29) läßt sich nach Gl. (4.37) als $d\vec{L}_M/dt + \vec{r}_{MA} \times m\vec{a}_M$ schreiben. Bei globalem Gleichgewicht verschwindet $\vec{M}_A$ und mit $\vec{R}$ auch $\vec{a}_M$. Wenn zusätzlich noch $\vec{L}_M$ konstant ist, dann liefert Gl. (4.29) die Symmetrie des Spannungstensors. Als Beispiel dient das mit konstanter Winkelgeschwindigkeit rotierende Rad.

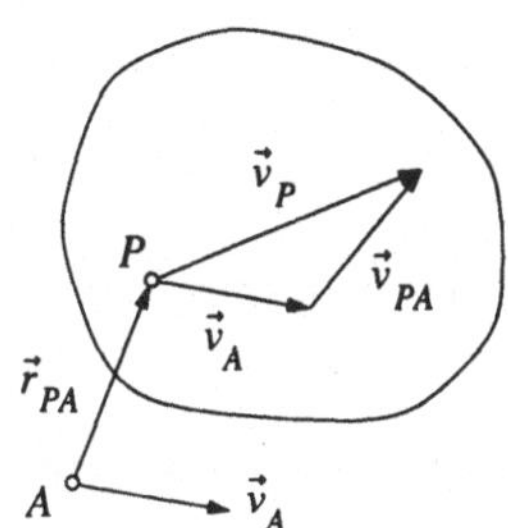

Abb. 4.6.

Wir definieren nun den Drallvektor (siehe Abb. 4.6)

$$\vec{L}_A = \int_m \vec{r}_{PA} \times \vec{v}_{PA}\, dm \tag{4.32}$$

und drücken das Integral auf der rechten Seite von Gl. (4.29) durch dessen Ableitung nach der Zeit bezüglich eines Inertialsystems aus,

$$\frac{d\vec{L}_A}{dt} = \int_m \vec{r}_{PA} \times \vec{a}_{PA}\, dm$$

$$= \int_m \vec{r}_{PA} \times \vec{a}_P\, dm - \left(\int_m \vec{r}_{PA}\, dm\right) \times \vec{a}_A$$

$$= \int_m \vec{r}_{PA} \times \vec{a}_P\, dm - m\vec{r}_{MA} \times \vec{a}_A, \tag{4.33}$$

wo Gebrauch von Gl. (3.15) gemacht wird. Mit der Bezeichnung $\vec{M}_A$ für die Summe der Momente der äußeren Kräfte geht Gl. (4.29) über in

$$\frac{d\vec{L}_A}{dt} + m\vec{r}_{MA} \times \vec{a}_A = \vec{M}_A. \tag{4.34}$$

Dies ist der Drallsatz in allgemeiner Form. Gleichung (4.19) für die beschleunigte Rotation einer starren Scheibe ist als Spezialfall enthalten.

Bemerkung: Der Drall kann in verschiedener Weise definiert werden. In manchen Darstellungen ist der Geschwindigkeitsanteil $\vec{v}_{PA}$ des allgemeinen Punktes P durch dessen Geschwindigkeit ersetzt. Dies wirkt sich auf die Form des Drallsatzes aus, aber selbstverständlich nicht auf seinen physikalischen Gehalt.

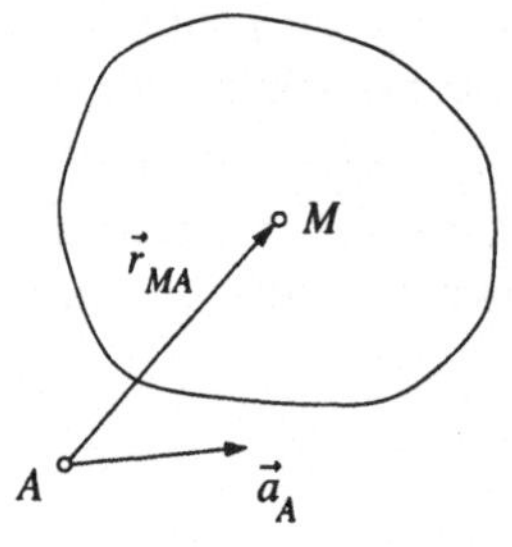

Abb. 4.7.

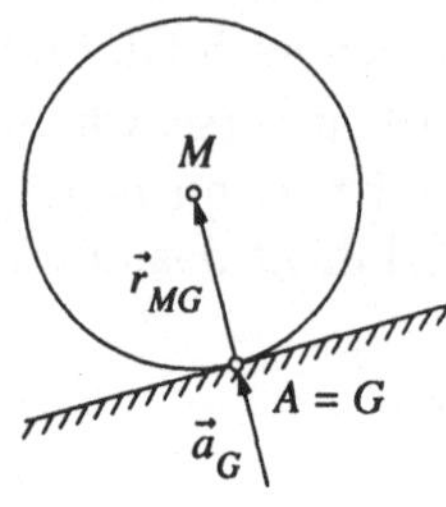

Abb. 4.8.

Der zweite Summand auf der linken Seite von Gl. (4.34), zu dessen Veranschaulichung Abb. 4.7 dient, entfällt, wenn

- der Bezugspunkt A mit dem Massenmittelpunkt übereinstimmt. Diese Wahl ist stets möglich, aber nicht immer die beste.

- der Bezugspunkt unbeschleunigt ist. Ein solcher existiert ebenfalls immer. Beim starren Körper bevorzugen wir jedoch einen körperfesten Punkt. Dieser sollte aufgrund kinematischer Bedingungen a priori als unbeschleunigt zu erkennen sein, um sich als Bezugspunkt zu eignen, welcher das vektorielle Produkt im Drallsatz zum Entfall bringt. In erster Linie kommen dabei körper- und raumfeste Punkte in Frage.

- die Vektoren $\vec{r}_{MA}$ und $\vec{a}_A$ parallel sind. Dies trifft auf den Geschwindigkeitspol G des rein rollenden Rades zu (siehe Abb. 4.8). Dessen Massenmittelpunkt muß allerdings im Radmittelpunkt liegen.

Wir wählen gewöhnlich A diesen Gesichtspunkten entsprechend und wenden den Drallsatz in der verkürzten Form

$$\frac{d\vec{L}_A}{dt} = \vec{M}_A, \qquad \left\{ \begin{array}{l} A = M, \\ A = O, \end{array} \right. \qquad (4.35)$$

an. Bei Momentengleichgewicht, $\vec{M}_M = \vec{0}$ oder $\vec{M}_O = \vec{0}$, ändert sich der jeweilige Drallvektor nicht.

Nun soll das Integral auf der rechten Seite von Gl. (4.29) durch die zeitliche Änderung des auf den Massenmittelpunkt bezogenen Dralls,

$$\vec{L}_M = \int_m \vec{r}_{PM} \times \vec{v}_{PM}\, dm, \qquad (4.36)$$

ausgedrückt werden. Ableiten nach der Zeit liefert

$$\frac{d\vec{L}_M}{dt} = \int_m \vec{r}_{PM} \times \vec{a}_{PM}\, dm = \int_m (\vec{r}_{PA} - \vec{r}_{MA}) \times \vec{a}_{PM}\, dm$$

$$= \int_m \vec{r}_{PA} \times (\vec{a}_P - \vec{a}_M)\, dm - \vec{r}_{MA} \times \int_m \vec{a}_{PM}\, dm$$

$$= \int_m \vec{r}_{PA} \times \vec{a}_P\, dm - \left(\int_m \vec{r}_{PA}\, dm\right) \times \vec{a}_M$$

$$= \int_m \vec{r}_{PA} \times \vec{a}_P\, dm - m\vec{r}_{MA} \times \vec{a}_M. \tag{4.37}$$

Dabei verschwindet das Integral $\int_m \vec{a}_{PM}\, dm$ gemäß der Gl. (3.14), und nach Gl. (3.15) ist $\int_m \vec{r}_{PA}\, dm = m\vec{r}_{MA}$. Somit geht der Drallsatz über in die Form mit zwei verschiedenen Bezugspunkten,

$$\frac{d\vec{L}_M}{dt} + \vec{r}_{MA} \times m\vec{a}_M = \vec{M}_A. \tag{4.38}$$

Mit

$$\frac{d\vec{L}_M}{dt} = \vec{M}_A - \vec{r}_{MA} \times \vec{R} = \vec{M}_M, \tag{4.39}$$

wo der Schwerpunktsatz, Gl. (4.2), und Gl. (3.3) zur Anwendung kommen, gelangen wir wieder zu Gl. (4.35) mit $A = M$.

Ebenso wie der Schwerpunktsatz gilt auch der Drallsatz für starre und für deformierbare Körper wie auch für Systeme aus solchen Körpern. Man zeigt leicht, daß durch Addieren der auf denselben Punkt A bezogenen Drallsätze (4.34) der Einzelkörper sich der Drallsatz für ein Körpersystem ergibt, und daß dieser selbst die Form (4.34) annimmt. (Eine ähnliche Vorgangsweise, nämlich die Addition von Gleichungen, führt beim Drallsatz mit zwei verschiedenen Bezugspunkten, Gl. (4.38), nicht direkt zum Ziel.) Die Momente der Kräfte sowie die Momentenvektoren, welche die Teilkörper aufeinander ausüben, liefern keinen Beitrag zum resultierenden Moment am Körpersystem.

Für deformierbare Körper oder Systeme deformierbarer Körper ist der Drallsatz natürlich wieder ohne große praktische Bedeutung, da er als Vektorgleichung in nur drei skalare Gleichungen zerfällt.

4.1.3 Bemerkungen zu Schwerpunktsatz und Drallsatz

Schwerpunktsatz und Drallsatz sind zwei voneinander unabhängige auf der Erfahrung beruhende Naturgesetze. Aus dem Postulat des Schwerpunktsatzes für den Gesamtkörper und beliebige Teilbereiche, Gl. (4.2), folgt das dynamische Grundgesetz für das Materieelement, Gl. (4.17). Das Postulat des Drallsatzes für den Gesamtkörper und beliebige Teilbereiche, Gl. (4.34), zusammen mit dem dynamischen Grundgesetz für das Materieelement, Gl. (4.17), hat die Symmetrie des Spannungstensors, $\boldsymbol{S} = \boldsymbol{S}^T$, als Folge.

Auf dem umgekehrten Wege ergibt sich aus dem Postulat des dynamischen Grundgesetzes für das Materieelement, Gl. (4.17), der Schwerpunktsatz, Gl. (4.2), für den Gesamtkörper und beliebige Teilbereiche, und aus Gl. (4.17) mit dem zusätzlichen Postulat $S = S^T$ folgt der Drallsatz für den Gesamtkörper und beliebige Teilbereiche.

In der vorliegenden Darstellung sind wir aus didaktischen Gründen beim Schwerpunktsatz vom Globalen ins Lokale gegangen und haben beim Drallsatz die umgekehrte Richtung eingeschlagen.

In manchen Lehrbüchern findet man eine Herleitung des Drallsatzes aus dem dynamischen Grundgesetz, Gl. (4.1), ohne zusätzliches Postulat. Diese ist völlig korrekt; zugrunde gelegt wird allerdings statt eines kontinuierlichen Körpers ein sogenannter Punkthaufen. Dieser besteht aus Punktmassen, welche aufeinander (gegengleiche) innere Kräfte längs ihrer Verbindungsgeraden ausüben und auch äußeren Kräften unterliegen. Mit diesem Modell hat es allenfalls der Astronom zu tun, der Ingenieur hingegen nur in seltenen Fällen. Ein mathematischer Grenzübergang vom Punkthaufen zum Kontinuum ist nicht durchführbar.

In diesem Zusammenhang nicht uninteressant ist die Feststellung, daß selbst berühmte Physiker, welche auf anderen Gebieten hervorragende Leistungen aufweisen können, die Unabhängigkeit von Schwerpunktsatz und Drallsatz in Abrede stellten.

4.2 Die Kinetik des starren Körpers

4.2.1 Die Anwendung von Schwerpunktsatz und Drallsatz auf den starren Körper

Schwerpunktsatz und Drallsatz liefern sechs skalare Gleichungen. Ihre Zahl entspricht dem Freiheitsgrad 6 des starren Körpers; sie sind dann notwendig und hinreichend für die kinetische Behandlung, wenn er frei beweglich ist oder wenn seine Bewegungsmöglichkeiten durch solche Maßnahmen eingeschränkt werden, welche auf dem Wege zu seiner vollständigen Festlegung im Raume notwendig sind.

Entscheidend ist also nicht die Anzahl der Reaktionen; ebensowenig, wie wir die Auflagerkräfte einer an drei Scharniergelenken im Schwerefeld aufgehängten Platte ausschließlich mit den Mitteln der Statik bestimmen können, gelingt uns dies bei pendelnder Platte im Rahmen der Kinetik.

Man unterscheidet zwei Arten von Problemen:

- Gesucht sind die am Körper angreifenden Kräfte und Momente, welche dessen gegebene Bewegung erzeugen. Dies erfordert zweifaches Differenzieren.

- Gesucht ist der zeitliche Verlauf der Bewegung des Körpers, welche durch gegebene eingeprägte Kräfte und Momente hervorgerufen wird. Die Behandlung solcher Probleme führt auf zweifaches Integrieren und ist im allgemeinen mit größeren mathematischen Schwierigkeiten verbunden.

Körpersysteme kann man zerschneiden und auf jeden der n Teilkörper Schwerpunktsatz und Drallsatz anwenden. Damit stehen $6n$ Gleichungen zur Verfügung. Diese enthalten jedoch als zusätzliche Unbekannte die zwischen den Körpern übertragenen Kräfte und Momente, welche durch die Schnitte zu äußeren Kräften und Momenten werden. Dies läßt sich vermeiden durch die Anwendung der Lagrangeschen Gleichungen, welche aber im Rahmen dieser Darstellung nicht berücksichtigt werden können. Für Körpersysteme mit dem Freiheitsgrad 1 stehen Energiemethoden zur Verfügung, bei welchen sich das Zerschneiden ebenfalls erübrigt. Ihre Behandlung erfolgt weiter unten.

4.2.2 Der Drall des starren Körpers

Der durch Gl. (4.32) eingeführte Drallvektor, $\vec{L}_A = \int_m \vec{r}_{PA} \times \vec{v}_{PA}\, dm$, wird nun auf den starren Körper spezialisiert. Für einen körperfesten Bezugspunkt A gilt nach Gl. (2.36) $\vec{v}_{PA} = \vec{\omega} \times \vec{r}_{PA}$. Auf das dreifache Vektorprodukt im Integranden wendet man den Graßmannschen Entwicklungssatz an,

$$\vec{r}_{PA} \times (\vec{\omega} \times \vec{r}_{PA}) = \vec{\omega}\, r_{PA}^2 - \vec{r}_{PA}\, (\vec{r}_{PA} \cdot \vec{\omega})\,. \tag{4.40}$$

Wir zerlegen die Vektoren in Vektorkomponenten parallel zu den Achsen eines kartesischen Koordinatensystems, dessen Ursprung mit dem körperfesten Punkt A zusammenfällt, und erhalten

$$\vec{L}_A = \omega_i \vec{e}_i \int_m x_k x_k\, dm - \omega_j \vec{e}_i \int_m x_i x_j\, dm, \tag{4.41}$$

wo $\vec{r}_{PA} = x_i \vec{e}_i$ und weiter unten $r_{PA}^2 = \vec{r}_{PA} \cdot \vec{r}_{PA}$ ist.

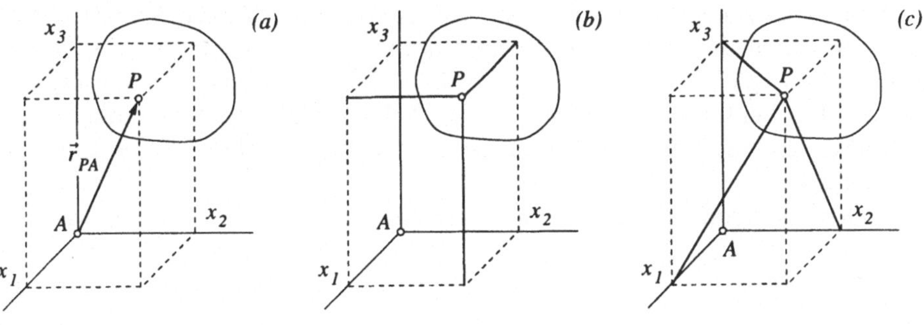

Abb. 4.9.

Bei den Integralen, auf die wir gestoßen sind, handelt es sich um das stets positive polare Massenträgheitsmoment (siehe Abb. 4.9.a)

$$I_p^A = \int_m x_k x_k\, dm = \int_m r_{PA}^2\, dm, \tag{4.42}$$

welches eine Rechengröße ist, sowie um

$$I_{ij}^A = \int_m x_i x_j \, dm. \tag{4.43}$$

Die letzteren heißen für $i \neq j$ Deviationsmomente (siehe Abb. 4.9.b). Diese können positiv oder negativ sein. Der Fall $i = j$ wird weiter unten besprochen.

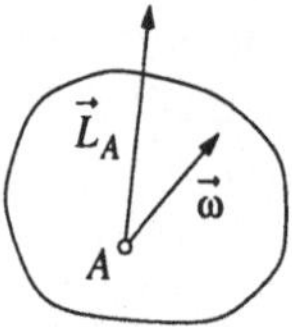

Abb. 4.10.

Mit den durch die Gln. (4.42) und (4.43) eingeführten Bezeichnungen geht der Drallvektor über in

$$\vec{L}_A = \omega_j \left[I_p^A \delta_{ij} - I_{ij}^A \right] \vec{e}_i = \Theta_{ij}^A \omega_j \vec{e}_i, \tag{4.44}$$

wo

$$\Theta_{ij}^A = I_p^A \delta_{ij} - I_{ij}^A = \Theta_{ji}^A \tag{4.45}$$

der symmetrische Trägheitstensor ist. Dieser stellt eine lineare Transformation dar, welche dem Winkelgeschwindigkeitsvektor $\vec{\omega}$ den Drallvektor $\vec{L}_A$ zuordnet (siehe Abb. 4.10),

$$L_i^A = \Theta_{ij}^A \omega_j, \tag{4.46}$$

$$\vec{L}_A = \boldsymbol{\Theta}_A \cdot \vec{\omega}. \tag{4.47}$$

Der Trägheitstensor ist positiv definit; aus $\vec{\omega} \neq \vec{0}$ folgt $\vec{L}_A \neq \vec{0}$. Wie wir im Abschnitt 4.4.2 sehen werden, ist $T_A = (\vec{\omega} \cdot \vec{L}_A)/2$ je nach Bezugspunkt der rotatorische Anteil der kinetischen Energie des starren Körpers oder die gesamte kinetische Energie. Es gilt $T_A > 0$ für $\vec{\omega} \neq \vec{0}$; demnach ist der Winkel zwischen beiden Vektoren stets kleiner als $\pi/2$. Er verschwindet nur dann, wenn der Körper um eine Trägheitshauptachse rotiert. Über solche informiert der Abschnitt 4.2.4.

Die Komponenten des Trägheitstensors mit gleichen Indizes, beispielsweise

$$\Theta_{11}^A = I_p^A - I_{11}^A = \int_m x_k x_k \, dm - \int_m x_1^2 \, dm = \int_m (x_2^2 + x_3^2) \, dm, \tag{4.48}$$

sind die stets positiven axialen Massenträgheitsmomente. Diesen kommt die größte praktische Bedeutung zu. Bei der Bildung des axialen Trägheitsmoments wird jedes Massenelement dm mit dem Quadrat seines Abstands von der Bezugsachse - im Beispiel von der x_1-Achse - multipliziert (siehe Abb. 4.9.c).

Bemerkung: Axiale Massenträgheitsmomente werden häufig mit nur einem Index bezeichnet, welcher sich auf die betreffende Achse bezieht, also $\Theta_{11}^A = I_1^A = I_x^A$ im obigen Beispiel. Oft kann man auch ganz auf die Indizes verzichten, wie bei der Kreisscheibe zu Beginn des Abschnitts 4.1.2.

Der übergeordnete Begriff für Trägheitsmomente und Deviationsmomente ist Massenmomente zweiten Grades.

Die Komponenten des Drallvektors errechnen sich als Produkt einer quadratischen Matrix und eines Spaltenvektors,

$$
\begin{pmatrix} L_1^A \\ L_2^A \\ L_3^A \end{pmatrix} = \begin{pmatrix} \Theta_{11}^A & \Theta_{12}^A & \Theta_{13}^A \\ \Theta_{12}^A & \Theta_{22}^A & \Theta_{23}^A \\ \Theta_{13}^A & \Theta_{23}^A & \Theta_{33}^A \end{pmatrix} \begin{pmatrix} \omega_1 \\ \omega_2 \\ \omega_3 \end{pmatrix} .
\tag{4.49}
$$

Rotiert der Körper um eine Trägheitshauptachse und lassen wir diese mit der x_1-Achse zusammenfallen, dann gilt $\omega_1 = \omega$, $\omega_2 = 0$, $\omega_3 = 0$ und $\Theta_{11}^A = I_1^A$, $\Theta_{12}^A = 0$, $\Theta_{13}^A = 0$. Wir erhalten den Drall $L_1^A = I_1^A \omega$ und sind damit wieder bei dem einführenden Beispiel am Beginn des Abschnitts 4.1.2 über den Drallsatz angelangt. Die x_1-Achse entspricht der Drehachse bei jenem Beispiel.

4.2.3 Die Transformation der Massenträgheitsmomente bei Parallelverschiebung des Koordinatensystems. Der Steinersche Satz

Wir stellen den Zusammenhang zwischen den Komponenten Θ_{ij}^A des Trägheitstensors Θ_A und den Komponenten Θ_{ij}^M des Trägheitstensors Θ_M her für den Fall, daß das allgemeine kartesische Koordinatensystem x_i mit dem Ursprung in A gegenüber dem speziellen kartesischen Koordinatensystem x_i' mit dem Ursprung im Massenmittelpunkt M parallel verschoben ist und $\vec{s}$ den Vektor von M nach A bezeichnet (siehe Abb. 4.11).

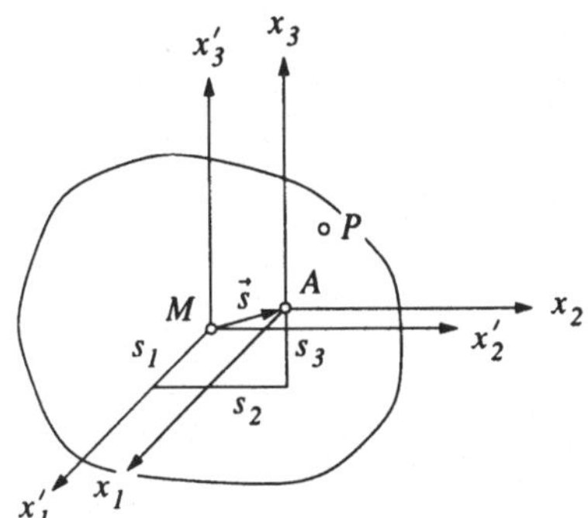

Abb. 4.11.

Für den allgemeinen Punkt P gilt also $\vec{r}_{PA} = \vec{r}_{PM} - \vec{s}$ (mit $\vec{r}_{PA} = x_i \vec{e}_i$ und $\vec{r}_{PM} = x_i' \vec{e}_i$) und für seine Koordinaten

$$
x_i = x_i' - s_i .
\tag{4.50}
$$

Man erhält nun zunächst die Beziehungen

$$I_p^A = \int_m x_k x_k \, dm = \int_m (x'_k - s_k)(x'_k - s_k) \, dm$$

$$= \int_m x'_k x'_k \, dm - 2s_k \int_m x'_k \, dm + s_k s_k m$$

$$= I_p^M + s^2 m, \tag{4.51}$$

wo $s^2 = \vec{s} \cdot \vec{s}$ ist, und

$$I_{ij}^A = \int_m x_i x_j \, dm = \int_m (x'_i - s_i)\left(x'_j - s_j\right) dm$$

$$= \int_m x'_i x'_j \, dm - s_j \int_m x'_i \, dm - s_i \int_m x'_j \, dm + s_i s_j m$$

$$= I_{ij}^M + s_i s_j m. \tag{4.52}$$

Drei der auftretenden Integrale entfallen, da gemäß Gl. (3.14) $\int_m x'_k \, dm = 0$ ist. Für die Komponenten des Trägheitstensors ergibt sich damit

$$\Theta_{ij}^A = I_p^A \delta_{ij} - I_{ij}^A = \left(I_p^M + s^2 m\right) \delta_{ij} - \left(I_{ij}^M + s_i s_j m\right)$$

$$= \Theta_{ij}^M + \left(s^2 \delta_{ij} - s_i s_j\right) m. \tag{4.53}$$

Besonders interessieren wieder die axialen Massenträgheitsmomente. Für $\Theta_{11}^A = I_1^A$ zum Beispiel erhalten wir

$$I_1^A = I_1^M + \left(s_2^2 + s_3^2\right) m; \tag{4.54}$$

dabei ist $s_2^2 + s_3^2$ das Quadrat des Abstands der x_1-Achse durch A von der x'_1-Achse durch M. In allgemeinerer Form,

$$I = I' + s^2 m, \tag{4.55}$$

wo s der Abstand zweier paralleler Geraden g' und g ist, von welchen g' durch den Massenmittelpunkt M des Körpers geht, wird dieser Zusammenhang als Steinerscher Satz bezeichnet (siehe Abb. 4.12).

Es sei hervorgehoben, daß man bei der Anwendung des genannten Satzes stets von einer Achse durch den Massenmittelpunkt auszugehen hat und daß von allen auf parallele Achsen bezogenen Trägheitsmomenten dasjenige am kleinsten ist, welches sich auf die Achse durch den Massenmittelpunkt bezieht. Dies kommt in den Skizzen durch die vom Massenmittelpunkt wegzeigenden Abstandsvektoren zum Ausdruck.

Als Beispiel betrachten wir die folgende Aufgabenstellung: Gegeben ist das axiale Massenträgheitsmoment I_1 bezüglich einer Geraden g_1 und gesucht das auf die Parallele g_2 bezogene Trägheitsmoment I_2. Bekannt sind ferner die Abstände $s_{(1)}$ und $s_{(2)}$ des Massenmittelpunkts des Körpers von diesen Geraden (siehe

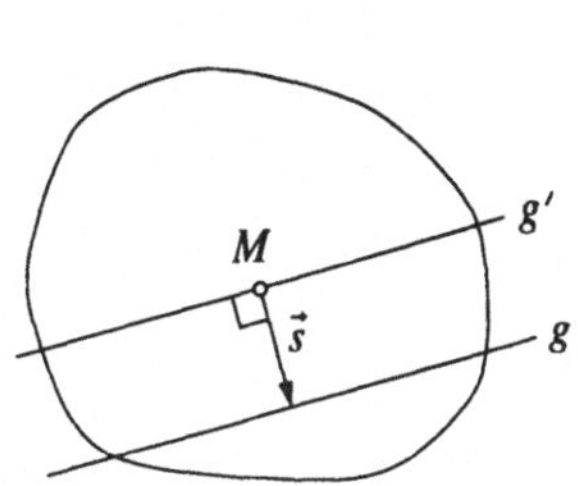

Abb. 4.12.

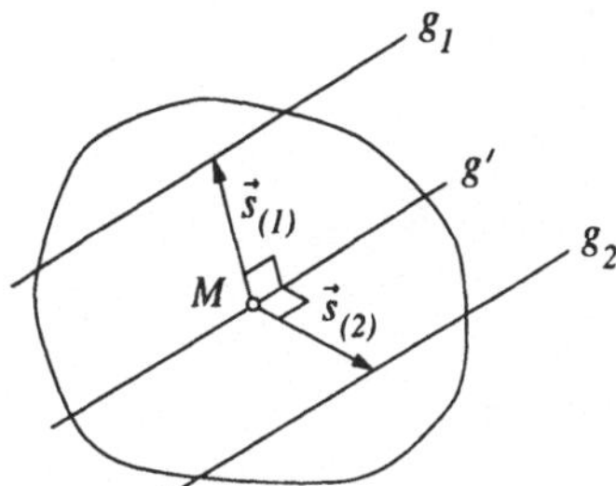

Abb. 4.13.

Abb. 4.13). Da keine der beiden Geraden g_1 und g_2 durch den Massenmittelpunkt geht, muß das auf die Parallele g' durch M bezogene Trägheitsmoment I' eingeführt werden. Gleichung (4.55) liefert

$$I_1 = I' + s_{(1)}^2 m, \tag{4.56}$$

$$I_2 = I' + s_{(2)}^2 m. \tag{4.57}$$

Durch Eliminieren von I' ergibt sich daraus

$$I_2 = I_1 + (s_{(2)}^2 - s_{(1)}^2)m. \tag{4.58}$$

Für $|\vec{s}_{(1)}| = |\vec{s}_{(2)}|$ gilt selbstverständlich $I_1 = I_2$.

Es sei erwähnt, daß eine Punktmasse nach dem Steinerschen Satz (4.55) dann ein axiales Trägheitsmoment besitzt, wenn ihr Abstand von der Bezugsgeraden nicht verschwindet, und nach Gl. (4.52) ein Deviationsmoment, wenn beide Abstände von den aufeinander senkrecht stehenden Bezugsebenen ungleich null sind.

4.2.4 Die Transformation der Massenträgheitsmomente bei Drehung des Koordinatensystems. Der Trägheitstensor. Regeln zum Erkennen von Trägheitshauptachsen

Wie wir im Abschnitt 4.2.2 bereits vorweggenommen haben, ist bei Rotation eines starren Körpers um eine Trägheitshauptachse der Drallvektor parallel zum Winkelgeschwindigkeitsvektor. Im Zuge der Ermittlung der Trägheitshauptachsen wird man mit der Aufgabe konfrontiert, die auf das kartesische x_i-System bezogenen Komponenten Θ_{kl} des Trägheitstensors zu transformieren in die Komponenten Θ'_{mn}, welche sich auf ein zweites gegenüber dem ersten gedrehtes kartesisches x'_j-System mit demselben Ursprung A beziehen (siehe Abb. 4.14). Als Komponenten eines Tensors zweiter Stufe gehorchen diese dem Transformationsgesetz

$$\Theta'_{ij} = A_{ip}A_{jq}\Theta_{pq}, \tag{4.59}$$

$$\Theta_{rs} = A_{ir}A_{js}\Theta'_{ij}. \tag{4.60}$$

Ausgedrückt durch Matrizen lautet es

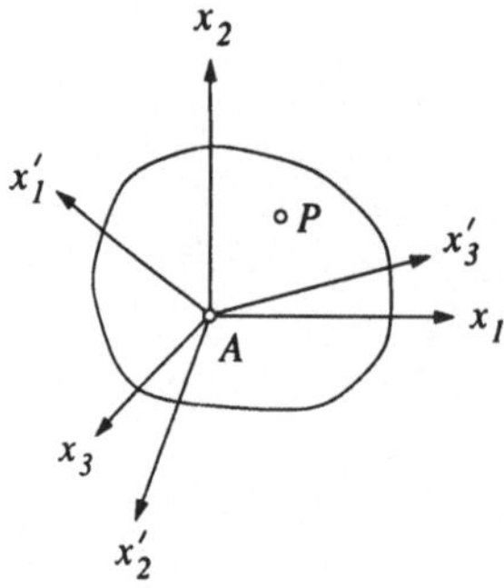

Abb. 4.14.

$$\underline{\Theta}' = \underline{A}\,\underline{\Theta}\,\underline{A}^T, \tag{4.61}$$

$$\underline{\Theta} = \underline{A}^T\underline{\Theta}'\underline{A}; \tag{4.62}$$

der Bezugspunkt A des Trägheitstensors ist weggelassen.

Die neun A_{ik} sind die Komponenten der Transformationsmatrix $\underline{A}$. Sie sind durch die im Abschnitt 2.3.1 eingeführten drei Eulerschen Winkel festgelegt und können demnach nicht voneinander unabhängig sein. Die Transformationsmatrix ist eine orthogonale Matrix mit der Eigenschaft

$$\underline{A}^{-1} = \underline{A}^T; \tag{4.63}$$

die inverse Matrix ist gleich der transponierten Matrix. Beim Übergang von einem Rechtssystem zu einem Rechtssystem gilt

$$\det \underline{A} = 1. \tag{4.64}$$

Man kann die A_{ik} deuten als die Komponenten der mit Strich versehenen Einheitsvektoren, $\vec{e}\,'_i$, im Ausgangssystem, also

$$\vec{e}\,'_i = (\vec{e}\,'_i \cdot \vec{e}_k)\,\vec{e}_k = A_{ik}\vec{e}_k. \tag{4.65}$$

Wir veranschaulichen dies anhand der Drehung um die x_3-Achse durch den Winkel φ (siehe Abb. 4.15). Zerlegen der Einheitsvektoren $\vec{e}\,'_1$ und $\vec{e}\,'_2$ führt zu

$$\underline{A} = \begin{pmatrix} \cos\varphi & \sin\varphi & 0 \\ -\sin\varphi & \cos\varphi & 0 \\ 0 & 0 & 1 \end{pmatrix}; \tag{4.66}$$

die erste Zeile enthält also die Komponenten von $\vec{e}\,'_1$ im x_i-System und so weiter. Man überzeugt sich leicht, daß $\underline{A}\,\underline{A}^T = \underline{I}$ und auch daß $\det \underline{A} = 1$ ist. Die geometrische Interpretation dieser Beziehungen ist $\vec{e}\,'_j \cdot \vec{e}\,'_l = \delta_{jl}$ und $(\vec{e}\,'_1 \times \vec{e}\,'_2) \cdot \vec{e}\,'_3 = 1$.

Die Suche nach extremalen axialen Trägheitsmomenten führt zu den Trägheitshauptachsen und den Hauptträgheitsmomenten. Diese gewinnt man bei der Lösung eines Eigenwertproblems. Als symmetrischer Tensor besitzt der auf einen allgemeinen Punkt A des starren Körpers bezogene Trägheitstensor drei reelle Eigenwerte, und da er darüber hinaus positiv definit ist, sind diese positiv; bei

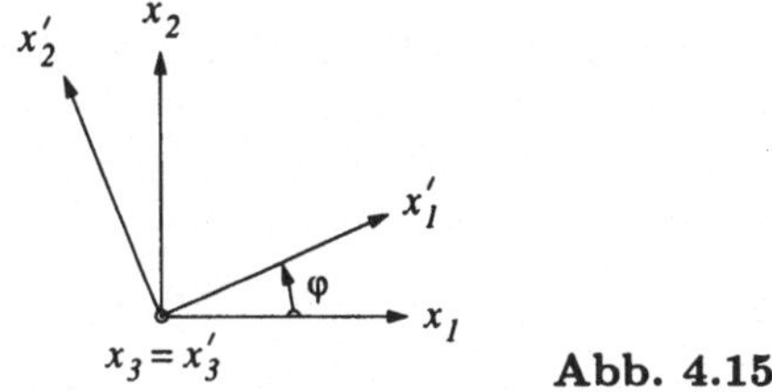

Abb. 4.15.

den Eigenwerten - den Hauptträgheitsmomenten - handelt es sich um ein Maximum, einen Sattelwert und ein Minimum. Dazu gehören drei jeweils aufeinander senkrecht stehende Trägheitshauptachsen. Im System der Trägheitshauptachsen hat der Trägheitstensor Diagonalform; die Deviationsmomente verschwinden.

Wenn zwei Hauptträgheitsmomente zusammenfallen, dann gibt es nur eine ausgezeichnete Richtung; alle Senkrechten zu dieser durch A sind Trägheitshauptachsen, und die zugehörigen Hauptträgheitsmomente stimmen überein. Wenn man es schließlich mit drei gleichen Hauptträgheitsmomenten zu tun hat, dann sind natürlich auch alle Achsen durch A Trägheitshauptachsen.

Eine Trägheitshauptachse durch den Punkt A ist eine solche im allgemeinen nur für eben diesen Punkt. Eine Trägheitshauptachse durch den Massenmittelpunkt M ist Trägheitshauptachse für alle ihre Punkte; die anderen beiden Trägheitshauptachsen in einem beliebigen Punkt dieser Geraden sind parallel zu den durch M gehenden Trägheitshauptachsen. Dies läßt sich mit Hilfe der Deviationsmomente zeigen. Nach Gl. (4.52) gilt für diese $I_{ij}^A = I_{ij}^M + s_i s_j m$. Wir gehen aus von einem mit den Trägheitshauptachsen in M zusammenfallenden Koordinatensystem und verschieben dieses translatorisch um s_1 in Richtung der ersten Trägheitshauptachse (siehe Abb. 4.16). Das so entstandene x_1, x_2, x_3-System besteht aus den Trägheitshauptachsen in A, denn nach Gl. (4.52) ist $I_{12}^A = I_{23}^A = I_{31}^A = 0$.

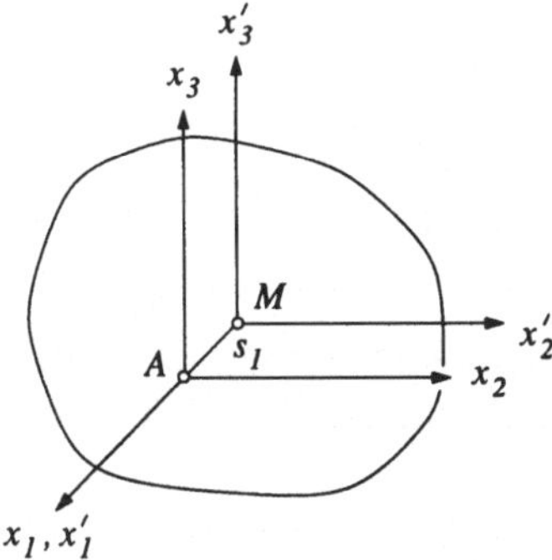

Abb. 4.16.

Bemerkung: Mit derselben Argumentation zeigt man, daß die x_1-Achse durch M für keinen ihrer Punkte Trägheitshauptachse ist, wenn sie bezüglich M keine Trägheitshauptachse ist.

In manchen Fällen kann man die Trägheitshauptachsen erkennen, ohne das Eigenwertproblem zu lösen. Dazu stehen folgende Regeln zur Verfügung:

– Jede Achse, die senkrecht auf einer Symmetrieebene steht, ist Trägheitshauptachse für den Durchstoßpunkt. Der Körper muß bezüglich dieser Ebene symmetrisch zu sich selbst sein nicht nur im Hinblick auf die Gestalt sondern auch auf die Dichteverteilung.

Als Beispiel zeigt Abb. 4.17 ein Prisma. Jedem Massenelement mit den Koordinaten x_1, x_2, x_3 entspricht ein ebensolches mit den Koordinaten $-x_1, x_2, x_3$. Die Deviationsmomente I_{12} und I_{13} verschwinden also; die x_1-Achse ist Trägheitshauptachse im Punkt A.

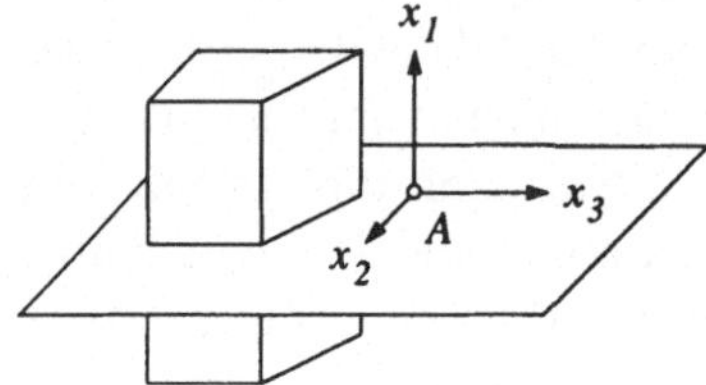

Abb. 4.17.

– *Voraussetzung:* Ein Körper kommt nach Drehung um eine Achse durch den Winkel π mit der Ausgangslage zur Deckung, und zwar sowohl hinsichtlich Gestalt als auch Dichteverteilung.

Behauptung: Die durch den Massenmittelpunkt gehende Drehachse ist Trägheitshauptachse und zwar für alle ihre Punkte.

Beweis: Die körperfesten Trägheitshauptachsen in Ausgangs- und Endlage stimmen nach Voraussetzung überein. Dies ist nur dann möglich, wenn der Körper um eine Trägheitshauptachse gedreht wird. Als Beispiel dient der zweiblättrige Propeller (siehe Abb. 4.18.a).

Abb. 4.18.

– *Voraussetzung:* Ein Körper kommt nach Drehung um eine Achse durch einen Winkel $2\pi/n$ für $n = 3, 4, 5, \ldots$ mit der Ausgangslage zur Deckung, und zwar sowohl hinsichtlich Gestalt als auch Dichteverteilung.

Behauptung: Sämtliche Achsenkreuze, von welchen eine Achse die durch den Massenmittelpunkt gehende Drehachse ist, sind Trägheitshauptachsen. Die auf die anderen beiden durch den jeweiligen Koordinatenursprung A gehenden Achsen bezogenen Hauptträgheitsmomente sind gleich.

Beweis: Die körperfesten Trägheitshauptachsen in Ausgangs- und Endlage stimmen nach Voraussetzung überein. Dies ist nur dann möglich, wenn es in der zur Drehachse senkrechten Ebene durch den Bezugspunkt A mehr

als zwei Trägheitshauptachsen gibt. Dann ist aber jede Normale zur Drehachse durch A eine Trägheitshauptachse, und die auf diese Achsen bezogenen Hauptträgheitsmomente sind gleich.
Diese Regel läßt sich auf den dreiblättrigen Propeller (siehe Abb. 4.18.b) anwenden. Wir begegnen ihr wieder bei der Behandlung der Flächenträgheitsmomente im folgenden Abschnitt.

Beim Beweis der dritten Regel zum Auffinden von Trägheitshauptachsen haben wir Gebrauch gemacht von den allgemeinen Ergebnissen der Lösung des Eigenwertproblems. Aber auch ohne diese finden wir durch Transformation der Komponenten des Trägheitstensors, daß unter den genannten Voraussetzungen die axialen Trägheitsmomente bezüglich aller Achsen durch den Punkt A, welche senkrecht auf der ebenfalls durch A gehenden Drehachse stehen, gleich sind. Als Beispiel dient wieder der dreiblättrige Propeller (siehe Abb. 4.19).

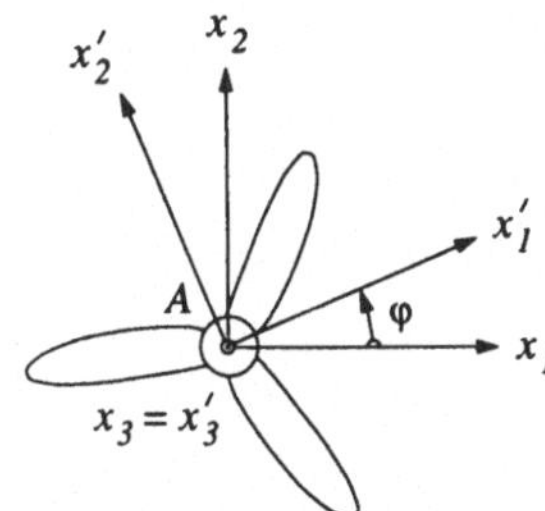

Abb. 4.19.

Bei der Formulierung dieser Regel sind wir von einer Drehung des Körpers im Raume ausgegangen. Statt dessen drehen wir nun ein Koordinatensystem relativ zum Körper und transformieren nach Gl. (4.59) die auf das körperfeste x_i-System bezogenen Massenträgheitsmomente in diejenigen des gedrehten x'_j-Systems (siehe Abb. 4.19). Mit der Transformationsmatrix nach Gl. (4.66) ergibt sich für einen beliebigen Körper

$$\Theta'_{11} = A_{1p}A_{1q}\Theta_{pq}$$

$$= A_{11}^2\Theta_{11} + A_{11}A_{12}\Theta_{12} + A_{12}A_{11}\Theta_{21} + A_{12}^2\Theta_{22}$$

$$= \cos^2\varphi\,\Theta_{11} + 2\cos\varphi\sin\varphi\,\Theta_{12} + \sin^2\varphi\,\Theta_{22}. \tag{4.67}$$

Wir setzen die für das vorliegende Problem relevanten Winkel $\varphi_1 = 2\pi/3$ und $\varphi_2 = 4\pi/3$ (oder $\varphi_2 = -2\pi/3$) ein und erhalten

$$\Theta_{11}^{(1)'} = \frac{1}{4}\Theta_{11} - \frac{\sqrt{3}}{2}\Theta_{12} + \frac{3}{4}\Theta_{22}, \tag{4.68}$$

$$\Theta_{11}^{(2)'} = \frac{1}{4}\Theta_{11} + \frac{\sqrt{3}}{2}\Theta_{12} + \frac{3}{4}\Theta_{22}. \tag{4.69}$$

Da wir einen Körper untersuchen, bei dem nach den jeweiligen Drehungen kein Unterschied zum vorhergehenden Zustand feststellbar ist, muß $\Theta_{11}^{(1)'} = \Theta_{11}^{(2)'} = \Theta_{11}$

gelten, und damit liefern die Gln. (4.68) und (4.69) $\Theta_{12} = 0$ und $\Theta_{22} = \Theta_{11}$. Setzt man letzteres in Gl. (4.67) ein, dann entfällt φ, und somit gilt $\Theta'_{11} = \Theta_{11}$ für alle φ.

4.2.5 Die Flächenträgheitsmomente

In der Festigkeitslehre, und zwar bei der Biegung und der Torsion des Stabes, treten Integrale auf, die wegen ihrer den Massenträgheitsmomenten analogen Bauart als Flächenträgheitsmomente bezeichnet werden. Diese sind in bezug auf das ebene x_2, x_3- oder y, z-System definiert; das Massenelement dm wird durch das Flächenelement dA ersetzt. Abbildung 4.20 zeigt den Querschnitt eines Stabes.

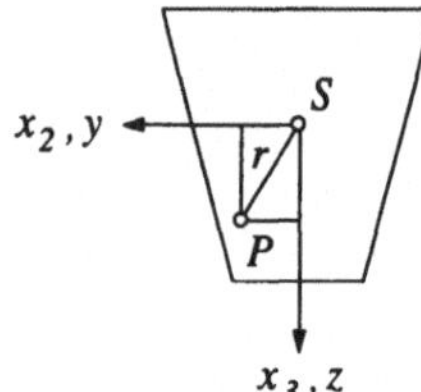

Abb. 4.20.

Der Trägheitstensor

$$\Theta_{ij} = J_p \delta_{ij} - J_{ij}, \tag{4.70}$$

bei welchem die Kennzeichnung des Bezugspunkts weggelassen ist, setzt sich aus dem polaren Trägheitsmoment

$$J_p = \int_A x_k x_k \, dA = \int_A r^2 \, dA \tag{4.71}$$

und dem Integral

$$J_{ij} = \int_A x_i x_j \, dA, \tag{4.72}$$

welches für $i \neq j$ wieder Deviationsmoment heißt, zusammen; die Indizes durchlaufen die Werte 2 und 3.

Im Rahmen dieses Buches beschränken wir uns auf Querschnittsflächen mit mindestens einer Symmetrieachse (siehe Abb. 4.20). Das eingezeichnete Achsenkreuz ist somit ein System von Trägheitshauptachsen; in diesem verschwindet das (negative) Deviationsmoment,

$$\Theta_{23} = -J_{yz} = 0. \tag{4.73}$$

Dies ist im Einklang mit der ersten Regel zum Erkennen von Hauptachsen des Massenträgheitstensors; die Symmetrieachse der Fläche entspricht der Symmetrieebene der Abb. 4.17. Das polare Trägheitsmoment J_p kommt bei der Torsion des Stabes mit kreis- oder kreisringförmigem Querschnitt zur Anwendung. Für andere Querschnittsformen stellt es eine Rechengröße dar. In manchen Fällen erleichtert jedoch der Zusammenhang

$$J_p = J_y + J_z \tag{4.74}$$

die Berechnung der axialen Trägheitsmomente. Die axialen Trägheitsmomente,

$$\Theta_{22} = J_y = \int_A z^2 \, dA, \tag{4.75}$$

$$\Theta_{33} = J_z = \int_A y^2 \, dA, \tag{4.76}$$

werden bei der Biegung des Stabes gebraucht.

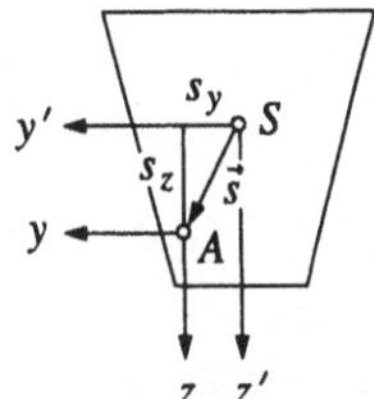

Abb. 4.21.

Die Kenntnis der Zusammenhänge zwischen Trägheitsmomenten, welche auf parallele Achsen bezogen sind, erweist sich als nützlich bei der Behandlung zusammengesetzter Querschnitte. Analog zu den Gln. (4.51) und (4.54) gilt

$$J_p^A = J_p^S + s^2 A, \tag{4.77}$$

$$J_y^A = J_y^S + s_z^2 A, \tag{4.78}$$

$$J_z^A = J_z^S + s_y^2 A \tag{4.79}$$

(siehe Abb. 4.21; wie bei den Massenträgheitsmomenten markieren wir die Achse durch den Schwerpunkt mit einem Strich und verzichten in der Folge wieder auf diesen, wenn wir es mit nur einem Koordinatensystem zu tun haben).

Der Trägheitstensor unterliegt den Transformationsgesetzen (4.59) und (4.60) bei Drehung des Koordinatensystems.

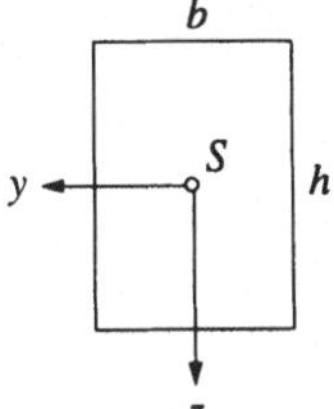

Abb. 4.22.

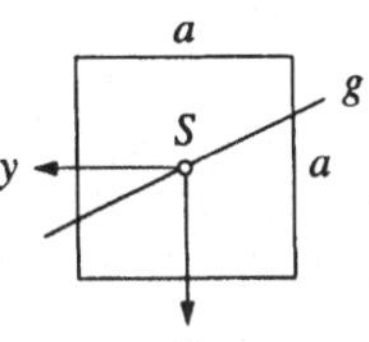

Abb. 4.23.

Häufig gebraucht werden die axialen Flächenträgheitsmomente des Rechtecks der Breite b und der Höhe h (siehe Abb. 4.22). Sie ergeben sich nach den Gln. (4.75) und (4.76) zu

$$J_y = \frac{1}{12}bh^3, \tag{4.80}$$

$$J_z = \frac{1}{12}hb^3. \tag{4.81}$$

Für ein Quadrat der Seitenlänge a liefern diese Gleichungen

$$J_y = J_z = \frac{1}{12}a^4. \tag{4.82}$$

Durch sinngemäßes Anwenden der dritten Regel zum Auffinden von Hauptachsen des Massenträgheitstensors erkennen wir, daß alle Achsen durch S Trägheitshauptachsen sind und daß die axialen Trägheitsmomente,

$$J = \frac{1}{12}a^4, \tag{4.83}$$

für alle diese Geraden gleich sind; letzteres ergibt sich natürlich auch aus Gl. (4.59) analog zu Gl. (4.67). Abbildung 4.23 zeigt mit der Geraden g eine allgemeine Trägheitshauptachse in S. Bis auf die Größe des Trägheitsmoments treffen diese Aussagen auf alle regelmäßigen n-Eckflächen zu. (Die zweite Regel zum Auffinden von Trägheitshauptachsen hat beim Flächenträgheitstensor keine Relevanz.)

Für die Kreisfläche vom Radius R findet man

$$J_p = \frac{\pi}{2}R^4 = \frac{1}{2}AR^2 \tag{4.84}$$

und mit $J_y = J_z$ aus Gl. (4.74)

$$J_y = J_z = \frac{\pi}{4}R^4 = \frac{1}{4}AR^2. \tag{4.85}$$

Beim kreisringförmigen Querschnitt vom Außenradius R_a und Innenradius R_i gilt entsprechend

$$J_p = \frac{\pi}{2}\left(R_a^4 - R_i^4\right) \tag{4.86}$$

und

$$J_y = J_z = \frac{\pi}{4}\left(R_a^4 - R_i^4\right). \tag{4.87}$$

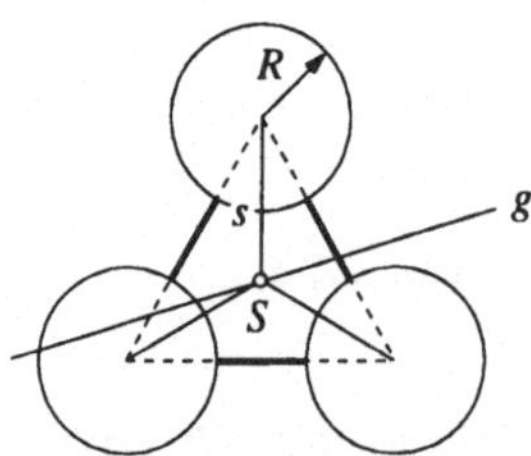

Abb. 4.24.

Vom polaren Trägheitsmoment der Kreisfläche, Gl. (4.84), sowie vom Steinerschen Satz für polare Trägheitsmomente, Gl. (4.77), macht man Gebrauch beispielsweise bei der Berechnung des auf eine Gerade durch S bezogenen Trägheitsmoments der zusammengesetzten Querschnittsfläche nach Abb. 4.24. Diese besteht aus drei gleichen Kreisflächen, deren Mittelpunkte die Ecken eines gleichseitigen Dreiecks bilden, und sehr dünnen, als eindimensional idealisierten Stegen. Es ergibt sich

$$J_p = 2J = 3\left(\frac{1}{2}R^2 + s^2\right) A = 3\pi\left(\frac{1}{2}R^2 + s^2\right) R^2; \qquad (4.88)$$

J_p ist, wie gesagt, eine Hilfsgröße und J das auf die allgemeine Trägheitshauptachse g in S bezogene Hauptträgheitsmoment.

4.2.6 Der Drallsatz in spezieller Form

Wenn der Körper um eine allgemeine Achse rotiert, dann fallen die Richtungen von Winkelgeschwindigkeitsvektor des Körpers und Drallvektor nicht zusammen (siehe Abb. 4.10), und der letztere ändert seine Richtung und in vielen Fällen auch seinen Betrag. Das Bilden der im Drallsatz auftretenden zeitlichen Ableitung $d\vec{L}_A/dt$ wird häufig dadurch erleichtert, daß man diese nach Gl. (2.87) zusammensetzt aus der Ableitung $d'\vec{L}_A/dt$ hinsichtlich eines rotierenden Bezugssystems und dem Anteil $\vec{\Omega} \times \vec{L}_A$, der die Rotation dieses Systems und damit des Drallvektors mit der Winkelgeschwindigkeit $\vec{\Omega}$ gegenüber dem Inertialsystem berücksichtigt.

Der Drallsatz nimmt damit die spezielle Form

$$\frac{d'\vec{L}_A}{dt} + \vec{\Omega} \times \vec{L}_A + m\vec{r}_{MA} \times \vec{a}_A = \vec{M}_A \qquad (4.89)$$

an. Man wählt das rotierende Bezugssystem nach dem Gesichtspunkt, daß sich das Bilden der Ableitung $d'(\ \ )/dt$ des Dralls $\vec{L}_A$ auf möglichst einfache Weise durchführen läßt. Dabei sollten die Trägheitsmomente konstant bleiben. Dies kann man auch stets erreichen, wenn nur ein Körper kinetisch zu untersuchen ist. Besitzt der Körper im Bezugspunkt A drei verschiedene Hauptträgheitsmomente, dann muß das rotierende Koordinatensystem körperfest sein, also die Winkelgeschwindigkeit des Körpers haben.

Bei zwei gleichen Hauptträgheitsmomenten ist dies nicht notwendig. Fällt die Achse des extremalen Trägheitsmoments mit einer Achse des Bezugssystems zusammen und dreht sich der Körper relativ um diese, dann ändern sich - in Übereinstimmung mit der Aussage der dritten Regel zum Erkennen von Trägheitshauptachsen - die Trägheitsmomente im mit $\vec{\Omega}$ rotierenden System nicht. Für die Winkelgeschwindigkeit des Körpers, welche von nun an mit $\vec{\omega}_K$ bezeichnet wird, gilt

$$\vec{\omega}_K = \vec{\Omega} + \vec{\omega}_r. \qquad (4.90)$$

Diese geht in den Drall $\vec{L}_A$ ein. Unter die Körper, auf welche die beschriebene Vorgangsweise anwendbar ist, fallen homogene Prismen und gerade Pyramiden mit einem regelmäßigen n-Eck als Querschnittsfläche sowie selbstverständlich auch die homogenen Drehkörper.

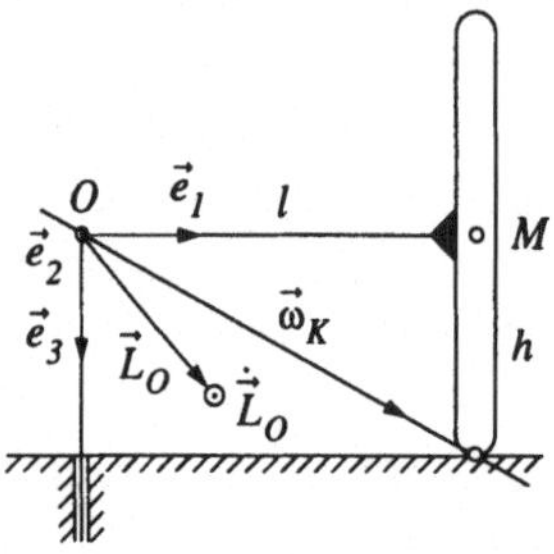

Abb. 4.25.

Ein solcher ist die Scheibe des Kollergangs, welcher im Abschnitt 2.3.2 kinematisch untersucht wurde. Diese führt eine Relativdrehung um eine horizontale Achse aus; die Stange ist als masselos vorausgesetzt. Alle Achsenkreuze, zu welchen diese Drehachse gehört, setzen sich aus Trägheitshauptachsen zusammen. In dem durch das orthonormale Dreibein $\vec{e}_1, \vec{e}_2, \vec{e}_3$ gekennzeichneten System (siehe Abb. 4.25), das mit der konstanten Winkelgeschwindigkeit

$$\vec{\Omega} = \Omega\vec{e}_3 \tag{4.91}$$

rotiert, sind die Komponenten des Winkelgeschwindigkeitsvektors des Körpers,

$$\vec{\omega}_K = \frac{l}{h}\Omega\vec{e}_1 + \Omega\vec{e}_3, \tag{4.92}$$

wie auch die Komponenten des Drallvektors,

$$\vec{L}_O = I_1\frac{l}{h}\Omega\vec{e}_1 + I_3\Omega\vec{e}_3, \tag{4.93}$$

konstant. Die zeitliche Änderung des Drallvektors $\vec{L}_O$ besteht in einer Richtungsänderung,

$$\frac{d\vec{L}_O}{dt} = \vec{\Omega} \times \vec{L}_O = \frac{l}{h}I_1\Omega^2\vec{e}_2. \tag{4.94}$$

Sowohl die Beschleunigung des Massenmittelpunkts als auch die Dralländerung sind durch die konstante Antriebswinkelgeschwindigkeit Ω festgelegt, und Schwerpunktsatz und Drallsatz liefern die zugehörigen Kräfte und Momente.

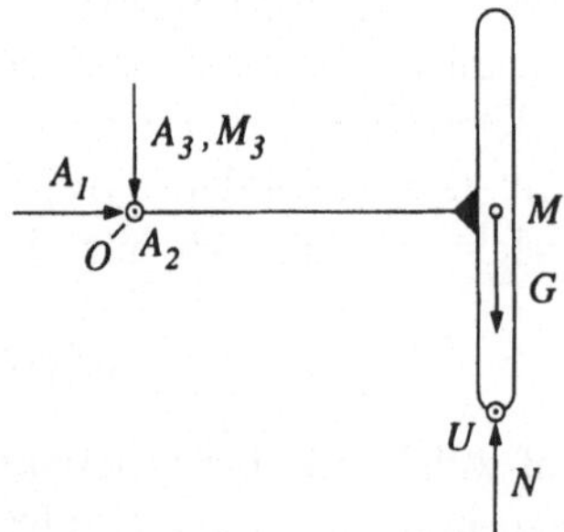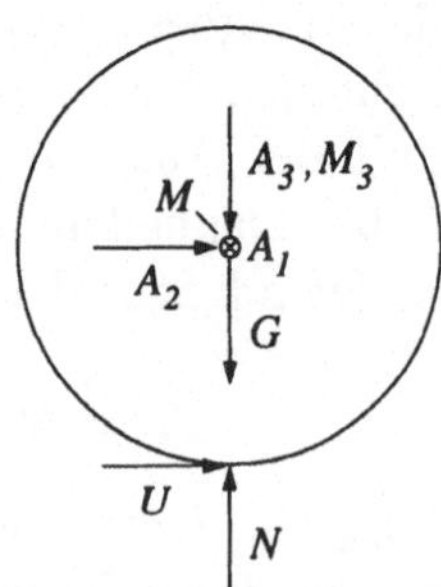

Abb. 4.26.

Wir isolieren nun die Scheibe mit Stange und tragen außer der eingeprägten Kraft G alle von der Auflagerung und an der Berührstelle übertragbaren Kräfte und Momente ein. Das Lager an der Stelle O ist so ausgebildet, daß es eine Kraft in beliebiger Richtung auf das Ende der Stange ausüben kann und ein Antriebsmoment M_3, aber keine Momente um die x_1- oder x_2-Achse (siehe Abbn. 2.12.a und 4.26).

Der Schwerpunktsatz liefert die Gleichungen

$$-m\Omega^2 l = A_1, \tag{4.95}$$

$$0 = A_2 + U, \tag{4.96}$$

$$0 = A_3 - N + G, \tag{4.97}$$

wo m die Masse der Scheibe ist, und der Drallsatz

$$0 = -hU, \tag{4.98}$$

$$\frac{l}{h} I_1 \Omega^2 = l(N - G), \tag{4.99}$$

$$0 = M_3 + lU. \tag{4.100}$$

Man erhält daraus

$$A_1 = -m\Omega^2 l, \tag{4.101}$$

$$A_2 = 0, \tag{4.102}$$

$$A_3 = \frac{I_1 \Omega^2}{h}, \tag{4.103}$$

$$U = 0, \tag{4.104}$$

$$N = G + \frac{I_1 \Omega^2}{h}, \tag{4.105}$$

$$M_3 = 0. \tag{4.106}$$

In der Aufstandskraft N tritt zu dem Gewicht G der kinetische Kraftanteil $I_1 \Omega^2 / h$, welcher selbstverständlich nicht von der Drehrichtung abhängt. Bei konstanter Antriebswinkelgeschwindigkeit Ω entfällt das Antriebsmoment M_3. Dies leuchtet - wie wir sehen werden - bei einer energetischen Betrachtung unmittelbar ein, denn die kinetische Energie bleibt konstant; also wird auch keine Energie zugeführt.

Wenn der Körper im Bezugspunkt A drei verschiedene Hauptträgheitsmomente hat, dann muß das rotierende Bezugssystem körperfest sein,

$$\vec{\Omega} = \vec{\omega}_K, \tag{4.107}$$

da sich in allen anderen Koordinatensystemen die Trägheitsmomente ändern. Fällt das Koordinatensystem zudem noch mit den Trägheitshauptachsen zusammen, dann gilt

$$\vec{\omega}_K = \omega_1 \vec{e}_1 + \omega_2 \vec{e}_2 + \omega_3 \vec{e}_3, \tag{4.108}$$

$$\vec{L}_A = I_1 \omega_1 \vec{e}_1 + I_2 \omega_2 \vec{e}_2 + I_3 \omega_3 \vec{e}_3, \tag{4.109}$$

$$\frac{d'\vec{L}_A}{dt} = I_1 \dot{\omega}_1 \vec{e}_1 + I_2 \dot{\omega}_2 \vec{e}_2 + I_3 \dot{\omega}_3 \vec{e}_3, \tag{4.110}$$

$$\vec{\omega}_K \times \vec{L}_A = (I_3 - I_2)\omega_2\omega_3 \vec{e}_1 + (I_1 - I_3)\omega_3\omega_1 \vec{e}_2 + (I_2 - I_1)\omega_1\omega_2 \vec{e}_3, \tag{4.111}$$

und der Drallsatz lautet für A gleich M oder O:

$$I_1 \dot{\omega}_1 - (I_2 - I_3)\omega_2\omega_3 = M_1, \tag{4.112}$$

$$I_2 \dot{\omega}_2 - (I_3 - I_1)\omega_3\omega_1 = M_2, \tag{4.113}$$

$$I_3 \dot{\omega}_3 - (I_1 - I_2)\omega_1\omega_2 = M_3. \tag{4.114}$$

In dieser Form werden die Komponenten des Drallsatzes als Eulersche Kreiselgleichungen bezeichnet.

Bemerkung: Die Eulerschen Kreiselgleichungen sind stets anwendbar, da jeder starre Körper im Massenmittelpunkt Trägheitshauptachsen besitzt. Auch das in den Drallsatz einführende Beispiel der um eine körper- und raumfeste Achse rotierenden Scheibe ist als Spezialfall enthalten. Nach dem Gesagten können die Eulerschen Kreiselgleichungen auch zur kinetischen Untersuchung des Kollergangs herangezogen werden. Dabei muß man aber ein körperfestes Trägheitshauptachsensystem in einer allgemeinen Lage betrachten; in diesem ändert sich die Richtung des Drallvektors, und die Rechnung wird ziemlich umständlich.

Als nächstes Beispiel untersuchen wir eine Scheibe, welche schief auf einer körper- und raumfesten Achse montiert ist und mit der konstanten Winkelgeschwindigkeit $\vec{\omega}_K$ rotiert (siehe Abb. 4.27).

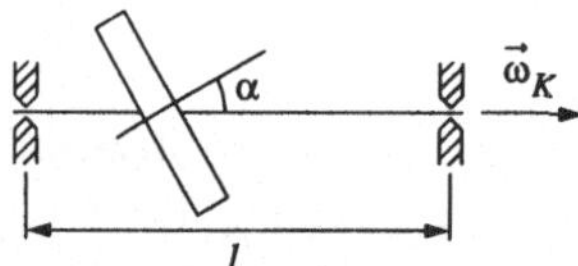

Abb. 4.27.

Die Drehachse ist keine Trägheitshauptachse; der Drallvektor ist nicht parallel zum Winkelgeschwindigkeitsvektor. Er ändert seine Richtung, und damit sind umlaufende kinetische Anteile der Auflagerkräfte verbunden.

Der erste Schritt beim Lösen eines derartigen Problems ist die Wahl eines zweckmäßigen Koordinatensystems, in welchem sich die Trägheitsmomente nicht ändern. Bei der Scheibe handelt es sich um einen Drehkörper; man könnte also ein Koordinatensystem benutzen, welches sich relativ zur Scheibe um deren Symmetrieachse dreht. Ein solches wäre aber nur mit Nachteilen verbunden. Zweckmäßig ist vielmehr ein körperfestes Koordinatensystem, denn in diesem ist bei Drehung um eine körper- und raumfeste Achse die Richtung des Winkelgeschwindigkeitsvektors und des Drallvektors konstant. Ob wir als Bezugssystem Trägheitshauptachsen oder ein anderes System mit der Drehachse als einer der

Achsen verwenden, ist belanglos. In letzterem Falle hat der Winkelgeschwindigkeitsvektor nur eine Komponente, aber die Komponenten des Trägheitstensors
müssen vom Hauptachsensystem in die zum gedrehten System gehörigen trans-
formiert werden.

Abb. 4.28.   **Abb. 4.29.**

Wir entscheiden uns für ein spezielles Hauptachsensystem, in welchem der
Winkelgeschwindigkeitsvektor und der Drallvektor nur zwei Komponenten haben
(siehe Abb. 4.28), und erhalten die Darstellungen

$$\vec{\omega}_K = \omega_K \cos\alpha\, \vec{e}_1 - \omega_K \sin\alpha\, \vec{e}_2 \tag{4.115}$$

und

$$\vec{L}_O = I_1 \omega_K \cos\alpha\, \vec{e}_1 - I_2 \omega_K \sin\alpha\, \vec{e}_2. \tag{4.116}$$

Damit ergibt sich die Dralländerung

$$\frac{d\vec{L}_O}{dt} = \vec{\omega}_K \times \vec{L}_O = \sin\alpha \cos\alpha\, (I_1 - I_2)\omega_K^2\, \vec{e}_3. \tag{4.117}$$

Diese stimmt natürlich mit der linken Seite der dritten Eulerschen Kreiselglei-
chung (4.114) überein.

Nach dem Drallsatz gehört zur Dralländerung ein Moment. Dieses wird erzeugt durch das Kräftepaar der in der x_1, x_2-Ebene liegenden kinetischen Auflagerkräfte $\vec{A}_k$ und $-\vec{A}_k$ (siehe Abb. 4.29) mit dem Momentenvektor

$$\vec{M} = l A_k \vec{e}_3. \tag{4.118}$$

Der Drallsatz liefert also

$$A_k = \sin\alpha \cos\alpha \frac{1}{l}(I_1 - I_2)\omega_K^2. \tag{4.119}$$

Die so ermittelten Kräfte greifen an der Drehachse an; ihre Reaktionen bean-
spruchen die Lager.

Bemerkung: A_k verschwindet für $I_1 = I_2$, also beispielsweise bei einer
Kugel an Stelle der Scheibe. A_k kann zum Verschwinden gebracht werden
durch dynamisches Auswuchten, einen Vorgang, bei welchem α zu null gemacht
wird. I_3 geht in die Ergebnisse nicht ein. Diese gelten unter der Voraussetzung, daß die Drehachse durch den Massenmittelpunkt geht und daß eine der
Trägheitshauptachsen in M senkrecht auf der Drehachse steht, für Körper von
sonst beliebiger Gestalt und Dichteverteilung. Die Rechnung läßt sich übrigens

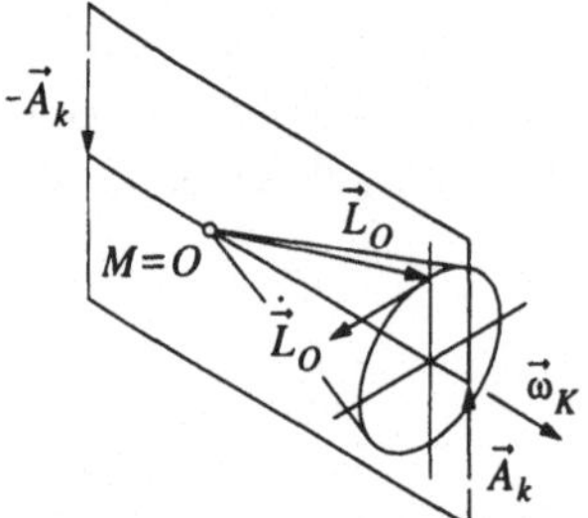

Abb. 4.30.

unschwer für den allgemeinen Fall der Rotation eines Körpers um eine körper- und raumfeste Achse modifizieren.

Abbildung 4.30 veranschaulicht die vorliegende Situation. Durch den Winkelgeschwindigkeitsvektor $\vec{\omega}_K$ und den Drallvektor $\vec{L}_O$ wird die körperfeste x_1, x_2-Ebene aufgespannt. Sie rotiert mit der Winkelgeschwindigkeit $\vec{\omega}_K$ des Körpers. Die zeitliche Änderung des Drallvektors, $d\vec{L}_O/dt = \vec{\omega}_K \times \vec{L}_O$, steht senkrecht auf dieser Ebene und zeigt in die x_3-Richtung. Dieselbe Richtung und Größe hat das Moment des Kräftepaars der in der x_1, x_2-Ebene liegenden kinetischen Auflagerkräfte $\vec{A}_k$ und $-\vec{A}_k$.

Zu den umlaufenden kinetischen Auflagerkräften muß man die durch das Gewicht der Scheibe hervorgerufenen statischen Auflagerkräfte vektoriell addieren. Die Richtung der letzteren ist selbstverständlich konstant.

Nun untersuchen wir einen homogenen Kreiszylinder, welcher mit konstanter Winkelgeschwindigkeit ω - der Index K wird nicht mehr benötigt - um eine Parallele zu seiner Symmetrieachse rotiert (siehe Abb. 4.31). Wir ignorieren zunächst das Gewicht und fragen nach den Kräften, welche die Lager A und B auf den Zylinder ausüben. Diese werden als kinetische Kraftanteile bezeichnet zur Unterscheidung von den später zu ermittelnden statischen Anteilen infolge des Gewichts.

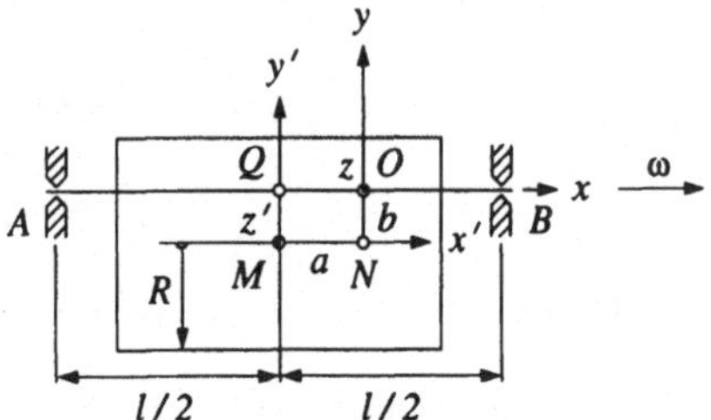

Abb. 4.31.

Wir führen ein körperfestes Koordinatensystem x', y', z' mit dem Massenmittelpunkt M als Ursprung und der Zylinderachse als x'-Achse ein. Diese ist eine Trägheitshauptachse in M, und der Drallvektor

$$\vec{L}_M = I_x'\omega\vec{e}_x = \frac{1}{2}mR^2\omega\vec{e}_x \qquad (4.120)$$

ist konstant. Der Drallsatz liefert also

$$\vec{0} = b\left(A_z^k + B_z^k\right)\vec{e}_x + \frac{l}{2}\left(A_z^k - B_z^k\right)\vec{e}_y + \frac{l}{2}\left(-A_y^k + B_y^k\right)\vec{e}_z \qquad (4.121)$$

und der Schwerpunktsatz

$$m\omega^2 b\vec{e}_y = \left(A_y^k + B_y^k\right)\vec{e}_y + \left(A_z^k + B_z^k\right)\vec{e}_z; \qquad (4.122)$$

die positiven Richtungen der Auflagerkräfte stimmen mit den Orientierungen der Koordinatenachsen überein. Für die kinetischen Auflagerkraftanteile ergibt sich daraus

$$A_y^k = B_y^k = \frac{1}{2}m\omega^2 b, \qquad (4.123)$$

$$A_z^k = B_z^k = 0. \qquad (4.124)$$

Sie liegen in der x', y'-Ebene, welche mit der Winkelgeschwindigkeit ω umläuft.

Wir experimentieren nun mit dem Bezugspunkt und wechseln von M zu N. Wie im Abschnitt 4.2.4 gezeigt wurde, ist die x'-Achse Trägheitshauptachse in N, und der Drallvektor

$$\vec{L}_N = I_x'\omega\vec{e}_x \qquad (4.125)$$

unterscheidet sich nicht von dem konstanten $\vec{L}_M$. Der Drallsatz, in welchem der Zusatzterm $m\vec{r}_{MN} \times \vec{a}_N$ nicht verschwindet, besagt

$$m(-a\vec{e}_x) \times \omega^2 b\vec{e}_y = b\left(A_z^k + B_z^k\right)\vec{e}_x + \left[\left(\frac{l}{2} + a\right)A_z^k - \left(\frac{l}{2} - a\right)B_z^k\right]\vec{e}_y$$

$$+ \left[-\left(\frac{l}{2} + a\right)A_y^k + \left(\frac{l}{2} - a\right)B_y^k\right]\vec{e}_z \qquad (4.126)$$

oder für die z-Richtung

$$-m\omega^2 ab = \left(\frac{l}{2} - a\right)B_y^k - \left(\frac{l}{2} + a\right)A_y^k. \qquad (4.127)$$

Zusammen mit dem Schwerpunktsatz finden wir wieder das obige Ergebnis.

Abschließend soll noch der raumfeste Punkt O als Bezugspunkt dienen. Dieser ist der Ursprung des körperfesten x, y, z-Systems; die x-Achse fällt mit der Drehachse des Zylinders zusammen. Die Trägheitshauptachsen in O stimmen nicht mit den Koordinatenachsen überein; nach den Ausführungen des Abschnitts 4.2.3 existiert vielmehr das Deviationsmoment

$$I_{xy}^O = -\Theta_{xy}^O = abm. \qquad (4.128)$$

Mit Hilfe von

$$L_i^O = \Theta_{ij}^O\omega_j \qquad (4.129)$$

erhalten wir den Drallvektor

$$\vec{L}_O = m\left(\frac{1}{2}R^2 + b^2\right)\omega\vec{e}_x - mab\omega\vec{e}_y, \qquad (4.130)$$

wobei der Steinersche Satz zur Anwendung kommt. Der Drall ändert seine Richtung und hat demnach die zeitliche Ableitung $\vec{\omega} \times \vec{L}_O$. Aus dem Drallsatz,

$$\omega \vec{e}_x \times \left[m \left(\frac{1}{2} R^2 + b^2 \right) \omega \vec{e}_x - mab\omega \vec{e}_y \right] = \left[\left(\frac{l}{2} + a \right) A_z^k - \left(\frac{l}{2} - a \right) B_z^k \right] \vec{e}_y$$

$$+ \left[- \left(\frac{l}{2} + a \right) A_y^k + \left(\frac{l}{2} - a \right) B_y^k \right] \vec{e}_z, \qquad (4.131)$$

ergibt sich für die z-Richtung erneut Gl. (4.127). Die Drallsätze bezüglich der Punkte N und O führen also zu derselben skalaren Gleichung und zusammen mit dem Schwerpunktsatz natürlich auch zu denselben kinetischen Auflagerkraftanteilen.

Wir sehen, daß man auf verschiedene Weisen zum Ergebnis kommt; bei Wahl eines allgemeinen Bezugspunkts verschwindet weder der Zusatzterm im Drallsatz noch die Ableitung des Dralls. Selbstverständlich wird man versuchen, durch passende Wahl des Bezugspunkts, also M oder Q, unnötige Komplikationen zu vermeiden.

Wenn eine (körper- und raumfeste) Drehachse für einen ihrer Punkte - hier Q - Trägheitshauptachse ist, dann gibt es keine Richtungsänderung des auf diesen Punkt bezogenen Dralls, und es entfällt auch ein entsprechendes Moment der Auflagerkräfte; bei Wechsel des Bezugspunkts ändert sich lediglich die mathematische Beschreibung des Vorgangs.

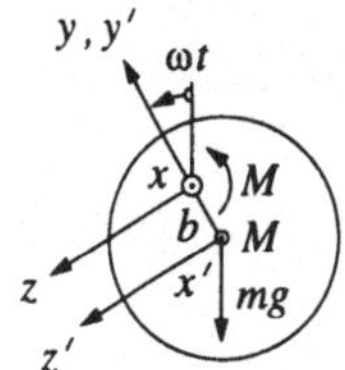

Abb. 4.32.

Zu erwähnen ist noch, daß im Schwerefeld zur Aufrechterhaltung einer konstanten Winkelgeschwindigkeit ω an der Drehachse das periodische Moment

$$M = bmg \sin \omega t \qquad (4.132)$$

angreifen muß (siehe Abb. 4.32). Für $b = 0$ ist der Zylinder statisch ausgewuchtet; das periodische Moment entfällt. Die Lager übertragen außerdem auf die Achse die statischen Auflagerkraftanteile

$$A_y^{st} = B_y^{st} = \frac{1}{2} mg \cos \omega t \qquad (4.133)$$

und

$$A_z^{st} = B_z^{st} = -\frac{1}{2} mg \sin \omega t. \qquad (4.134)$$

Am Ende dieses Abschnitts steht eine kurze Zusammenfassung. Ändert der Drallvektor eines Körpers seine Richtung, dann ist der erste Schritt zu dessen kinetischer Untersuchung die Auswahl eines Koordinatensystems, in welchem der Winkelgeschwindigkeitsvektor und der Drallvektor dargestellt werden. Dabei ist zu beachten, daß die Komponenten des Trägheitstensors sich nicht ändern sollen. Bei drei verschiedenen Hauptträgheitsmomenten muß dann das Bezugssystem körperfest sein. Es kann mit den Trägheitshauptachsen zusammenfallen. Im Falle zweier gleicher Hauptträgheitsmomente, $I_i = I_j$, darf das aus Trägheitshauptachsen bestehende Bezugssystem relativ zum Körper um die x_k-Achse rotieren.

4.3 Inertialsystem und Scheinkräfte

Im Schwerpunktsatz ist die Beschleunigung $\vec{a}_M$ auf ein Inertialsystem bezogen, und $\vec{R}$ bedeutet die Resultierende aller auf den Körper einwirkenden physikalischen Kräfte.

Bei Verwendung eines rotierenden Bezugssystems setzt sich die Absolutbeschleunigung des Massenmittelpunkts zusammen aus

$$\vec{a}_M = \vec{a}_F + \vec{a}_C + \vec{a}_r. \tag{4.135}$$

Damit läßt sich der Schwerpunktsatz umformen in

$$m\vec{a}_r = \vec{R} - m\vec{a}_F - m\vec{a}_C. \tag{4.136}$$

Die Terme auf der rechten Seite haben die Dimension Kraft und können als Scheinkräfte

$$\vec{F}_F = -m\vec{a}_F \tag{4.137}$$

und

$$\vec{F}_C = -m\vec{a}_C \tag{4.138}$$

mit den Bezeichnungen Führungskraft beziehungsweise Corioliskraft aufgefaßt werden. Ist der Ursprung des Führungssystems inertialfest und sein Winkelgeschwindigkeitsvektor konstant, dann reduziert sich die Führungskraft auf die Fliehkraft

$$\vec{F}_F = -m\omega^2\vec{p}, \tag{4.139}$$

wo $\vec{p}$ den durch Gl. (2.47) definierten zur Drehachse gerichteten Abstandsvektor des Punktes F bedeutet.

Bei konstanter Relativgeschwindigkeit befindet sich der Körper im „Gleichgewicht" unter der Kraft $\vec{R}$ und den Scheinkräften $\vec{F}_F$ und $\vec{F}_C$,

$$\vec{R} + \vec{F}_F + \vec{F}_C = \vec{0}; \tag{4.140}$$

die letztere entfällt, wenn die Relativgeschwindigkeit verschwindet.

Der Begriff der Scheinkräfte ist überflüssig. Die Erklärung physikalischer Erscheinungen mit Hilfe der Scheinkräfte erfordert genau denselben Aufwand, den man bei Untersuchung der beschleunigten Bewegung im Inertialsystem treiben muß. Dies wird am folgenden Beispiel demonstriert: Eine punktförmige Masse an einer Schnur bewege sich auf einer Kreisbahn (siehe Abb. 4.33). Bezüglich des mit ω rotierenden x, y, z-Systems befindet sich die Punktmasse im „Gleichgewicht" unter der Seilkraft S und der Fliehkraft $m\omega^2 l$,

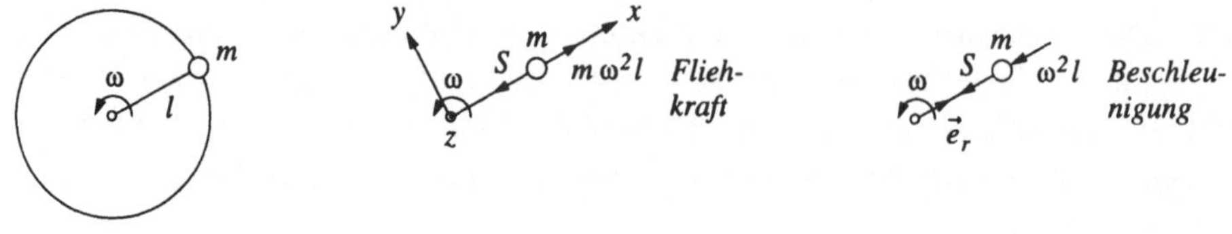

Abb. 4.33.

$$-S + m\omega^2 l = 0. \qquad (4.141)$$

Im Inertialsystem besagt der Schwerpunktsatz,

$$-m\omega^2 l = -S, \qquad (4.142)$$

daß die vom Seil auf die Punktmasse m ausgeübte Kraft S dieser die Beschleunigung $\omega^2 l$ in Richtung des Kreismittelpunkts erteilt.

In der Mechanik werden Kräfte von Körpern aufeinander ausgeübt. Dabei handelt es sich um Actio und Reactio. Dies trifft nicht zu im Falle der Scheinkräfte; es gibt keinen Körper als Verursacher einer Scheinkraft, an welchem die Reactio dieser Scheinkraft angreift.

Da man durch die Verwendung der Scheinkräfte weder Einsichten gewinnt noch sich Aufwand erspart, verzichten wir im allgemeinen auf diese und beziehen die Beschleunigung des Massenmittelpunkts weiterhin auf ein Inertialsystem. Bei höchsten Anforderungen an die Genauigkeit betrachten wir die Fixsterne als solches. Damit lassen sich die Bahnen der Planeten auf viele Jahre exakt vorausberechnen. Bei geringeren Genauigkeitsansprüchen kann das Inertialsystem angenähert werden durch ein heliozentrisches System oder durch ein geozentrisches System, dessen Achsen nicht gegen den Fixsternhimmel rotieren. Eine noch gröbere Annäherung ist ein mit ω_E rotierendes erdfestes System (siehe Abb. 4.34). Dieses bietet sich der Menschheit als natürliches Bezugssystem an

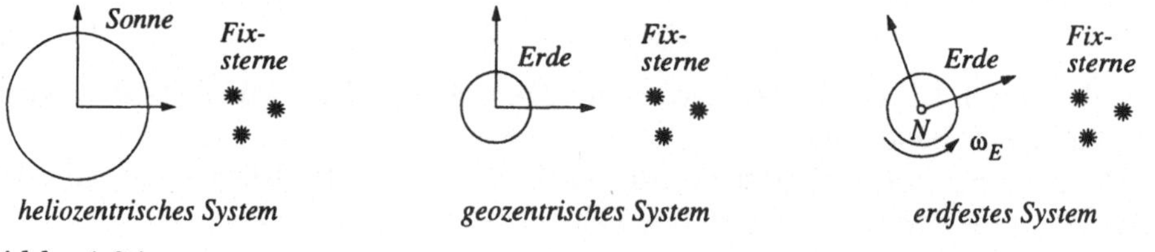

heliozentrisches System   geozentrisches System   erdfestes System

Abb. 4.34.

und approximiert auch überdies ein Inertialsystem mit bei den meisten technischen Anwendungen genügender Genauigkeit. Zur Erklärung von Erscheinungen, welche nicht in diesen Rahmen passen, wie des Verhaltens des Foucaultschen Pendels oder des Kreiselkompasses, müssen wir auf ein nichtrotierendes Bezugssystem zurückgreifen oder zu den physikalischen Kräften Scheinkräfte hinzufügen.

Letzteres geschieht bei dem im folgenden näher untersuchten Gewicht, welches die Summe aus der Anziehungskraft der Erde und der Fliehkraft ist. Wir betrachten eine (im Vergleich zur Erde) punktförmige Masse P der Größe m

in der Nähe der Erdoberfläche. Sie hat die Beschleunigung $\vec{a}_P = \vec{a}_F + \vec{a}_C + \vec{a}_r$ mit $\vec{a}_F = \vec{a}_A + \dot{\vec{\omega}}_E \times \vec{r}_{FA} + \omega_E^2 \vec{p}$ nach den Gln. (2.106) und (2.48), wenn die Erde als starrer Körper angesehen wird. Als Bezugspunkt A wählen wir ihren Mittelpunkt, und $\vec{p}$ bedeutet dann den zur Erdachse gerichteten Abstandsvektor des Systemdeckpunkts F. Die von $\dot{\vec{\omega}}_E$, der Änderung des Winkelgeschwindigkeitsvektors der Erde, herrührende Beschleunigung ist gegenüber den anderen Anteilen vernachlässigbar. Im erdfesten Bezugssystem lautet der Schwerpunktsatz:

$$m\vec{a}_r = \vec{F}_{PS}^{Gr} + \vec{F}_{PM}^{Gr} + \vec{F}_{PP}^{Gr} + \vec{F}_{PE}^{Gr} + \vec{F} - m\vec{a}_A - m\omega_E^2 \vec{p}$$
$$- 2m\vec{\omega}_E \times \vec{v}_r. \tag{4.143}$$

Die ersten vier Kräfte sind die auf P ausgeübten Gravitationskräfte der Sonne, des Mondes, der Planeten und der Erde. $\vec{F}$ bezeichnet eine sonstige Kraft, zum Beispiel die Fadenkraft, wenn die Punktmasse P aufgehängt ist. Die nächsten beiden Summanden bilden zusammen die Führungskraft, und der letzte ist die Corioliskraft. Man kann nun

$$m\vec{a}_A \approx \vec{F}_{PS}^{Gr} + \vec{F}_{PM}^{Gr} + \vec{F}_{PP}^{Gr} \tag{4.144}$$

setzen. Die Begründung liegt darin, daß die Beschleunigung des Massenmittelpunkts eines Körpers durch die Gravitationskräfte anderer Körper unabhängig von der Masse des ersteren ist (wenn es sich um Punktmassen oder Kugeln handelt, deren Dichte nur vom Radius abhängt). Der Punktmasse P an der Stelle des Erdmittelpunkts A würde durch Sonne, Mond und Planeten dieselbe Beschleunigung erteilt wie letzterem. Daß sie sich nicht dort befindet, spielt wegen der großen Entfernungen keine Rolle. Mit dieser Näherung ergibt sich

$$m\vec{a}_r = \vec{F}_{PE}^{Gr} + \vec{F} - m\omega_E^2 \vec{p} - 2m\vec{\omega}_E \times \vec{v}_r. \tag{4.145}$$

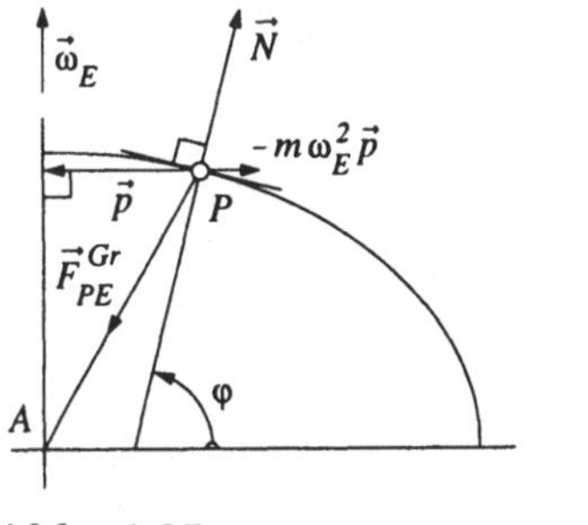

Abb. 4.35.   **Abb. 4.36.**

Wir betrachten nun zunächst den Fall der auf der Erde liegenden Masse ohne Relativbewegung. Sie ist im „Gleichgewicht" unter der Gravitationskraft der Erde, der ebenfalls von dieser ausgeübten Kontaktkraft und der Fliehkraft (siehe Abb. 4.35),

$$\vec{F}_{PE}^{Gr} + \vec{N} - m\omega_E^2 \vec{p} = \vec{0}, \tag{4.146}$$

wo $\vec{p}$ nun der zur Erdachse gerichtete Radius des Breitenkreises ist. Die Tangentialebene des (verglichen mit der Kugel) abgeplatteten Geoids im Punkt P ist so orientiert, daß die Kontaktkraft die Richtung ihrer Normalen hat - bei anderer Orientierung gäbe es keine stehenden Gewässer! Der Winkel φ zwischen der mit $\vec{N}$ bezeichneten Normalkraft und $-\vec{p}$ wird geographische Breite genannt.

Die Resultierende aus der Gravitationskraft und der Fliehkraft ist das Gewicht der Punktmasse (siehe Abb. 4.36),

$$\vec{G} = \vec{F}_{PE}^{Gr} - m\omega_E^2 \vec{p} = -\vec{N}, \tag{4.147}$$

und

$$\vec{g} = \frac{\vec{G}}{m} \tag{4.148}$$

heißt Fallbeschleunigung. $\vec{G}$ und $\vec{g}$ hängen von der geographischen Breite ab und wachsen mit dieser, da wegen der Abplattung die Gravitationskraft auf dem Weg nach Norden zunimmt und die Fliehkraft abnimmt, wobei die Abplattung eine Folge der Fliehkraft ist.

Bemerkung: Zum Unterschied von der Fallbeschleunigung wird der Quotient aus Gravitationskraft und Masse als Erdbeschleunigung bezeichnet.

In diesem Zusammenhang betrachten wir eine Relativbewegung der Punktmasse auf dem Breitenkreis von Osten nach Westen mit der Geschwindigkeit $v_r = 2\omega_E \mid \vec{p} \mid$. Damit verbunden ist die Relativbeschleunigung $\vec{a}_r = 4\omega_E^2 \vec{p}$ und die Coriolisbeschleunigung $\vec{a}_C = 2\vec{\omega}_E \times \vec{v}_r = -4\omega_E^2 \vec{p}$. Wir setzen ein in Gl. (4.145) und finden wieder $\vec{F} = \vec{N} = -\vec{G}$. Dies ist nicht weiter verwunderlich, da die Masse sich so bewegt, daß sie auf einer mit $-\vec{\omega}_E$ rotierenden Erde ruhen würde; in anderen Worten: Die Drehrichtung der Erde hat keinen Einfluß auf das Gewicht.

Wir untersuchen noch den freien Fall in der Nähe der Erdoberfläche und führen dazu ein lokales kartesisches Koordinatensystem ein mit dem Ursprung F' auf der Erdoberfläche, der x-Achse tangential an den Breitenkreis nach Osten zeigend, der y-Achse tangential an den Meridian nach Norden und der z-Achse in Richtung des äußeren Lots (siehe Abb. 4.37).

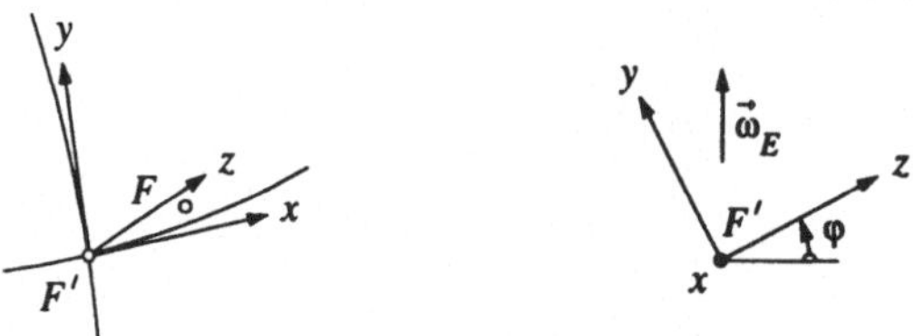

Abb. 4.37.

Die Fallbeschleunigung kann bei dieser Bewegung als konstant angenommen werden; wir machen also Gebrauch vom homogenen Schwerefeld, in welchem die wahre Gravitationskraft und Fliehkraft im jeweiligen Systemdeckpunkt F durch konstante Kräfte ersetzt werden (beispielsweise im Punkt F', der damit näherungsweise als Systemdeckpunkt dient). Als weitere Vereinfachung nehmen wir im Einklang mit dem Augenschein an, daß die Geschwindigkeiten $\dot{x}$ und $\dot{y}$ gegenüber $\dot{z}$ vernachlässigt werden können, wobei der Zeitpunkt des Loslassens zunächst ausgeklammert werden muß. Der Schwerpunktsatz lautet:

$$m(\ddot{x}\vec{e}_x + \ddot{y}\vec{e}_y + \ddot{z}\vec{e}_z) = -mg\vec{e}_z - 2m\omega_E(\cos\varphi\,\vec{e}_y + \sin\varphi\,\vec{e}_z) \times \dot{z}\vec{e}_z. \qquad (4.149)$$

In Komponenten erhalten wir

$$\ddot{x} = -2\cos\varphi\,\omega_E\dot{z}, \qquad (4.150)$$

$$\ddot{y} = 0, \qquad (4.151)$$

$$\ddot{z} = -g. \qquad (4.152)$$

Wenn die Punktmasse an der Stelle $(0,0,h)$ ohne Anfangsgeschwindigkeit losgelassen wird, dann finden wir die Geschwindigkeiten

$$\dot{y} = 0, \qquad (4.153)$$

$$\dot{z} = -gt, \qquad (4.154)$$

$$\dot{x} = \cos\varphi\,\omega_E gt^2. \qquad (4.155)$$

Dieses Ergebnis ist mit der obigen Annahme verträglich; für $t \to 0$ verschwindet der Grenzwert des Quotienten von $\dot{x}$ und $\dot{z}$. Für nicht zu große Fallhöhen bleibt dieser Quotient innerhalb der Fallzeit sehr klein verglichen mit eins.

Durch nochmaliges Integrieren erhält man

$$x = \frac{1}{3}\cos\varphi\,\omega_E gt^3, \qquad (4.156)$$

$$y = 0, \qquad (4.157)$$

$$z = -\frac{1}{2}gt^2 + h. \qquad (4.158)$$

Bis zum Auftreffen auf die Erdoberfläche verstreicht die Fallzeit

$$T = \sqrt{\frac{2h}{g}}, \qquad (4.159)$$

und es ergibt sich die Ostabweichung

$$X = \frac{2\sqrt{2}}{3}\cos\varphi\,\omega_E h\sqrt{\frac{h}{g}}. \qquad (4.160)$$

Dazu einige Zahlenwerte: Die Erde hat die Winkelgeschwindigkeit $\omega_E = 2\,\pi\,/\,(86\,164\text{ s})$. Am Normort - $\varphi = 45°$ nördlicher Breite in Meeresspiegelhöhe - gilt $g_n = 9{,}806\,65$ m/s^2. Bei einer Ausgangshöhe von $h = 1\,000$ m ist der Fall nach der Zeit $\omega_E T = 1{,}04 \cdot 10^{-3}$ beendet, und für die Ostabweichung erhalten wir $X/h = 2\cos 45° \cdot \omega_E T/3 = 4{,}91 \cdot 10^{-4}$.

Bemerkung: Da sich der Mittelpunkt der Erde auf der Erdbahn um die Sonne bewegt, dreht sich die Erde in 24 Stunden - der mittleren Zeitspanne zwischen zwei Höchstständen der Sonne in einer bestimmten geographischen Länge - durch mehr als 2π, nämlich durch ungefähr $366 \cdot 2\pi$ in 365 Sonnentagen. Demnach gilt für die Winkelgeschwindigkeit der Erde $\omega_E = 366 \cdot 2\pi\,/\,(365 \cdot 24 \cdot 3\,600\text{ s})$.

4.4 Arbeitssatz und Energiesatz

4.4.1 Arbeit und Leistung

Die Leistung einer Kraft $\vec{F}$ ist definiert als

$$P = \vec{F} \cdot \vec{v}, \tag{4.161}$$

wo $\vec{v}$ die Geschwindigkeit des Körperpunkts ist, an welchem die Kraft angreift (siehe Abb. 4.38). Sie ergibt sich also aus einer Augenblicksbetrachtung; im allgemeinen ändern sich die Beträge und die Richtungen der Vektoren $\vec{F}$ und $\vec{v}$ mit der Zeit. Außerdem kann der Angriffspunkt der Kraft im Körper wandern wie zum Beispiel jener der Kontaktkraft beim rollenden Rad.

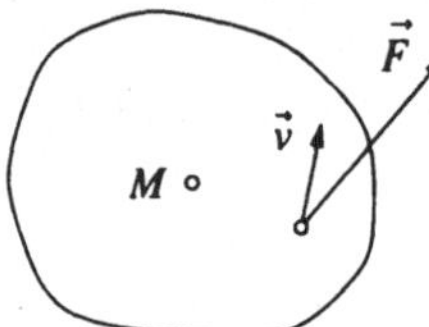

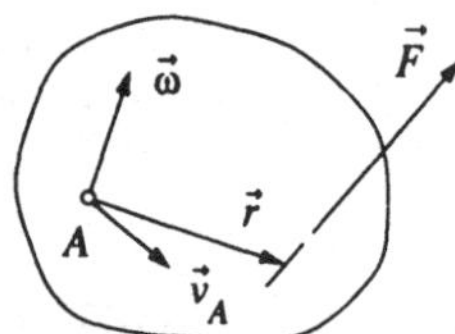

Abb. 4.38.   **Abb. 4.39.**

Bemerkung: Wenn es sich um einen starren Körper handelt, dann ist $\vec{v}$ die Geschwindigkeit eines beliebigen Punktes der Wirkungslinie von $\vec{F}$ (siehe Abb. 4.39). Mit der Geschwindigkeitsverteilung des starren Körpers, Gl. (2.37), liefert Gl. (4.161)

$$P = \vec{F} \cdot (\vec{v}_A + \vec{\omega} \times \vec{r}) = \vec{F} \cdot \vec{v}_A + (\vec{r} \times \vec{F}) \cdot \vec{\omega}$$

$$= \vec{F} \cdot \vec{v}_A + \vec{M}_A \cdot \vec{\omega}; \tag{4.162}$$

die Leistung der Kraft ist also unabhängig von der Wahl des Endpunkts des Vektors $\vec{r}$ auf der Wirkungslinie der Kraft $\vec{F}$. Dieser Sachverhalt ist allerdings von geringerer Bedeutung; auch beim starren Körper bieten sich Angriffspunkte an, wie der Massenmittelpunkt für das Gewicht oder Berührpunkte bei Kontaktkräften.

Die Geschwindigkeit bezieht sich auf ein Inertialsystem. Dieses ist aber nicht eindeutig, und deshalb kann auch die Leistung keine absolute Größe sein. Wenn man in der langsam fahrenden Straßenbahn eine Kiste so verschiebt, daß diese gegenüber der Erde ruht, dann leisten bezüglich der Straßenbahn die Hände Arbeit an der Kiste, bezüglich der Straße aber die Füße an der Straßenbahn.

Aus der Definition der Leistung folgt, daß es leistungslose Kräfte gibt. Wir betrachten zuerst die äußeren Kräfte. Eine äußere Kraft ist leistungslos, wenn

– die Geschwindigkeit des Angriffspunkts verschwindet. Beispiele hierfür sind die Auflagerkraft in einem Festlager und die im Geschwindigkeitspol des auf einer festgehaltenen Ebene rein rollenden Rades übertragene Kraft.

– die Richtungen der Kraft und der Geschwindigkeit des Angriffspunkts senkrecht zueinander sind. Dieser Fall liegt vor bei der von einer festgehaltenen reibungsfreien Führung auf den Körper ausgeübten Kraft und beim Gewicht eines Körpers, dessen Massenmittelpunkt sich auf einer horizontalen Ebene bewegt.

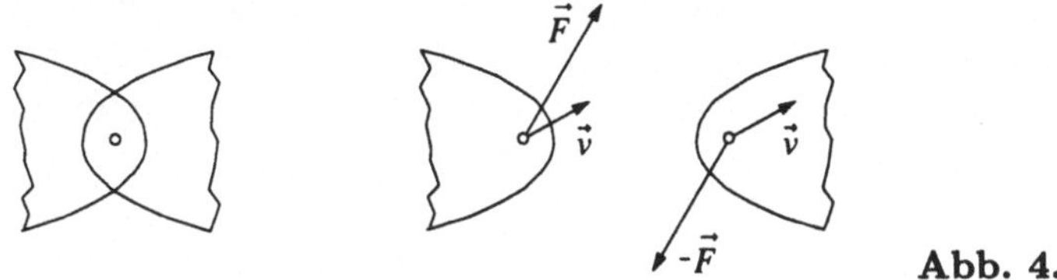

Abb. 4.40.

Innere Kräfte im Sinne von Actio und Reactio sind zusammen leistungslos, wenn

– die Angriffspunkte dieselbe Geschwindigkeit aufweisen. Dies trifft zu auf die Gelenkkräfte (siehe Abb. 4.40) und auf die Berührkräfte zweier aufeinander abrollender Körper.

– die Richtungen der Kräfte und der Relativgeschwindigkeit der Angriffspunkte senkrecht aufeinander stehen. Dies gilt für die Berührkräfte beim reibungsfreien Gleiten (siehe Abb. 4.41).

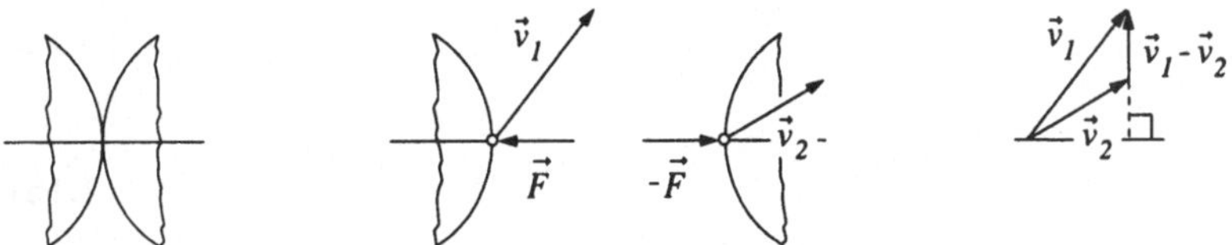

Abb. 4.41.

Innere Kräfte sind im allgemeinen leistungsbehaftet. Insbesondere leistet eine gespannte Feder, deren Länge sich ändert, Arbeit an den mit ihr verbundenen Körpern. Die Leistung der Federkräfte, welche nicht Actio und Reactio sind, ist (siehe Abb. 4.42)

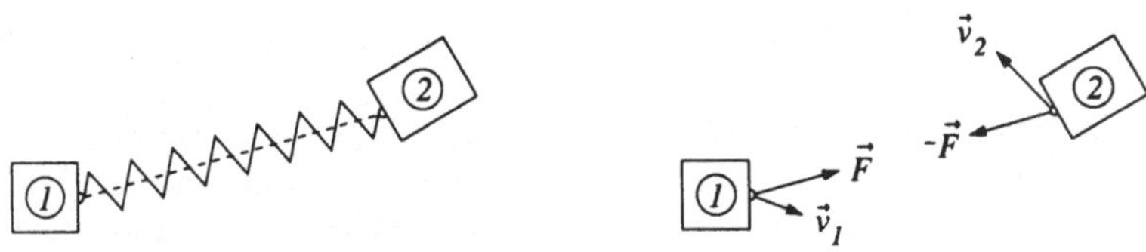

Abb. 4.42.

$$P_{(i)} = \vec{F} \cdot (\vec{v}_1 - \vec{v}_2), \tag{4.163}$$

und bei Bewegung beider Körper in x-Richtung (siehe Abb. 4.43) gilt

$$P_{(i)} = F(\dot{x}_1 - \dot{x}_2), \tag{4.164}$$

wo F bei verlängerter Feder positiv ist. Die Leistung der Federkräfte ist also positiv, wenn sich die Feder entspannt und negativ, wenn sie gespannt wird. l_0 bedeutet die Länge der ungespannten Feder. $P_{(i)}$ ist eine absolute Größe; die Differenz der Geschwindigkeiten der Federenden ist in allen Inertialsystemen gleich.

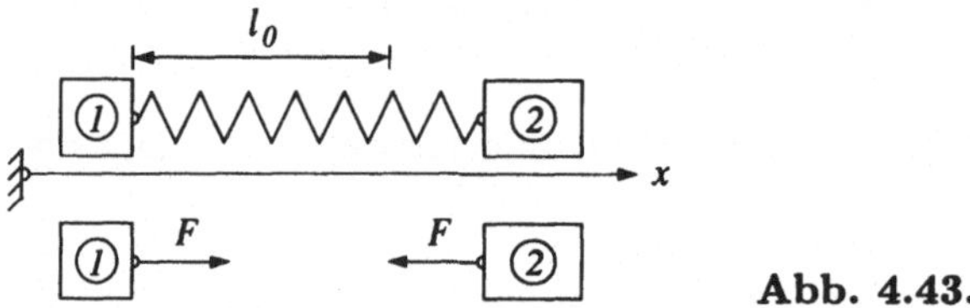

Abb. 4.43.

Aus der Leistung erhält man durch Integrieren über die Zeit die Arbeit

$$W = \int_{t_0}^{t} P\, dt = \int_{t_0}^{t} \vec{F} \cdot \vec{v}\, dt. \tag{4.165}$$

Kann man der Kraft im Verlauf der Bewegung einen körperfesten Angriffspunkt zuordnen, dann ist

$$\vec{v}\, dt = d\vec{r} \tag{4.166}$$

und

$$W = \int_{\vec{r}_0}^{\vec{r}} \vec{F} \cdot d\vec{r}, \tag{4.167}$$

also ein Kurvenintegral entlang seiner Bahnkurve (siehe Abb. 4.44).

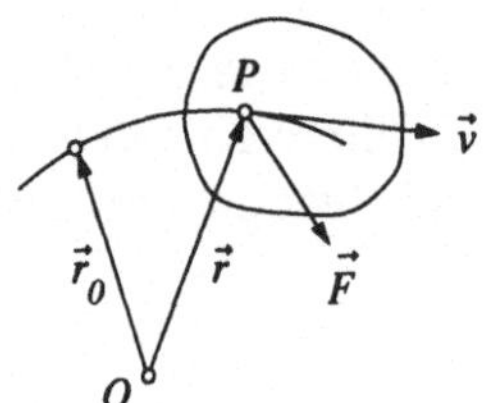

Abb. 4.44.

Im allgemeinen ändert sich die von der Kraft am Körper geleistete Arbeit mit dem Weg, auf welchem er von der Ausgangslage in die Endlage gelangt. Dies gilt beispielsweise für die Gleitreibungskraft. Im eindimensionalen Falle liegen verschiedene Wege vor, wenn der Körper unterwegs umkehrt und einen Teil des Weges dreimal zurücklegt.

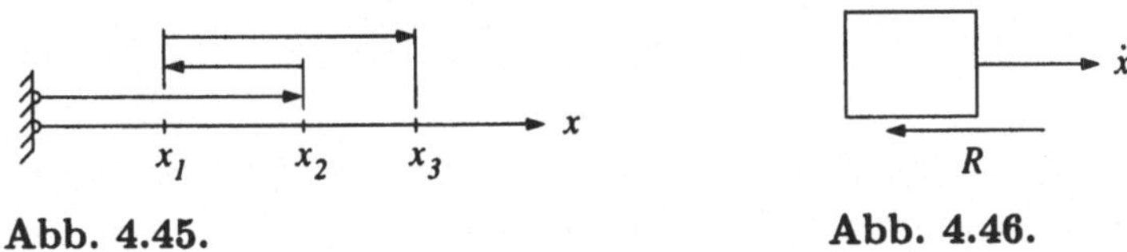

Abb. 4.45.   **Abb. 4.46.**

Wir berechnen und vergleichen die von der Gleitreibungskraft am Quader geleistete Arbeit, wenn dieser von O nach x_3 direkt verschoben wird oder dabei von x_2 nach x_1 zurückkehrt (siehe Abb. 4.45). An der Unterseite des Quaders vom Gewicht G greift die Gleitreibungskraft $R = \mu G \operatorname{sgn} \dot{x}$ an (siehe Abb. 4.46). Sonstige Kräfte, insbesondere die Kraft, welche die Bewegung des Quaders hervorruft, sind nicht eingetragen. Man findet für den direkten Weg

$$W_{0 \to 3} = -\mu G x_3 \qquad (4.168)$$

und für den indirekten Weg

$$W_{0 \to 2} = -\mu G x_2, \qquad (4.169)$$

$$W_{0 \to 2 \to 1} = -\mu G x_2 - \mu G (x_2 - x_1) = -\mu G (2x_2 - x_1), \qquad (4.170)$$

$$W_{0 \to 2 \to 1 \to 3} = -\mu G (2x_2 - x_1) - \mu G (x_3 - x_1) = -\mu G [x_3 + 2(x_2 - x_1)]. \qquad (4.171)$$

Auf dem Wege von 2 nach 1 ist die Reibungskraft nach rechts gerichtet. Die Arbeit ist das (negative) Produkt der Gleitreibungskraft und des gesamten zurückgelegten Weges.

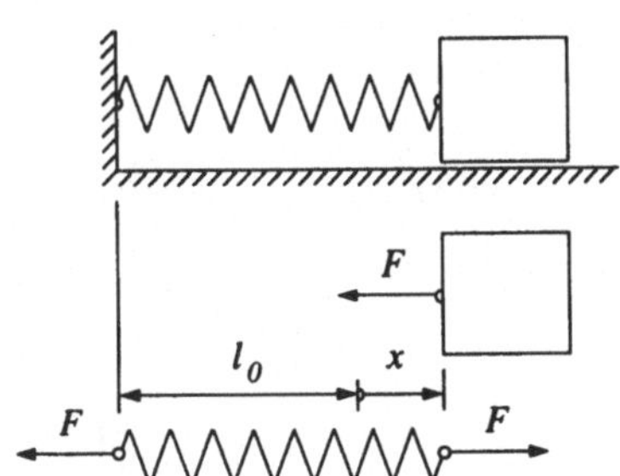

Abb. 4.47.

In speziellen Fällen dagegen hängt die Arbeit einer Kraft nur von der Anfangs- und Endposition des Körpers ab, an welchem sie angreift. Mit diesen werden wir uns später eingehend befassen. Als Beispiel berechnen wir schon jetzt die Arbeit der Federkraft an einem starren Körper, welcher sich längs der x-Achse bewegt (siehe Abb. 4.47). Der Kraftangriffspunkt hat die Position $\vec{r} = x\vec{e}_x$. Bei einer linearen Feder ist die Kraft F der Verlängerung x proportional,

$$F = cx; \qquad (4.172)$$

c heißt Federsteifigkeit oder Federkonstante. Die Federkraft $\vec{F} = -cx\vec{e}_x$ leistet an dem Körper die Arbeit

$$W = -c \int_0^x x\,dx = -\frac{1}{2}cx^2. \tag{4.173}$$

Letztere hängt nur von der Verlängerung der Feder ab und nicht davon, wie diese zustande gekommen ist; ein Umweg wirkt sich nicht aus.

Bemerkung: Wenn an dem Quader keine andere Kraft angreift, befindet er sich selbstverständlich in beschleunigter Bewegung.

Die Leistungen mehrerer Kräfte werden addiert,

$$P = \sum \vec{F}_i \cdot \vec{v}_i. \tag{4.174}$$

Demnach hat ein Kräftepaar am starren Körper die Leistung

$$P = (\vec{r} \times \vec{F}) \cdot \vec{\omega} = \vec{M} \cdot \vec{\omega}, \tag{4.175}$$

wo $\vec{r}$ ein Vektor von einem beliebigen Punkt der Wirkungslinie der Kraft $-\vec{F}$ zu einem beliebigen Punkt der Wirkungslinie der Kraft $\vec{F}$ ist. Dies zeigt man durch Addieren der Leistungen nach Gl. (4.162) für einen gemeinsamen Bezugspunkt. Ein am starren Körper angreifender Momentenvektor (siehe Abb. 4.48) hat ebenfalls die Leistung

$$P = \vec{M} \cdot \vec{\omega}. \tag{4.176}$$

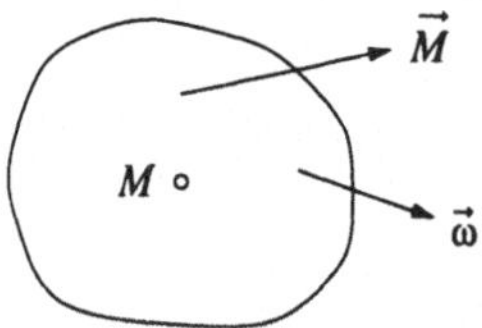

Abb. 4.48.

Durch Integrieren über die Zeit erhält man aus der Leistung des Kräftepaars oder des Momentenvektors die Arbeit

$$W = \int_{t_0}^{t} \vec{M} \cdot \vec{\omega}\,dt. \tag{4.177}$$

Dreht sich der Körper um eine körper- und raumfeste Achse und hat der Momentenvektor deren Richtung, dann gilt

$$W = \int_{\varphi_0}^{\varphi} M\,d\varphi. \tag{4.178}$$

Als Beispiel berechnen wir die von einer Drehfeder an einem Körper geleistete Arbeit (siehe Abb. 4.49). Es ist vorausgesetzt, daß die Drehfeder bei gestreckter Lage der beiden Stäbe entspannt ist. Wird die lineare Drehfeder durch Änderung des Winkels zwischen den Stäben verbogen, dann übt sie auf diese rückstellende Momente der Größe

$$M = c\varphi \tag{4.179}$$

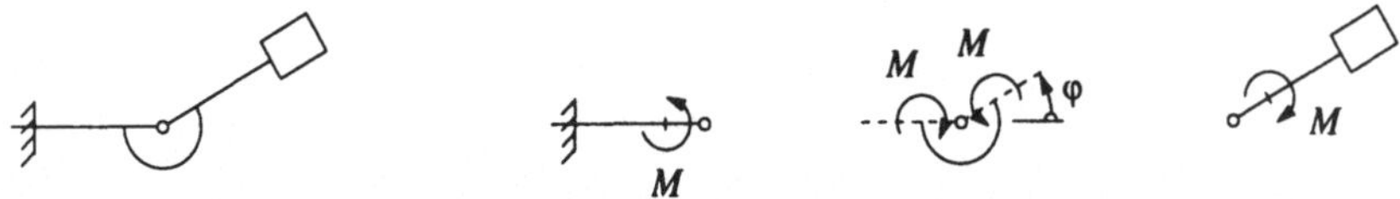

Abb. 4.49.

aus. c heißt Drehfederkonstante. Das Federmoment leistet an dem aus Stab und
Quader bestehenden Körper die Arbeit

$$W = -c \int_0^\varphi \varphi \, d\varphi = -\frac{1}{2} c \varphi^2. \tag{4.180}$$

Alle Kräfte und Momente zusammen haben am starren Körper die Leistung

$$P = \sum \vec{F}_i \cdot \vec{v}_i + \left(\sum \vec{M}_j \right) \cdot \vec{\omega}. \tag{4.181}$$

Dabei wird jede Kraft skalar mit der Geschwindigkeit ihres Angriffspunkts multipliziert und die Momentenvektoren mit dem Winkelgeschwindigkeitsvektor. Die Leistung läßt sich gemäß Gl. (4.162) in die Form

$$P = \vec{R} \cdot \vec{v}_A + \vec{M}_A \cdot \vec{\omega} \tag{4.182}$$

bringen, wo $\vec{R}$ die Resultierende aller Kräfte ist, $\vec{v}_A$ die Geschwindigkeit des Bezugspunkts A bedeutet und $\vec{M}_A = \sum \vec{r}_i \times \vec{F}_i + \sum \vec{M}_j$ die Summe aus den auf A bezogenen Momenten der Kräfte und der Momentenvektoren ist. Zur Berechnung der Leistung besser geeignet ist Gl. (4.181), da in $\vec{R}$ und $\vec{M}_A$ auch die leistungslosen Kräfte eingehen.

4.4.2 Die kinetische Energie des starren Körpers

Die kinetische Energie eines Körpers ist definiert als

$$T = \frac{1}{2} \int_m v_P^2 \, dm. \tag{4.183}$$

Sie ist eine nichtnegative skalare Größe und hängt vom zugrunde gelegten Inertialsystem ab. So hat zum Beispiel die im Abschnitt 4.4.1 erwähnte Kiste eine kinetische Energie bezüglich der Straßenbahn, nicht aber in bezug auf die Straße.

Praktische Bedeutung hat die kinetische Energie des starren Körpers, für dessen Geschwindigkeitsverteilung nach Gl. (2.37) $\vec{v}_p = \vec{v}_A + \vec{\omega} \times \vec{r}_{PA}$ gilt. Damit geht der Integrand über in

$$v_P^2 = v_A^2 + 2\vec{v}_A \cdot (\vec{\omega} \times \vec{r}_{PA}) + (\vec{\omega} \times \vec{r}_{PA}) \cdot \vec{v}_{PA}$$

$$= v_A^2 + 2(\vec{v}_A \times \vec{\omega}) \cdot \vec{r}_{PA} + \vec{\omega} \cdot (\vec{r}_{PA} \times \vec{v}_{PA}), \tag{4.184}$$

wo nach Gl. (2.36) Gebrauch von $\vec{v}_{PA} = \vec{\omega} \times \vec{r}_{PA}$ gemacht wird, und durch Integrieren über die gesamte Masse m ergibt sich die kinetische Energie

$$T = \frac{1}{2}mv_A^2 + (\vec{v}_A \times \vec{\omega}) \cdot \vec{r}_{MA}m + \frac{1}{2}\vec{\omega} \cdot \vec{L}_A. \tag{4.185}$$

Bei allgemeiner Bewegung, $\vec{\omega} \neq \vec{0}$, entfällt der zweite Summand, wenn

– als Bezugspunkt der Massenmittelpunkt gewählt wird, $\vec{r}_{MA} = \vec{0}$.

– der Bezugspunkt körper- und raumfest ist oder wenn seine augenblickliche Geschwindigkeit verschwindet, $\vec{v}_A = \vec{0}$. Dann haben alle Punkte auf der zum Winkelgeschwindigkeitsvektor parallelen Geraden durch A ebenfalls die Geschwindigkeit null. Bei der ebenen Bewegung ist dieser Punkt der Geschwindigkeitspol G.

Es sei noch erwähnt, daß man bei bekannter Bewegung stets eine Gerade parallel zum Winkelgeschwindigkeitsvektor finden kann, deren Punkte dieselbe entlang dieser Geraden gerichtete Geschwindigkeit haben. Für alle ihre Punkte gilt daher $\vec{v}_A \times \vec{\omega} = \vec{0}$.

Wir treffen die Wahl $A = M$ oder $A = O$. Für $A = M$ lautet die kinetische Energie:

$$T = \frac{1}{2}mv_M^2 + \frac{1}{2}\vec{\omega} \cdot \boldsymbol{\Theta}_M \cdot \vec{\omega} = \frac{1}{2}mv_i^M v_i^M + \frac{1}{2}\Theta_{ij}^M \omega_i \omega_j$$

$$= T_M^{tr} + T_M^{rot}. \tag{4.186}$$

Die zwei Summanden können als translatorischer und rotatorischer Anteil der kinetischen Energie aufgefaßt werden. Für $A = O$ entfällt der erstere,

$$T = \frac{1}{2}\vec{\omega} \cdot \boldsymbol{\Theta}_O \cdot \vec{\omega} = \frac{1}{2}\Theta_{ij}^O \omega_i \omega_j. \tag{4.187}$$

Zur Berechnung des rotatorischen Anteils zerlegen wir entweder den Winkelgeschwindigkeitsvektor im System der Trägheitshauptachsen,

$$2T_A^{rot} = I_1^A \omega_1^2 + I_2^A \omega_2^2 + I_3^A \omega_3^2, \tag{4.188}$$

oder wir lassen die x-Achse des Koordinatensystems mit der Richtung des Winkelgeschwindigkeitsvektors zusammenfallen,

$$2T_A^{rot} = I_x^A \omega^2. \tag{4.189}$$

Das axiale Trägheitsmoment $I_x^A = (\Theta_{11}^A)'$ muß mit Hilfe der Transformation (4.59) aus den Hauptträgheitsmomenten berechnet werden. Auf beiden Wegen gelangt man zu

$$2T_A^{rot} = (I_1^A n_1^2 + I_2^A n_2^2 + I_3^A n_3^2)\omega^2, \tag{4.190}$$

wo die n_i die Richtungskosinus des Winkelgeschwindigkeitsvektors im Hauptachsensystem sind.

Nach Definition ist die kinetische Energie unabhängig von der Wahl des Bezugspunkts A, und auch die Wahl des Koordinatensystems, auf welche sich die

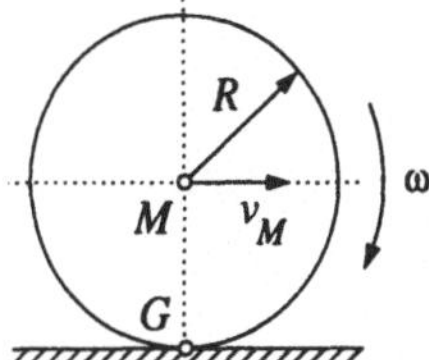

Abb. 4.50.

Komponenten des Trägheitstensors und des Winkelgeschwindigkeitsvektors beziehen, kann keinen Einfluß haben.

Häufig gebraucht wird die kinetische Energie des rein rollenden Rades (dessen Massenmittelpunkt auf der Symmetrieachse liegt; siehe Abb. 4.50). Wir lassen zuerst den Bezugspunkt mit dem Massenmittelpunkt zusammenfallen, $A = M$. Es ergibt sich

$$T = \frac{1}{2}mv_M^2 + \frac{1}{2}I_M\omega^2 = \frac{1}{2}\left(1 + \frac{i_M^2}{R^2}\right)mv_M^2. \qquad (4.191)$$

Wenn als Bezugspunkt der Geschwindigkeitspol gewählt wird, $A = G$, entfällt der translatorische Anteil, und es bleibt

$$T = \frac{1}{2}I_G\omega^2 = \frac{1}{2}(I_M + R^2m)\omega^2 = \frac{1}{2}\left(\frac{i_M^2}{R^2} + 1\right)mv_M^2. \qquad (4.192)$$

Dabei bedeuten I_M und I_G die axialen Trägheitsmomente bezogen auf die Momentanachse durch M beziehungsweise G. Deren Zusammenhang folgt aus dem Steinerschen Satz. Durch

$$mi_M^2 = I_M \qquad (4.193)$$

ist der Trägheitsradius i_M definiert. Von der Rollbedingung, $v_M = \omega R$, wurde Gebrauch gemacht.

4.4.3 Der Arbeitssatz

Wir leiten nun ausgehend von der Bewegungsgleichung (4.17) des Materieelements eine skalare Gleichung ab, welche besagt, daß die Leistung der äußeren und inneren Kräfte gleich der zeitlichen Änderung der kinetischen Energie ist. Bei den Summanden der Bewegungsgleichung handelt es sich der Dimension nach um auf das Volumen bezogene Kräfte. Durch skalares Multiplizieren mit dem jeweiligen Geschwindigkeitsvektor des Elements und Integrieren über das gesamte Volumen des Körpers erhalten wir eine Beziehung zwischen Leistungen,

$$\int_V \sigma_{ji,j} v_i \, dV + \int_V k_i v_i \, dV = \int_V a_i v_i \varrho \, dV. \qquad (4.194)$$

Das erste Integral soll wieder teilweise in ein Oberflächenintegral verwandelt werden, doch zuvor sind einige Umformungen durchzuführen,

$$\sigma_{ji,j}v_i = (\sigma_{ji}v_i)_{,j} - \sigma_{ji}v_{i,j}$$

$$= (\sigma_{ji}v_i)_{,j} - \frac{1}{2}(\sigma_{ji}v_{i,j} + \sigma_{ij}v_{j,i})$$

$$= (\sigma_{ji}v_i)_{,j} - \sigma_{ij} \cdot \frac{1}{2}(v_{i,j} + v_{j,i}). \tag{4.195}$$

Der zweite Summand der rechten Seite wird zunächst als Summe zweier identischer Terme geschrieben, von welchen der zweite durch Austausch der stummen Indizes aus dem ersten hervorgeht. Sodann kommt die Symmetrie des Spannungstensors, $\sigma_{ij} = \sigma_{ji}$, zur Anwendung. Der Tensor

$$D_{ij} = \frac{1}{2}(v_{i,j} + v_{j,i}) \tag{4.196}$$

heißt Deformationsgeschwindigkeitstensor.

Bemerkung: Die Komponenten des Deformationsgeschwindigkeitstensors, welche hier nicht näher interpretiert werden, verschwinden bei einer Starrkörperbewegung identisch. Für diese gilt nach Gl. (2.37)

$$v_i = v_i^A + e_{ikl}\omega_k x_l. \tag{4.197}$$

Durch Differenzieren nach x_j erhält man zunächst

$$v_{i,j} = e_{ikl}\omega_k \delta_{lj} = e_{ikj}\omega_k \tag{4.198}$$

und daraus durch Vertauschen der Indizes i und j

$$v_{j,i} = e_{jki}\omega_k = -e_{ikj}\omega_k. \tag{4.199}$$

Damit ergibt sich

$$D_{ij} = 0. \tag{4.200}$$

In der vorstehenden Rechnung wurde Gebrauch gemacht von den Gln. (4.20) bis (4.24).

Wir fahren fort mit dem Herleiten des Arbeitssatzes. Durch Anwenden des Gaußschen Satzes, Gl. (4.15), und mit Hilfe von Gl. (4.12) kommt man zu

$$\int_A n_j \sigma_{ji}v_i \, dA - \int_V \sigma_{ij}D_{ij} \, dV + \int_V k_i v_i \, dV = \int_m a_i v_i \, dm, \tag{4.201}$$

$$\int_A t_i^{(n)} v_i \, dA + \int_V k_i v_i \, dV - \int_V \sigma_{ij}D_{ij} \, dV = \frac{d}{dt}\left(\frac{1}{2}\int_m v_i v_i \, dm\right), \tag{4.202}$$

wo das erste Integral die Leistung der Oberflächenkräfte und das zweite die Leistung der Volumenkräfte ist; beide zusammen sind die Leistung $P_{(a)}$ der äußeren Kräfte. Das mit dem Minuszeichen versehene dritte Integral läßt sich als Leistung $P_{(i)}$ der inneren Kräfte deuten. Ohne auf Einzelheiten einzugehen, stellen wir uns zu seiner Veranschaulichung einen elastischen Körper vor; bei einem solchen ist $P_{(i)}$ negativ, wenn er gespannt wird, und positiv, wenn er sich entspannt, analog zu der Leistung der Federkräfte zwischen den zwei Körpern der Abb. 4.42. Wegen $D_{ij} = 0$ verschwindet die Leistung der inneren Kräfte beim starren Körper. Auf der rechten Seite von Gl. (4.202) steht die Ableitung der kinetischen Energie, Gl. (4.183), nach der Zeit. Damit ergibt sich der Arbeitssatz

$$P_{(a)} + P_{(i)} = \frac{dT}{dt}. \tag{4.203}$$

Aufgrund der Herleitung ist klar, daß der Arbeitssatz kein von Schwerpunktsatz und Drallsatz unabhängiges zusätzliches Gesetz der Kinetik ist, da er ja auf denselben Postulaten - Bewegungsgleichung des Materieelements und Symmetrie des Spannungstensors - beruht. Der Arbeitssatz gilt für deformierbare Körper und für Systeme aus solchen Körpern. Er ist zwar als Spezialfall enthalten in dem nach der Zeit abgeleiteten viel jüngeren ersten Hauptsatz der Thermodynamik - einer allgemeinen Energiebilanz, welche besagt, daß die einem System zugeführte Energie gleich der Summe aus der abgeführten Energie und der im System gespeicherten Energie ist - gilt aber zusätzlich zu diesem. Unabhängig vom Vorhandensein anderer Energieformen wie Wärme und elektrische Energie verknüpft der Arbeitssatz die mechanischen Leistungen und Energieströme miteinander.

Als skalare Gleichung ist der Arbeitssatz nur für die Behandlung starrer Körper oder von Systemen solcher Körper mit dem Freiheitsgrad 1 ausreichend. Er liefert direkt die Bewegungsgleichung der die Konfiguration des Systems beschreibenden Lagekoordinate. Demgegenüber hat die Anwendung von Schwerpunktsatz und Drallsatz den Nachteil, daß man das System in Einzelteile zu zerlegen hat und die dabei zu äußeren Kräften werdenden inneren Kräfte und die Auflagerkräfte sowie die entsprechenden Momente eliminieren muß. Die leistungslosen Kräfte und Momente treten im Arbeitssatz überhaupt nicht in Erscheinung.

Für den starren Körper läßt sich der Arbeitssatz unschwer in symbolischer Form - also ohne Verwendung eines Koordinatensystems - herleiten. Man geht dabei aus von Schwerpunktsatz und Drallsatz. Aus dem Schwerpunktsatz, $\vec{R} = m\vec{a}_M$, erhält man durch skalares Multiplizieren mit $\vec{v}_M$

$$\vec{R} \cdot \vec{v}_M = m\vec{a}_M \cdot \vec{v}_M = \frac{d}{dt}\left(\frac{1}{2}m\vec{v}_M \cdot \vec{v}_M\right). \tag{4.204}$$

Der Drallsatz in spezieller Form,

$$\vec{M}_M = \frac{d'\vec{L}_M}{dt} + \vec{\omega} \times \vec{L}_M, \tag{4.205}$$

wo $\vec{\omega}$ der Winkelgeschwindigkeitsvektor des Körpers und damit auch des körperfesten Bezugssystems ist, liefert

$$\vec{M}_M \cdot \vec{\omega} = \vec{\omega} \cdot \frac{d'\vec{L}_M}{dt} + \vec{\omega} \cdot (\vec{\omega} \times \vec{L}_M). \tag{4.206}$$

In Gl. (4.206) ist der erste Summand auf der rechten Seite die zeitliche Ableitung des rotatorischen Anteils der kinetischen Energie,

$$T_M^{rot} = \frac{1}{2}\vec{\omega} \cdot \boldsymbol{\Theta}_M \cdot \vec{\omega}, \tag{4.207}$$

wie nun gezeigt wird; der zweite Summand verschwindet.

Durch Ableiten nach der Zeit im mit dem Körper verbundenen System findet man

$$\frac{d'}{dt}\left(\frac{1}{2}\vec{\omega}\cdot\boldsymbol{\Theta}_M\cdot\vec{\omega}\right) = \frac{1}{2}\left(\dot{\vec{\omega}}\cdot\boldsymbol{\Theta}_M\cdot\vec{\omega} + \vec{\omega}\cdot\boldsymbol{\Theta}_M\cdot\dot{\vec{\omega}}\right)$$

$$= \frac{1}{2}\left(\vec{\omega}\cdot\boldsymbol{\Theta}_M^T\cdot\dot{\vec{\omega}} + \vec{\omega}\cdot\boldsymbol{\Theta}_M\cdot\dot{\vec{\omega}}\right)$$

$$= \vec{\omega}\cdot\boldsymbol{\Theta}_M\cdot\dot{\vec{\omega}}$$

$$= \vec{\omega}\cdot\frac{d'\vec{L}_M}{dt} \tag{4.208}$$

oder alternativ in Indexschreibweise

$$\frac{d'}{dt}\left(\frac{1}{2}\Theta_{ij}^M\,\omega_i\omega_j\right) = \frac{1}{2}\Theta_{ij}^M\left(\dot{\omega}_i\omega_j + \omega_i\dot{\omega}_j\right)$$

$$= \frac{1}{2}\left(\Theta_{ji}^M + \Theta_{ij}^M\right)\omega_i\dot{\omega}_j$$

$$= \Theta_{ij}^M\,\omega_i\dot{\omega}_j$$

$$= \omega_i\frac{d'L_i^M}{dt}, \tag{4.209}$$

wo im zweiten Schritt eine Umbenennung stummer Indizes vorgenommen wurde. Bei dieser Rechnung ist zu beachten, daß die Winkelbeschleunigung im raumfesten und im körperfesten Bezugssystem übereinstimmt,

$$\frac{d\vec{\omega}}{dt} = \frac{d'\vec{\omega}}{dt} + \vec{\omega}\times\vec{\omega} = \dot{\vec{\omega}}, \tag{4.210}$$

daß der Trägheitstensor im mitrotierenden System konstant ist,

$$\frac{d'\boldsymbol{\Theta}_M}{dt} = \mathbf{0}, \tag{4.211}$$

und daß er symmetrisch ist,

$$\boldsymbol{\Theta}_M = \boldsymbol{\Theta}_M^T. \tag{4.212}$$

Bemerkung: Für eine skalare Größe wie T_M^{rot} gilt bei beliebiger Winkelgeschwindigkeit des Führungssystems

$$\frac{d}{dt}(\ ) = \frac{d'}{dt}(\ ). \tag{4.213}$$

Zum Bilden der Ableitung von T_A^{rot} benutzen wir ein Bezugssystem, in welchem Θ_A konstant ist. Mit Hilfe eines solchen stellt man zum Beispiel sehr leicht fest, daß die kinetische Energie des in Abschnitt 4.2.6 behandelten Kollergangs oder der schief montierten Scheibe sich bei konstanter Antriebswinkelgeschwindigkeit nicht ändert.

Durch Addieren der Gln. (4.204) und (4.206) mit Gl. (4.208) erhalten wir

$$\vec{R} \cdot \vec{v}_M + \vec{M}_M \cdot \vec{\omega} = \frac{d}{dt}\left(\frac{1}{2}m\vec{v}_M \cdot \vec{v}_M + \frac{1}{2}\vec{\omega} \cdot \Theta_M \cdot \vec{\omega}\right) \tag{4.214}$$

oder

$$P = \frac{dT}{dt}. \tag{4.215}$$

Wie erwähnt, berechnet man die Leistung nach Gl. (4.181).

Als Anwendung von Gl. (4.215) ermitteln wir nun die Winkelbeschleunigung $\dot{\Omega}$ des in den Abschnitten 2.3.2 und 4.2.6 kinematisch und kinetisch behandelten Kollergangs infolge eines Antriebsmoments M_3. Alle an Rad und Stange angreifenden Kräfte sind leistungslos, und aus Gl. (4.181) erhält man

$$P = M_3\Omega. \tag{4.216}$$

Mit dem Bezugspunkt $A = O$ und dem Winkelgeschwindigkeitsvektor nach Gl. (4.92) liefert Gl. (4.188)

$$T = \frac{1}{2}(I_1\frac{l^2}{h^2} + I_3)\Omega^2. \tag{4.217}$$

Nun führt der Arbeitssatz, Gl. (4.215), zu der gesuchten Winkelbeschleunigung,

$$\dot{\Omega} = \frac{M_3}{I_1\frac{l^2}{h^2} + I_3}. \tag{4.218}$$

Selbstverständlich - aber auf etwas umständlichere Weise - erhält man dieses Ergebnis auch mit Hilfe von Schwerpunktsatz und Drallsatz durch Ergänzen der Schwerpunktbeschleunigung, $\vec{a}_M = -m\Omega^2 l\vec{e}_1 + m\dot{\Omega}l\vec{e}_2$ und der Dralländerung, $d\vec{L}_O/dt = (I_1\dot{\Omega}l/h)\vec{e}_1 + (I_1\Omega^2 l/h)\vec{e}_2 + I_3\dot{\Omega}\vec{e}_3$.

Hat man es mit einem Körpersystem zu tun, dann sind die kinetischen Energien der Einzelkörper zu addieren und ebenso die Leistungen, wobei zusammen leistungslose innere Kräfte natürlich keinen Beitrag zur Gesamtleistung liefern.

In über die Zeit integrierter Form lautet der Arbeitssatz

$$W_{1\to2} = T_2 - T_1. \tag{4.219}$$

Wenn die arbeitleistenden Kräfte und Momente als Funktionen der die Konfiguration des Systems beschreibenden Lagekoordinate - zum Beispiel s - gegeben sind, dann läßt sich die Arbeit berechnen, und man gewinnt aus Gl. (4.219) $(ds/dt)^2$ als Funktion von s.

Dasselbe Ergebnis liefern die mit Hilfe von Schwerpunktsatz und Drallsatz gewonnenen Bewegungsgleichungen nach Elimination der leistungslosen Kräfte und zeitfreier Integration.

4.4.4 Potential und Energiesatz

Der an der Feder befestigte Körper (siehe Abb. 4.47) bewegt sich in einem eindimensionalen Kraftfeld. Wir haben festgestellt, daß die von der Federkraft an diesem Körper geleistete Arbeit nur von der Verlängerung der Feder und damit von der augenblicklichen Position des Körpers abhängt, aber nicht davon, wie diese erreicht wurde.

Wir suchen nun nach den Bedingungen, unter welchen die an einem Körper geleistete Arbeit in einem dreidimensionalen Kraftfeld wegunabhängig ist. Die wegunabhängige Arbeit muß sich als Differenz der Werte einer Funktion $V = V(x_1, x_2, x_3)$ darstellen lassen, von welchen der eine dem Endpunkt und der andere dem Anfangspunkt der Bewegung zugeordnet ist, also

$$W_{1 \to 2} = -(V_2 - V_1) = - \int_1^2 dV, \tag{4.220}$$

wo dV ein totales Differential ist und das negative Vorzeichen aus physikalischen Gründen eingeführt wird. In ausführlicher Schreibweise lautet Gl. (4.220)

$$\int_C \vec{F} \cdot d\vec{r} = \int_C X_i \, dx_i = - \int_C \frac{\partial V}{\partial x_i} \, dx_i \tag{4.221}$$

oder

$$\int_C \left(X_i + \frac{\partial V}{\partial x_i} \right) dx_i = 0. \tag{4.222}$$

Da die Kurve C zwischen einem festen Anfangspunkt und einem festen Endpunkt beliebig sein soll, andererseits aber auch Anfangs- und Endpunkt je zwei beliebige Punkte im Raume sein können (siehe Abb. 4.51), kann das Kurvenintegral auf der linken Seite von Gl. (4.222) nur dann verschwinden, wenn der Integrand

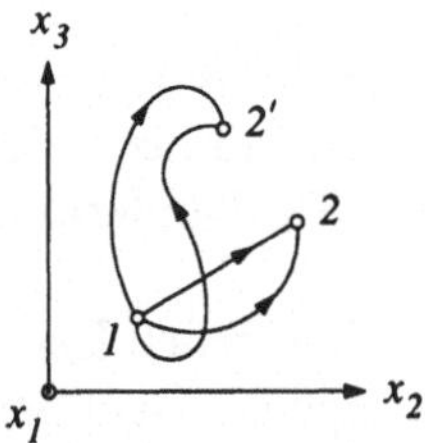

Abb. 4.51.

identisch verschwindet,

$$X_i = - \frac{\partial V}{\partial x_i}, \tag{4.223}$$

oder

$$\vec{F} = -\operatorname{grad} V = -\vec{\nabla} V = -\vec{e}_i \frac{\partial V}{\partial x_i} \tag{4.224}$$

ist. V wird als Potential des Kraftfelds oder potentielle Energie bezeichnet.

Wie stellt man fest, ob ein gegebenes Kraftfeld $\vec{F} = \vec{F}(x_1, x_2, x_3)$ ein Potential besitzt? Aus

$$\text{rot grad } V = \vec{\nabla} \times \vec{\nabla} V = e_{ijk}\vec{e}_i \frac{\partial}{\partial x_j}\left(\frac{\partial V}{\partial x_k}\right) = e_{ijk}\vec{e}_i \frac{\partial^2 V}{\partial x_j \partial x_k} = \vec{0} \qquad (4.225)$$

folgt als notwendige Bedingung für die Existenz eines Potentials

$$\text{rot } \vec{F} = \vec{\nabla} \times \vec{F} = e_{ijk}\vec{e}_i \frac{\partial X_k}{\partial x_j} = \vec{0}. \qquad (4.226)$$

Es sei erwähnt, daß diese auch hinreichend für die Eindeutigkeit des Potentials und damit die Wegunabhängigkeit der Arbeit im einfach zusammenhängenden Bereich ist. Gleichung (4.226) liefert explizit

$$\frac{\partial X_3}{\partial x_2} - \frac{\partial X_2}{\partial x_3} = 0, \qquad \frac{\partial X_1}{\partial x_3} - \frac{\partial X_3}{\partial x_1} = 0, \qquad \frac{\partial X_2}{\partial x_1} - \frac{\partial X_1}{\partial x_2} = 0. \qquad (4.227)$$

Für die Kinetik bedeutsam ist das Federpotential sowie die Potentiale des homogenen Schwerefelds und des kugelsymmetrischen Schwerefelds. Wir beginnen mit dem ersteren (siehe Abb. 4.52). Aus

$$\vec{F} = -cx\vec{e}_x \qquad (4.228)$$

ergibt sich

$$-\frac{dV}{dx} = X = -cx \qquad (4.229)$$

und durch Integrieren

$$V = \frac{1}{2}cx^2. \qquad (4.230)$$

V ist das Potential der Feder oder die in der Feder gespeicherte potentielle Energie. Da diese bei entspannter Feder verschwindet, wird die Integrationskonstante gleich null gesetzt. Es sei bemerkt, daß auch bei nichtlinearem Zusammenhang zwischen Kraft und Verlängerung aus physikalischen Gründen - Speicherung der Energie - ein Federpotential existiert.

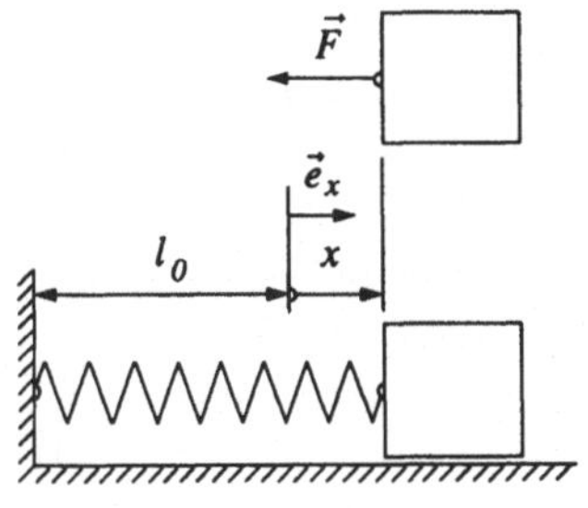

Abb. 4.52.

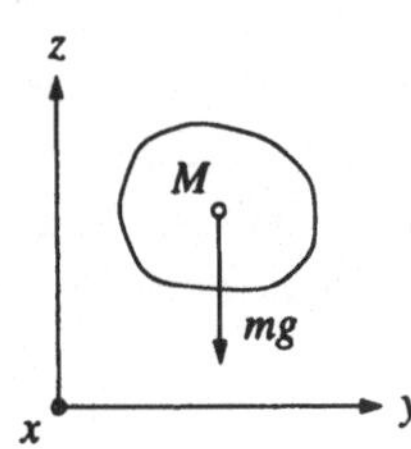

Abb. 4.53.

Im homogenen Schwerefeld (siehe Abb. 4.53) greift im Massenmittelpunkt eines Körpers die Kraft

$$\vec{F} = -mg\vec{e}_z \qquad (4.231)$$

an. Damit gilt

$$-\frac{dV}{dz} = Z = -mg \tag{4.232}$$

und

$$V = mgz + C. \tag{4.233}$$

Die Integrationskonstante C wird passend gewählt. Da man es immer mit Differenzen der potentiellen Energie zu tun hat oder mit der zeitlichen Ableitung der potentiellen Energie eines Körpers, unterliegt die Wahl der Integrationskonstante keinerlei Vorschriften. Man muß allerdings bei der einmal getroffenen Wahl bleiben.

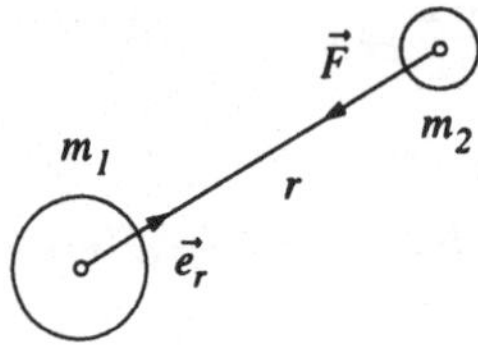

Abb. 4.54.

Im kugelsymmetrischen Schwerefeld einer Masse m_1 greift nach dem Newtonschen Gravitationsgesetz an der Masse m_2 die Kraft

$$\vec{F} = -\kappa \frac{m_1 m_2}{r^2} \vec{e}_r \tag{4.234}$$

an (siehe Abb. 4.54; die an der Masse m_1 angreifende Reaktionskraft $-\vec{F}$ ist nicht eingezeichnet). Für den Gradienten des Potentials erhält man

$$-\frac{dV}{dr} = F_r = -\kappa \frac{m_1 m_2}{r^2} \tag{4.235}$$

und daraus durch Integrieren

$$V = -\kappa \frac{m_1 m_2}{r}. \tag{4.236}$$

Die Integrationskonstante wird üblicherweise gleich null gesetzt. Es sei darauf hingewiesen, daß die Komponenten des Vektors grad V in Kugelkoordinaten nicht nach Gl. (4.224) berechnet werden.

Wenn alle an einem Körper angreifenden Kräfte ein Potential besitzen, dann geht der Arbeitssatz in integrierter Form, Gl. (4.219), über in

$$V_1 - V_2 = T_2 - T_1 \tag{4.237}$$

oder

$$T + V = T_1 + V_1, \tag{4.238}$$

wo an die Stelle des Zustands 2 der allgemeine tritt. Die letztere Form wird als Energiesatz bezeichnet. Dieser besagt, daß unter der oben genannten Voraussetzung die Summe aus kinetischer und potentieller Energie konstant bleibt;

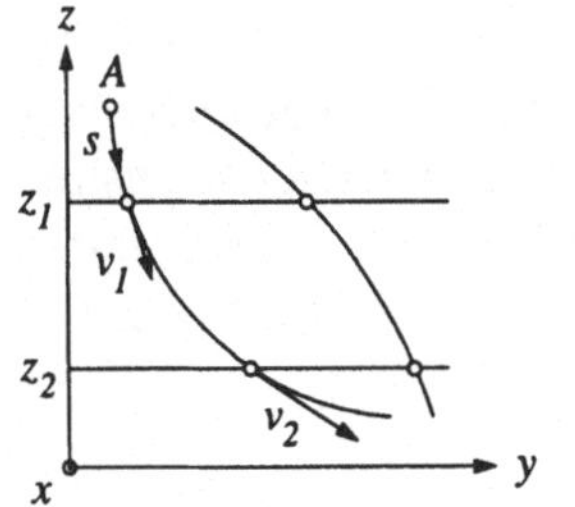

Abb. 4.55.

die mechanische Energie wird also konserviert, und es findet nur eine Umwandlung einer Energieform in die andere statt. Deshalb bezeichnet man auch ein Kraftfeld, welchem ein Potential zugeordnet ist, als konservatives Kraftfeld.

Als Beispiel betrachten wir die Bewegung einer Punktmasse auf einer reibungsfreien Bahn im homogenen Schwerefeld (siehe Abb. 4.55).Aus

$$\frac{1}{2}mv_2^2 + mgz_2 = \frac{1}{2}mv_1^2 + mgz_1 \tag{4.239}$$

folgt

$$v_2 = \pm\sqrt{v_1^2 + 2g(z_1 - z_2)}. \tag{4.240}$$

Dieser Zusammenhang zwischen der Höhendifferenz und den Geschwindigkeiten gilt für die Vorwärtsbewegung, $\dot{s} > 0$, wie für die Rückwärtsbewegung, $\dot{s} < 0$. Auch auf andere Bahnkurven trifft das obige Ergebnis zu. Der zeitliche Ablauf der Bewegung im Sinne $z = z(t)$ ist jedoch jeweils ein anderer. Als skalare Gleichung kann der Energiesatz nur den zu einer Höhe z gehörigen Betrag der Geschwindigkeit liefern, nicht aber deren Richtung; die Form der Bahnkurve geht - wie erwähnt - nicht ein.

4.5 Spezielle Probleme der Kinetik: Der lineare Schwinger

4.5.1 Freie und erzwungene Schwingungen. Modellbildung

Mechanischen Schwingungen begegnet man häufig in Natur und Technik. Ein geläufiges Beispiel ist das Pendel im Schwerefeld (siehe Abb. 4.56). Wird dieses

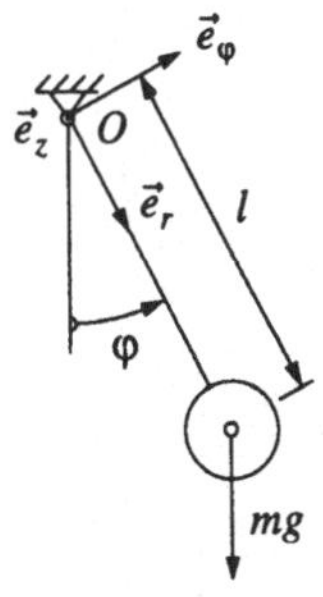

Abb. 4.56.

aus seiner stabilen Gleichgewichtslage ausgelenkt, dann kehrt es mit wachsender Winkelgeschwindigkeit dorthin zurück, wird jenseits der Gleichgewichtslage langsamer und wechselt nach einem augenblicklichen Stillstand seinen Drehsinn, erreicht aber den ursprünglichen Auslenkungswinkel nicht ganz. Dieser ersten Schwingung folgen weitere, die Ausschläge werden kleiner, und nach einiger Zeit kommt das Pendel in seiner Gleichgewichtslage wieder zur Ruhe.

Beschleunigt wird das Pendel durch das rückführende Moment

$$\vec{M}_0 = -lmg \sin\varphi\, \vec{e}_z. \tag{4.241}$$

Neben diesem existieren noch die bremsenden Momente der Lagerreibung und des Luftwiderstands, welche die allmähliche Umwandlung der dem Pendel bei der ursprünglichen Auslenkung zugeführten mechanischen Energie in Wärme und damit die Abnahme der Ausschläge bis zum Stillstand bewirken.

Der beschriebene Vorgang wird als gedämpfte freie Schwingung bezeichnet. Durch Außerachtlassen des Energieverlusts gelangt man zur Idealisierung der ungedämpften freien Schwingung. Diese besteht in einer periodischen Hin- und Rückbewegung. Nach dem Drallsatz erteilt das rückführende Moment dem Pendel die Winkelbeschleunigung

$$\ddot{\varphi} = -\frac{gl}{i_O^2} \sin\varphi. \tag{4.242}$$

Der Betrag der Winkelgeschwindigkeit wächst für $\varphi\dot{\varphi} < 0$ und nimmt ab für $\varphi\dot{\varphi} > 0$. In dem für eine Schwingung relevanten Bereich, $-\pi < \varphi < \pi$, folgt dies aus

$$\frac{d}{dt}(\dot{\varphi}^2) = 2\dot{\varphi}\ddot{\varphi} = -2\frac{gl}{i_O^2}\dot{\varphi}\sin\varphi. \tag{4.243}$$

Der zeitliche Verlauf der ungedämpften Pendelbewegung ist durch die nichtlineare Differentialgleichung

$$\ddot{\varphi} + \frac{gl}{i_O^2}\sin\varphi = 0 \tag{4.244}$$

und zwei Anfangsbedingungen, zum Beispiel $\varphi = \varphi_0$ und $\dot{\varphi} = 0$ für $t = 0$, festgelegt.

Zeitfreies Integrieren nach Gl. (2.30) führt auf

$$\dot{\varphi}^2 = 2\frac{gl}{i_O^2}(\cos\varphi - \cos\varphi_0) \tag{4.245}$$

in Übereinstimmung mit dem Energiesatz. Für die erste Halbschwingung gilt

$$\frac{d\varphi}{dt} = -\sqrt{2\frac{gl}{i_O^2}(\cos\varphi - \cos\varphi_0)}, \tag{4.246}$$

und nach Trennung der Variablen und Integration erhält man

$$t = -\int_{\varphi_0}^{\varphi} \frac{d\psi}{\sqrt{2\frac{gl}{i_O^2}(\cos\psi - \cos\varphi_0)}}. \tag{4.247}$$

Durch dieses Integral, welches sich auf ein elliptisches Integral erster Gattung zurückführen läßt, werden Winkel und Zeit während der ersten Halbschwingung einander zugeordnet. Die Schwingungsdauer errechnet sich aus

$$\frac{T}{4} = \int\limits_{0}^{\varphi_0} \frac{d\psi}{\sqrt{2\frac{gl}{i_O^2}(\cos\psi - \cos\varphi_0)}}.\tag{4.248}$$

Charakteristisch für nichtlineare Schwingungen ist die Abhängigkeit der Schwingungsdauer von der Amplitude. Eine größere Auslenkung des Pendels ist mit einer größeren Schwingungsdauer verbunden; zu $\varphi_0 \to \pi$ gehört $T \to \infty$.

Bei Beschränkung auf kleine Ausschläge, $\varphi_0 << 1$, läßt sich $\sin\varphi$ durch φ ersetzen, und die Bewegungsgleichung (4.244) geht über in

$$\ddot{\varphi} + \omega^2\varphi = 0\tag{4.249}$$

und hat im vorliegenden Falle die Lösung

$$\varphi = \varphi_0 \cos\omega t.\tag{4.250}$$

Die Konstante ω, welche hier die Größe $\sqrt{gl}/i_O$ hat, wird als Eigenkreisfrequenz bezeichnet.

Wir untersuchen im folgenden die erzwungene Schwingung eines Quaders an einer Feder, deren anderes Ende durch die Schubstange eines Kreuzschleifengetriebes harmonisch hin- und herbewegt wird. Außerdem sei eine geschwindigkeitsproportionale Dämpfung vorhanden (siehe Abb. 4.57).

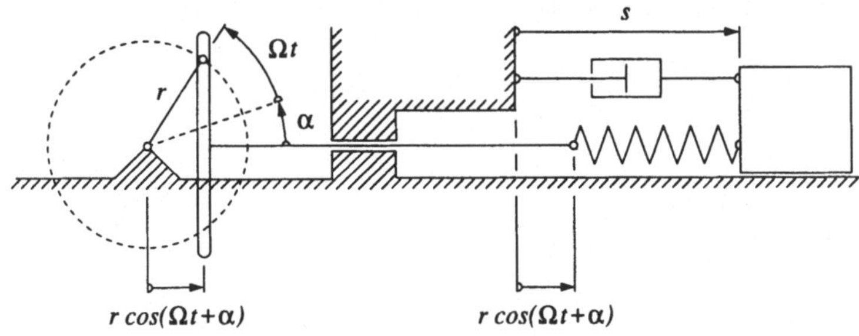

Abb. 4.57.

Die Annahme dieses Dämpfungsmechanismus ist in erster Linie mathematisch begründet, da sie zusammen mit einer linearen Federkennlinie zu einer linearen Differentialgleichung für die Abhängigkeit der Lagekoordinate von der Zeit führt. Andererseits findet sie ihre Rechtfertigung durch die in vielen Fällen gute Übereinstimmung mit experimentellen Befunden.

Als Symbol für die geschwindigkeitsproportionale Dämpfung dienen Zylinder und Kolben (siehe Abb. 4.58). Ersteren hat man sich mit zähem Öl gefüllt vorzustellen. Bei verschiedenen Geschwindigkeiten v_Z und v_K von Zylinder und

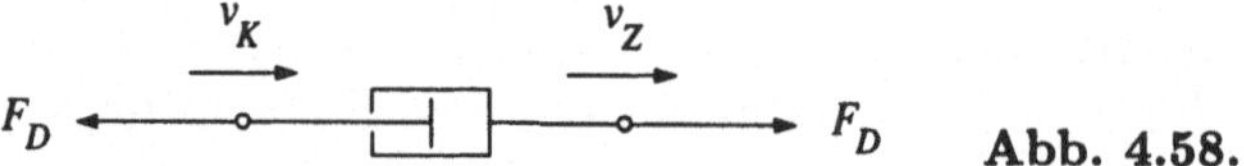

Abb. 4.58.

Kolben üben beide (in Abb. 4.58 nicht eingetragene innere) Kräfte aufeinander aus, welche die Relativbewegung behindern und der Relativgeschwindigkeit proportional sind, mit entgegengesetzt gleichen Reaktionen

$$F_D = k(v_Z - v_K) \tag{4.251}$$

an den Stangen; k wird als Dämpfungskonstante bezeichnet.

Die bisher gebrauchte im Abschnitt 3.9.2 eingeführte Gleitreibungskraft, welche auch bei dem weiter unten behandelten Modell für Ratterschwingungen auftritt, ist der Relativgeschwindigkeit entgegen gerichtet aber unabhängig von deren Betrag. Ein durch eine solche Coulombsche Gleitreibungskraft gedämpfter Schwinger weist natürlich ein qualitativ anderes Verhalten auf als ein Schwinger mit geschwindigkeitsabhängiger Dämpfung. Zur Herausarbeitung des Unterschieds betrachten wir die freie Schwingung eines Quaders, welcher nur durch die Federkraft und die Dämpferkraft beziehungsweise Gleitreibungskraft eine Beschleunigung erfährt (siehe Abb. 4.59). Bei Coulombscher Reibung werden Hin- und Rückbewegung des Quaders durch zwei verschiedene Differentialgleichungen beschrieben. Dieser besitzt einen durch die Haftbedingung

$$|cf| \leq \mu_0 mg \tag{4.252}$$

festgelegten Gleichgewichtsbereich. Erreicht er in dessen Innern die Geschwindigkeit null, dann verharrt er an der zu diesem Zeitpunkt eingenommenen Stelle, da ihn die Feder nicht mehr in Bewegung setzen kann.

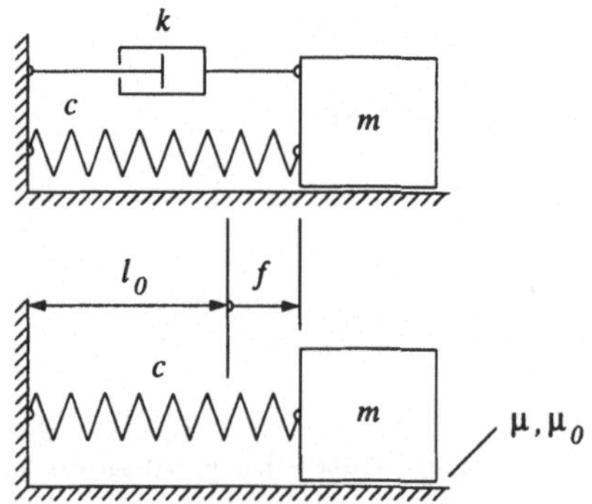

Abb. 4.59.

Die Gleichgewichtslage des Schwingers mit einer geschwindigkeitsabhängigen Dämpfung dagegen ist mit $f = 0$ eindeutig; sowohl die Federkraft als auch die Dämpferkraft verschwinden.

Nach diesen Erörterungen kehren wir zurück zu dem auf Abb. 4.57 dargestellten Schwinger. Die mit dem linken Federende verbundene Schubstange bewegt sich harmonisch gemäß $r\cos(\Omega t + \alpha)$, wo r der Kurbelradius, α der Kurbelwinkel zur Zeit $t = 0$ und Ω die konstante Winkelgeschwindigkeit der Kurbel ist. Am Quader greifen mit der positiven Richtung nach links die Federkraft

$$F_F = c[s - r\cos(\Omega t + \alpha) - l_0] \tag{4.253}$$

und die Dämpferkraft

$$F_D = k\dot{s} \tag{4.254}$$

an. l_0 bedeutet die Länge der ungespannten Feder und c die Federkonstante. Die Koordinate s des Quaders wird von der Mittellage des rechten Endes der Schubstange aus gezählt (siehe Abb. 4.57). Der Schwerpunktsatz liefert

$$m\ddot{s} = -c[s - r\cos(\Omega t + \alpha) - l_0] - k\dot{s} \tag{4.255}$$

oder

$$m\ddot{s} + k\dot{s} + c(s - l_0) = cr\cos(\Omega t + \alpha). \tag{4.256}$$

Mit $A = cr$ und der Variablensubstitution $x = s - l_0$ gelangt man zu

$$m\ddot{x} + k\dot{x} + cx = A\cos(\Omega t + \alpha). \tag{4.257}$$

Dies ist die Differentialgleichung einer gedämpften erzwungenen linearen Schwingung, die von nun an als Schwingungsgleichung bezeichnet wird. Es handelt sich dabei um eine wegerregte Schwingung; A ist die Amplitude, α der Nullphasenwinkel und Ω die Kreisfrequenz der Erregung.

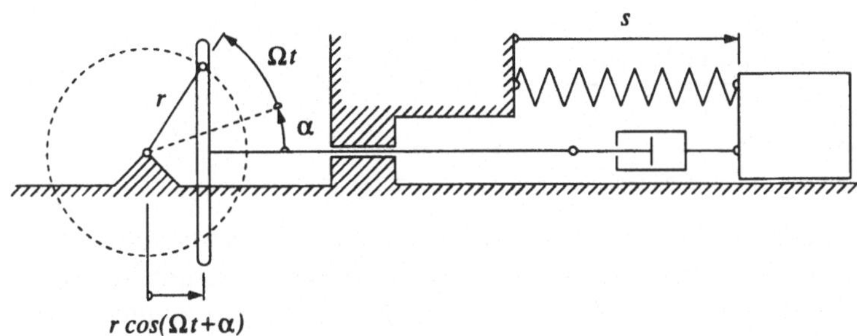

Abb. 4.60.

Der Quader wird auch dann zu Schwingungen angeregt, wenn das linke Federende an der Wand hängt und der Kolben des Dämpfers mit der Schubstange verbunden ist (siehe Abb. 4.60). In diesem Falle gilt

$$F_F = c(s - l_0), \tag{4.258}$$

$$F_D = k[\dot{s} + r\Omega\sin(\Omega t + \alpha)], \tag{4.259}$$

und aus dem Schwerpunktsatz kommt

$$m\ddot{s} = -c(s - l_0) - k[\dot{s} + r\Omega\sin(\Omega t + \alpha)] \tag{4.260}$$

oder

$$m\ddot{s} + k\dot{s} + c(s - l_0) = -kr\Omega\sin(\Omega t + \alpha). \qquad (4.261)$$

Führt man $\tilde{A} = kr\Omega$, $\beta = \alpha + \pi/2$ und $x = s - l_0$ ein, dann ergibt sich

$$m\ddot{x} + k\dot{x} + cx = \tilde{A}\cos(\Omega t + \beta). \qquad (4.262)$$

Die Form der nun vorliegenden Differentialgleichung stimmt mit jener der Differentialgleichung (4.257) überein. x bedeutet hier und bei der im folgenden erwähnten krafterregten Schwingung die Verlängerung der Feder.

Die Bewegungsgleichung des Quaders läßt sich auch dann auf diese Form bringen, wenn sowohl die Feder als auch der Kolben des Dämpfers mit der Schubstange verbunden sind.

Bei Erregung durch eine harmonisch veränderliche Kraft

$$F_E = A\cos(\Omega t + \alpha), \qquad (4.263)$$

welche neben der Federkraft

$$F_F = c(s - l_0) \qquad (4.264)$$

und der Dämpferkraft

$$F_D = k\dot{s} \qquad (4.265)$$

direkt am Quader angreift (siehe Abb. 4.61), führt der Schwerpunktsatz mit der Variablensubstitution $x = s - l_0$ ebenfalls direkt zu der Schwingungsgleichung (4.257).

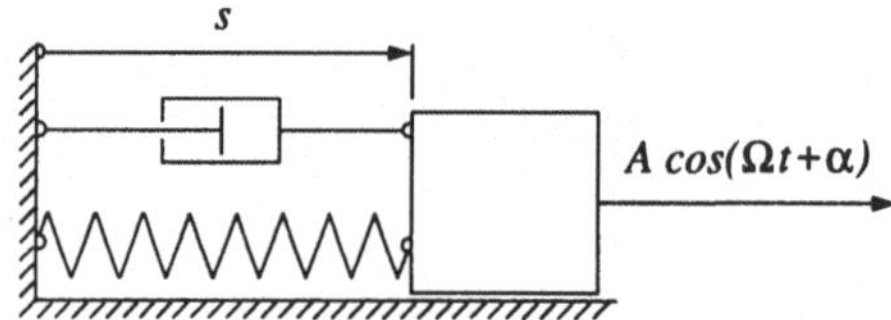

Abb. 4.61.

Sobald deren allgemeine Lösung vorliegt, ist der zeitliche Bewegungsablauf der verschiedenen harmonisch erregten linearen Schwinger bekannt. Untersuchen wir aber den Einfluß der (jeweils konstanten) Erregerkreisfrequenz auf die Lösung, dann kommen Unterschiede zum Vorschein, da die Amplitude A des Erregerterms konstant ist, $\tilde{A} = kr\Omega$ jedoch die Erregerkreisfrequenz als Faktor enthält. Besonders augenscheinlich ist das unterschiedliche Verhalten bei kleinen Erregerkreisfrequenzen im stationären Zustand. Im Falle der Wegerregung über die Feder bewegen sich Schubstange, Feder und Quader beinahe wie ein starrer Körper. Wegen der geringen Geschwindigkeit des Quaders behindert der Dämpfer dessen Bewegung kaum. Letzteres trifft auch beim krafterregten Quader zu. Ganz anders dagegen reagiert der über den Dämpfer erregte Schwinger. Dort unterdrückt die Feder die Bewegung des Quaders nahezu, und die Schubstange schiebt den Kolben durch den Zylinder, ohne dabei auf nennenswerten Widerstand zu stoßen. Auch bei hohen Erregerkreisfrequenzen zeigen sich solche Unterschiede. Diese sollen jedoch nicht weiter diskutiert werden.

Im folgenden beschäftigen wir uns mit der kreisfrequenzabhängigen Erregeramplitude $\tilde{A}$ nicht weiter.

4.5.2 Die Differentialgleichung der erzwungenen linearen Schwingung. Allgemeines zur Lösung

Wir haben gesehen, daß die erzwungene lineare Schwingung für verschiedene Anordnungen von Feder und Dämpfer durch die Differentialgleichung (4.257) beschrieben wird. Durch Einführen der dimensionslosen Zeit $\tau = \omega t$ reduziert sich die Anzahl der Parameter um eins. τ wird von nun an kurz als Zeit bezeichnet. Die Konstante $\omega = \sqrt{c/m}$ ist wie bei der linearisierten Pendelbewegung die Eigenkreisfrequenz der ungedämpften freien Schwingung. Gemäß der Kettenregel gilt $d(\ )/dt = \omega\, d(\ )/d\tau$; die Ableitung nach τ wird mit $(\ )'$ bezeichnet. Nach Division beider Seiten von Gl. (4.257) durch c nimmt diese die Form

$$x'' + 2Dx' + x = r\cos(\eta\tau + \alpha) \tag{4.266}$$

an, wo der dimensionslose Parameter $D = k/(2\sqrt{cm})$ Dämpfungsgrad genannt wird und $\eta = \Omega/\omega$ die dimensionslose Erregerkreisfrequenz bezeichnet. Im Falle der Wegerregung über die Feder nach Abb. 4.57 ist $r = A/c$ der Kurbelradius.

Bei Gl. (4.266), der Schwingungsgleichung, handelt es sich um eine inhomogene lineare Differentialgleichung zweiter Ordnung. Die allgemeine Lösung einer linearen inhomogenen Differentialgleichung setzt sich additiv zusammen aus der allgemeinen Lösung der homogenen Differentialgleichung und einer partikulären Lösung der inhomogenen Differentialgleichung. Eine partikuläre Lösung besteht aus einer speziellen Lösung der homogenen Differentialgleichung (das heißt, den Integrationskonstanten in deren allgemeiner Lösung sind feste Werte zugeordnet) und einem Summanden, der die homogene Differentialgleichung nicht erfüllt. Für den letzteren Summanden, welcher in allen partikulären Lösungen enthalten ist, interessieren wir uns besonders, da er sich im Falle $D \neq 0$ als die stationäre erzwungene Schwingung herausstellen wird.

4.5.3 Die Lösung der homogenen Differentialgleichung. Die freie Bewegung

Wir bestimmen nun die allgemeine Lösung der homogenen Differentialgleichung

$$x'' + 2Dx' + x = 0. \tag{4.267}$$

Diese ist, wie erörtert, einerseits ein Bestandteil der allgemeinen Lösung der inhomogenen Differentialgleichung (4.266), andererseits beschreibt sie mit x als Verlängerung der Feder die Bewegung des Quaders unter der alleinigen Wirkung von Feder und Dämpfer gemäß Abb. 4.59 (oben). Eine solche wollen wir als freie Bewegung bezeichnen und der Diskussion der Lösung von Gl. (4.267) zugrunde legen.

Der Lösungsansatz

$$x = e^{\kappa\tau} \tag{4.268}$$

liefert die charakteristische Gleichung

$$\kappa^2 + 2D\kappa + 1 = 0 \tag{4.269}$$

mit den Wurzeln

$$\kappa_{1,2} = -D \pm \sqrt{D^2 - 1}. \tag{4.270}$$

Für $D \neq 1$ bilden $\exp(\kappa_1 \tau)$ und $\exp(\kappa_2 \tau)$ ein Fundamentalsystem der Gl. (4.267), und ihre allgemeine Lösung lautet

$$x = C_1 e^{\kappa_1 \tau} + C_2 e^{\kappa_2 \tau}, \tag{4.271}$$

wo C_1 und C_2 Integrationskonstanten sind. Der Fall $D = 1$ wird als Grenzfall bezeichnet und einstweilen ausgeschlossen.

Bei starker Dämpfung, $D > 1$, gilt

$$\kappa_2 < \kappa_1 < 0, \tag{4.272}$$

und der Ausschlag x strebt mit unbeschränkt wachsender Zeit gegen null. Zur weiteren Diskussion drücken wir die Integrationskonstanten durch die Anfangsbedingungen,

$$\tau = 0: \quad x = x_0, \tag{4.273}$$
$$\tau = 0: \quad x' = v_0, \tag{4.274}$$

aus. Ableiten von x nach τ führt auf

$$x' = \kappa_1 C_1 e^{\kappa_1 \tau} + \kappa_2 C_2 e^{\kappa_2 \tau}. \tag{4.275}$$

Es sei daran erinnert, daß $x' = \dot{x}/\omega$ die Dimension Länge hat. Die Anfangsbedingungen bilden das Gleichungssystem

$$C_1 + \quad C_2 = x_0, \tag{4.276}$$
$$\kappa_1 C_1 + \kappa_2 C_2 = v_0, \tag{4.277}$$

mit der Lösung

$$C_1 = \frac{v_0 - \kappa_2 x_0}{\kappa_1 - \kappa_2}, \tag{4.278}$$

$$C_2 = - \frac{v_0 - \kappa_1 x_0}{\kappa_1 - \kappa_2}. \tag{4.279}$$

Der zeitliche Verlauf der Bewegung ist also festgelegt durch

$$x = \frac{v_0 - \kappa_2 x_0}{\kappa_1 - \kappa_2} e^{\kappa_1 \tau} - \frac{v_0 - \kappa_1 x_0}{\kappa_1 - \kappa_2} e^{\kappa_2 \tau}. \tag{4.280}$$

Wir setzen ein positives x_0 voraus und untersuchen den Einfluß von v_0 auf die x, τ-Kurve. Bei positiver Anfangsgeschwindigkeit, $v_0 > 0$, entfernt sich der Quader zunächst weiter von der Gleichgewichtslage und kriecht nach einem Maximalausschlag zu dieser zurück. Im Falle $v_0 = 0$ ist x_0 das Maximum. Für $v_0 < \kappa_2 x_0$, also eine Anfangsgeschwindigkeit, welche dem Betrag nach größer als $-\kappa_2 x_0$ ist und deren Richtung zur Gleichgewichtslage zeigt, wird diese einmal überschritten und nach einem relativen Extremum von der anderen Seite her wieder angestrebt.

Zur Verifikation betrachten wir eine Nullstelle, $x = 0$, für welche nach Gl. (4.280)

$$(v_0 - \kappa_2 x_0)e^{\kappa_1 \tau^*} = (v_0 - \kappa_1 x_0)e^{\kappa_2 \tau^*} \qquad (4.281)$$

gilt. Multiplizieren mit $\exp(-\kappa_2 \tau^*)$ und Auflösen nach τ^* führt zu der Zeit

$$\tau^* = \frac{1}{\kappa_1 - \kappa_2} \ln \frac{\kappa_1 x_0 - v_0}{\kappa_2 x_0 - v_0}, \qquad (4.282)$$

welche endlich und positiv ist, wenn das Argument des natürlichen Logarithmus die Ungleichung

$$1 < \frac{\kappa_1 x_0 - v_0}{\kappa_2 x_0 - v_0} < \infty \qquad (4.283)$$

erfüllt. Da der Zähler größer ist als der Nenner, trifft dies zu für positiven Nenner, also $v_0 < \kappa_2 x_0$. Die hier erörterten zeitlichen Verläufe von x bei starker Dämpfung sind mit v_0 als Scharparameter auf Abb. 4.62 dargestellt.

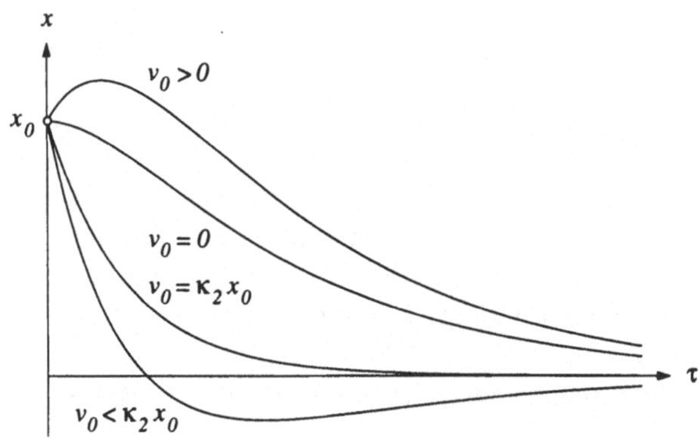

Abb. 4.62.

Im Grenzfall $D = 1$ hat die charakteristische Gleichung die Doppelwurzel

$$\kappa_1 = \kappa_2 = -1, \qquad (4.284)$$

und die Lösung der Gl. (4.267) lautet

$$x = (C_1 + C_2 \tau)e^{-\tau} \qquad (4.285)$$

oder mit den allgemeinen Anfangsbedingungen (4.273) und (4.274)

$$x = [x_0 + (v_0 + x_0)\tau]e^{-\tau}. \qquad (4.286)$$

Die x, τ-Kurven stimmen in qualitativer Hinsicht mit jenen der stark gedämpften freien Bewegung überein. Für $v_0 < -x_0$ erfolgt ein einmaliges Überschreiten der Gleichgewichtslage.

Wenn der Dämpfungsparameter im Bereich $0 \leq D < 1$ liegt, dann kann das aus Quader, Feder und Dämpfer bestehende System Schwingungen ausführen, wie nun gezeigt wird. Die Wurzeln der charakteristischen Gleichung sind konjugiert komplex,

$$\kappa_{1,2} = -D \pm i\mu \tag{4.287}$$

mit

$$\mu = \sqrt{1 - D^2}. \tag{4.288}$$

Die Lösung

$$x = e^{-D\tau}(K_1 e^{i\mu\tau} + K_2 e^{-i\mu\tau}) \tag{4.289}$$

wird zunächst mit Hilfe der Eulerschen Formeln

$$e^{i\varphi} = \cos\varphi + i\sin\varphi, \tag{4.290}$$

$$e^{-i\varphi} = \cos\varphi - i\sin\varphi \tag{4.291}$$

in die Form

$$x = e^{-D\tau}[(K_1 + K_2)\cos\mu\tau + i(K_1 - K_2)\sin\mu\tau] \tag{4.292}$$

gebracht. Da x reell ist, erweisen sich die Integrationskonstanten $K_2 = (C_1 + iC_2)/2$ und $K_1 = (C_1 - iC_2)/2$ als konjugiert komplex, und mit den reellen Konstanten C_1 und C_2 lautet die allgemeine Lösung der Gl. (4.267) für den Parameterbereich $0 \leq D < 1$

$$x = e^{-D\tau}(C_1 \cos\mu\tau + C_2 \sin\mu\tau) \tag{4.293}$$

oder

$$x = Ce^{-D\tau}\cos(\mu\tau + \varepsilon), \tag{4.294}$$

wo C nichtnegativ ist und der Nullphasenwinkel ε in den Bereich $-\pi \leq \varepsilon < \pi$ eingeschrankt wird. Im Falle $D = 0$ ist dies eine harmonische Schwingung mit der Eigenkreisfrequenz $\mu = 1$; bei Dämpfungsgraden im Intervall $0 < D < 1$ handelt es sich um eine gedämpfte Schwingung. Für deren Eigenkreisfrequenz gilt $1 > \mu > 0$.

Zwischen den beiden Sätzen von reellen Integrationskonstanten bestehen die Zusammenhänge

$$C = \sqrt{C_1^2 + C_2^2}, \tag{4.295}$$

$$\cos\varepsilon = \frac{C_1}{\sqrt{C_1^2 + C_2^2}}, \tag{4.296}$$

$$\sin\varepsilon = -\frac{C_2}{\sqrt{C_1^2 + C_2^2}}. \tag{4.297}$$

Drückt man die Integrationskonstanten durch die allgemeinen Anfangsbedingungen (4.273) und (4.274) aus, dann ergibt sich

$$C = \sqrt{x_0^2 + \frac{1}{\mu^2}(Dx_0 + v_0)^2}, \tag{4.298}$$

$$\cos\varepsilon = \frac{x_0}{\sqrt{x_0^2 + \frac{1}{\mu^2}(Dx_0 + v_0)^2}}, \tag{4.299}$$

$$\sin\varepsilon = -\frac{Dx_0 + v_0}{\mu\sqrt{x_0^2 + \frac{1}{\mu^2}(Dx_0 + v_0)^2}}. \tag{4.300}$$

Bei gegebenem x_0 und v_0 gibt es genau ein ε im Intervall $-\pi \leq \varepsilon < \pi$, das die Gln. (4.299) und (4.300) erfüllt.

Abbildung 4.63 zeigt ein Beispiel für den zeitlichen Verlauf von x zusammen mit den Kurven $\pm C\exp(-D\tau)$. Sowohl x_0 als auch v_0 sind positiv gewählt; der Nullphasenwinkel liegt daher im Intervall $-\frac{\pi}{2} < \varepsilon < 0$. Wir wollen diese Kurve nun etwas eingehender betrachten. Sie besitzt Nullstellen, Extrema und gemeinsame Punkte mit den Kurven $\pm C\exp(-D\tau)$, welche somit die Bedeutung von Schranken oder Grenzkurven haben. Die zugehörigen Zeitpunkte errechnen sich aus den Bestimmungsgleichungen

$$\cos(\mu\tau_j^{①} + \varepsilon) = 0, \tag{4.301}$$

$$\tan(\mu\tau_j^{②} + \varepsilon) = -\frac{D}{\mu}, \tag{4.302}$$

$$\sin(\mu\tau_j^{③} + \varepsilon) = 0. \tag{4.303}$$

Die Zeitspanne T zwischen zwei gleichsinnigen Nulldurchgängen wird als Schwingungsdauer bezeichnet,

$$T = \tau_{j+2}^{①} - \tau_j^{①} = \frac{2\pi}{\mu} \tag{4.304}$$

mit $i = 1$. Man erkennt unschwer, daß auch Maxima oder Minima im zeitlichen Abstand von T aufeinanderfolgen und daß dies auch für die Berührpunkte mit derselben Grenzkurve zutrifft. Gleichung (4.304) gilt also für $i = 1, 2, 3$. Die Berührungen finden genau in der Mitte zwischen zwei Nulldurchgängen statt.

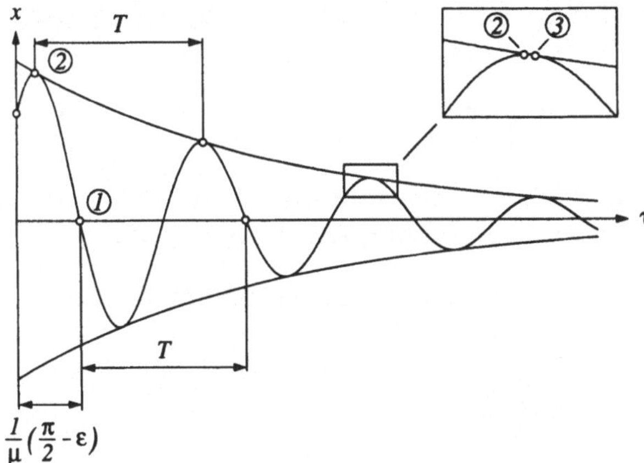

Abb. 4.63.

Die Extrema bilden eine geometrische Folge. Für das Verhältnis zweier aufeinanderfolgender Maxima oder Minima finden wir

$$\frac{x_j^{②}}{x_{j+2}^{②}} = \frac{Ce^{-D\tau_j^{②}}\cos(\mu\tau_j^{②} + \varepsilon)}{Ce^{-D(\tau_j^{②}+T)}\cos(\mu\tau_j^{②} + \mu T + \varepsilon)} = e^{DT} = e^{2\pi\frac{D}{\mu}}. \tag{4.305}$$

Der natürliche Logarithmus dieses Quotienten,

$$\Lambda = \ln \frac{x_j^{②}}{x_{j+2}^{②}} = 2\pi \frac{D}{\mu} = 2\pi \frac{D}{\sqrt{1 - D^2}}, \qquad (4.306)$$

wird als logarithmisches Dekrement bezeichnet. Durch meßtechnische Ermittlung von Λ kann man den Dämpfungsgrad eines linearen Systems bestimmen.

Wegen der großen Bedeutung wird nochmals auf die ungedämpfte freie Schwingung eingegangen. Für $D = 0$ kommt aus den Gln. (4.293) und (4.294)

$$x = C_1 \cos \tau + C_2 \sin \tau = C \cos(\tau + \varepsilon), \qquad (4.307)$$

und die Gln. (4.298) bis (4.300) gehen über in

$$C = \sqrt{x_0^2 + v_0^2}, \qquad (4.308)$$

$$\cos \varepsilon = \frac{x_0}{\sqrt{x_0^2 + v_0^2}}, \qquad (4.309)$$

$$\sin \varepsilon = -\frac{v_0}{\sqrt{x_0^2 + v_0^2}}; \qquad (4.310)$$

an die Definitionen $\tau = \omega t = \sqrt{c/m}\, t$ und $x' = dx/d\tau = \dot{x}/\omega$ sei erinnert.

Bei Anregung durch eine Anfangsauslenkung x_0 allein ergibt sich $C = x_0$, $\varepsilon = 0$ für $x_0 > 0$ und $C = -x_0$, $\varepsilon = -\pi$ für $x_0 < 0$. Beides kann man zusammenfassen zu

$$x = x_0 \cos \tau. \qquad (4.311)$$

Wird dem Schwinger in der Ruhelage eine Anfangsgeschwindigkeit v_0 erteilt, dann gilt $C = v_0$, $\varepsilon = -\pi/2$ für $v_0 > 0$ und $C = -v_0$, $\varepsilon = \pi/2$ für $v_0 < 0$ oder

$$x = v_0 \sin \tau. \qquad (4.312)$$

4.5.4 Die spezielle partikuläre Lösung der inhomogenen Differentialgleichung. Die stationäre erzwungene Schwingung

Wir beschäftigen uns nun mit der speziellen partikulären Lösung der inhomogenen Differentialgleichung $x'' + 2Dx' + x = r \cos(\eta\tau + \alpha)$, welche, wie oben besprochen, als Summand in allen partikulären Lösungen enthalten ist und die homogene Differentialgleichung nicht erfüllt.

Mit dem Ansatz

$$x_p = C_1 \cos(\eta\tau + \alpha) + C_2 \sin(\eta\tau + \alpha) \qquad (4.313)$$

erhält man auf der linken Seite die gewünschte Kosinusfunktion und kann die beim Differenzieren auftretende Sinusfunktion zum Verschwinden bringen.

Es ist leicht ersichtlich, daß der Ansatz (4.313) die homogene Differentialgleichung nicht erfüllt; er liefert daher die gesuchte spezielle partikuläre Lösung, welche von nun an kurz als partikuläre Lösung bezeichnet werden soll. Der genannte Ansatz versagt allerdings für $D = 0$ und $\eta = 1$, also bei Erregung des ungedämpften Systems mit dessen Eigenkreisfrequenz. Durch Einsetzen von x_p nach Gl. (4.313) geht die Schwingungsgleichung über in

$$[(1 - \eta^2)C_1 + 2D\eta C_2]\cos(\eta\tau + \alpha) \tag{4.314}$$

$$+ [-2D\eta C_1 + (1 - \eta^2)C_2]\sin(\eta\tau + \alpha) = r\cos(\eta\tau + \alpha).$$

Da $\cos\varphi$ und $\sin\varphi$ voneinander linear unabhängige Funktionen sind, ist die obige Gleichung nur dann für alle Zeiten τ erfüllt, wenn die Faktoren der Winkelfunktionen auf beiden Seiten übereinstimmen. Dies führt zu dem Gleichungssystem

$$(1 - \eta^2)C_1 + 2D\eta C_2 = r, \tag{4.315}$$

$$- 2D\eta C_1 + (1 - \eta^2)C_2 = 0 \tag{4.316}$$

mit der Lösung

$$C_1 = \frac{1 - \eta^2}{(1 - \eta^2)^2 + 4D^2\eta^2}r, \tag{4.317}$$

$$C_2 = \frac{2D\eta}{(1 - \eta^2)^2 + 4D^2\eta^2}r. \tag{4.318}$$

Die partikuläre Lösung der Schwingungsgleichung kann in der alternativen Form

$$x_p = X\cos(\eta\tau + \alpha + \psi) \tag{4.319}$$

geschrieben werden mit

$$X = \frac{1}{\sqrt{(1 - \eta^2)^2 + 4D^2\eta^2}}r, \tag{4.320}$$

$$\cos\psi = \frac{1 - \eta^2}{\sqrt{(1 - \eta^2)^2 + 4D^2\eta^2}}, \tag{4.321}$$

$$\sin\psi = -\frac{2D\eta}{\sqrt{(1 - \eta^2)^2 + 4D^2\eta^2}}. \tag{4.322}$$

Der Winkel ψ wird in das Intervall $-\pi \leq \psi < \pi$ eingeschrankt und dadurch eindeutig gemacht. x_p gemäß Gl. (4.319) ist im Falle $D \neq 0$ die stationäre erzwungene Schwingung, da nach den Gln. (4.271) mit (4.272) bei starker Dämpfung, (4.285) im Grenzfall $D = 1$ und (4.294) bei schwacher Dämpfung der jeweils andere Bestandteil der die Anfangsbedingungen erfüllenden Gesamtlösung mit der Zeit abklingt. Für $D = 0$ und $\eta \neq 1$ setzt sich die Gesamtlösung aus zwei harmonischen Funktionen zusammen, von welchen eine die Eigenkreisfrequenz 1 der ungedämpften freien Schwingung und die andere die Kreisfrequenz η der Erregung hat. Die Summe beider ist nur dann eine periodische Funktion der Zeit, wenn η eine (positive) rationale Zahl ist.

Die stationäre erzwungene Schwingung ist eine harmonische Bewegung mit der Kreisfrequenz $\eta = \Omega/\omega$ der Erregung. Die Phasen beider unterscheiden sich jedoch durch den Winkel ψ. Sowohl die Amplitude X als auch der Winkel ψ

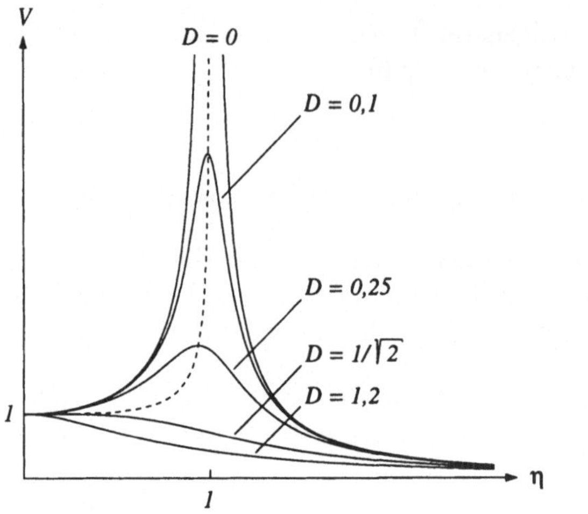

Abb. 4.64.

hängen von der Erregerkreisfrequenz η ab. Es sei daran erinnert, daß η als jeweils konstant vorausgesetzt wurde.

Abbildung 4.64 zeigt $V = X/r$ als Funktion von η mit D als Scharparameter. Dieser Quotient aus der Amplitude X der stationären erzwungenen Schwingung und der kreisfrequenzunabhängigen Erregeramplitude r, welche im Falle der Erregung über die Feder der Kurbelradius ist, beziehungsweise $r = A/c$ bei Krafterregung wird als Vergrößerungsfunktion bezeichnet. Der Kurvenverlauf ändert sich qualitativ mit dem Dämpfungsgrad. Alle Kurven besitzen eine horizontale Tangente an der Stelle $\eta = 0$. Für $D \geq 1/\sqrt{2}$ fällt die Vergrößerungsfunktion mit wachsendem η monoton auf null. Im Parameterbereich $0 < D < 1/\sqrt{2}$ gibt es aber bei

$$\eta^* = \sqrt{1 - 2D^2} \qquad (4.323)$$

eine zweite Stelle mit verschwindendem Anstieg. Dort befindet sich ein Maximum der Vergrößerungsfunktion der Größe

$$V_{max} = \frac{1}{2D\sqrt{1 - D^2}}; \qquad (4.324)$$

η^* wird Resonanzkreisfrequenz genannt. Durch die Gln. (4.323) und (4.324) ist der geometrische Ort der Extrema mit D als Kurvenparameter gegeben. Eliminiert man diesen, so lautet die Gleichung der die Extrema verbindenden Kurve

$$V_{max} = \frac{1}{\sqrt{1 - \eta^4}}, \qquad (4.325)$$

wo die unabhängige Variable wieder mit η bezeichnet ist. Diese Kurve ist in Abb. 4.64 strichliert eingetragen. Wie man sieht, kann ein Schwinger nur für $D < 1/\sqrt{2}$ in Resonanz geraten.

Im Falle $D = 0$ gilt

$$V = \frac{1}{1 - \eta^2}, \qquad 0 \le \eta < 1, \tag{4.326}$$

$$V = \frac{1}{\eta^2 - 1}, \qquad \eta > 1; \tag{4.327}$$

an der Stelle $\eta = 1$ befindet sich ein Pol.

Bemerkung: Wie man der Abb. 4.64 entnimmt, verschwindet $V = X/r$ für $D < 1/\sqrt{2}$ nach einem Maximum mit wachsendem η. In vielen Fällen sind erzwungene Schwingungen unerwünscht. Es empfiehlt sich daher ein Betrieb im überkritischen Bereich von η, das heißt im Bereich $\eta > \eta^*$. Beim Anfahren vom Stillstand muß jedoch die Resonanzkreisfrequenz η^* „durchfahren" werden. Wenn es dabei zu Beschädigungen oder Unfällen kommen kann, müssen die größeren Amplituden bei unterkritischem Betrieb in Kauf genommen werden. (Es sei daran erinnert, daß die instationäre Erregung mit $\dot{\eta} \ne 0$ hier nicht behandelt wird.)

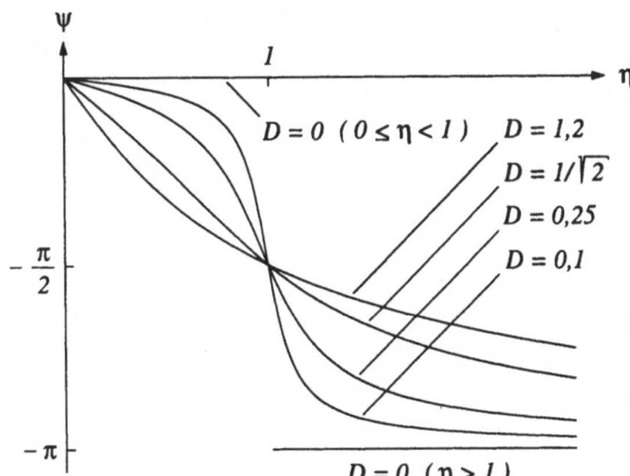

Abb. 4.65.

Die Abhängigkeit des Winkels ψ von der Erregerkreisfrequenz η ist auf Abb. 4.65 dargestellt. Wir diskutieren zunächst den Fall $D \ne 0$. Den Gln. (4.321) und (4.322) entnimmt man die in Tab. 1 zusammengestellten Ergebnisse. Demnach ist der Winkel ψ nichtpositiv; die erzwungene stationäre Schwingung eilt der Erregung nach. Unabhängig vom Dämpfungsgrad ($D \ne 0$) gilt $\psi = -\pi/2$ für $\eta = 1$.

η	0	1	$\to \infty$
$\cos\psi$	1	0	-1
$\sin\psi$	0	-1	0
ψ	0	$-\pi/2$	$-\pi$

Tab. 1.

Im Falle sehr großer Erregerkreisfrequenz ($\eta = \Omega/\omega >> 1$) ist die erzwungene Schwingung beinahe in Gegenphase zur Erregung, allerdings mit sehr kleiner Amplitude ($X/r << 1$).

Für $D = 0$ findet man

$$\psi = 0, \qquad 0 \le \eta < 1, \tag{4.328}$$

$$\psi = -\pi, \qquad \eta > 1. \tag{4.329}$$

Die beiden Fälle können zusammengefaßt werden zu

$$x_p = \frac{r}{1 - \eta^2} \cos(\eta\tau + \alpha). \tag{4.330}$$

Bei Erregung des ungedämpften Systems mit dessen Eigenkreisfrequenz, $\eta = 1$, führt der Lösungsansatz

$$x_p = C\tau \sin(\tau + \alpha) \tag{4.331}$$

zum Ziel. Einsetzen in die Differentialgleichung

$$x'' + x = r \cos(\tau + \alpha) \tag{4.332}$$

liefert

$$C = \frac{1}{2}r. \tag{4.333}$$

Diese partikuläre Lösung wächst mit der Zeit über jede Grenze. Wir erinnern uns aber daran, daß dem vorliegenden Ergebnis die Linearität der Federkennlinie und das Fehlen jeder Art von Dämpfung zugrunde liegt.

4.5.5 Die erzwungene Bewegung des gedämpften und des ungedämpften Schwingers

Der zeitliche Verlauf der erzwungenen Bewegung des Quaders ist festgelegt durch die allgemeine Lösung der Schwingungsgleichung (4.266) gemeinsam mit zwei Anfangsbedingungen. In Tab. 2 sind die zu den verschiedenen Parametern $D > 1$, $D = 1$, $1 > D > 0$ und $D = 0$ gehörigen allgemeinen Lösungen zusammengestellt.

$D > 1$	$x = C_1 e^{\kappa_1\tau} + C_2 e^{\kappa_2\tau} + X(\eta)\cos[\eta\tau + \alpha + \psi(\eta)]$
$D = 1$	$x = (C_1 + C_2\tau)e^{-\tau} + X(\eta)\cos[\eta\tau + \alpha + \psi(\eta)]$
$1 > D > 0$	$x = Ce^{-D\tau}\cos(\mu\tau + \varepsilon) + X(\eta)\cos[\eta\tau + \alpha + \psi(\eta)]$ $1/\sqrt{2} \le D < 1$ keine Resonanz $0 < D < 1/\sqrt{2}$ Resonanz möglich
$D = 0$	$\eta \ne 1$ $x = C\cos(\tau + \varepsilon) + \dfrac{r}{1 - \eta^2}\cos(\eta\tau + \alpha)$ $\eta = 1$ $x = C\cos(\tau + \varepsilon) + \dfrac{1}{2}r\tau\sin(\tau + \alpha)$

Tab. 2.

Die an die Anfangsbedingungen angepaßte Lösung wird als Gesamtlösung bezeichnet. Diese besteht, wie ausführlich erörtert, im Falle $D \ne 0$ aus einem mit der Zeit abklingenden Anteil und einem harmonischen Anteil. Die Überlagerung beider, also die Gesamtlösung, beschreibt den Einschwingvorgang. Dieser dauert zwar theoretisch bis $\tau \to \infty$, kann aber praktisch dann als beendet angesehen werden, wenn der Betrag des abklingenden Teils der Lösung eine passend gewählte Schranke nicht mehr überschreitet (siehe Abb. 4.66 für $D < 1$). Danach bleibt die stationäre erzwungene Schwingung übrig.

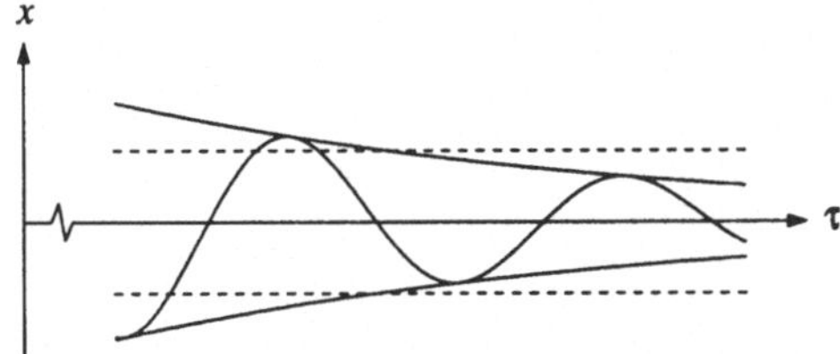

Abb. 4.66.

Der Einschwingvorgang bei schwacher Dämpfung wird nun eingehender behandelt. In diesem Falle hat man es mit der Überlagerung einer abklingenden Schwingung der Kreisfrequenz μ und einer harmonischen Schwingung der Kreisfrequenz η zu tun. Für $\eta < \mu$ und $\eta > \mu$ zeigt sich qualitativ unterschiedliches Verhalten.

Nach Tab. 2 lautet die allgemeine Lösung der Schwingungsgleichung für $1 > D > 0$

$$x = Ce^{-D\tau}\cos(\mu\tau + \varepsilon) + X\cos(\eta\tau + \alpha + \psi), \qquad (4.334)$$

wo X und ψ nach den Gln. (4.320), (4.321) und (4.322) Funktionen von η sind. Durch Anpassen dieser Lösung an die Anfangsbedingungen $x = x_0$ und $v = v_0$ für $\tau = 0$ erhält man

$$C = \left\{[x_0 - X\cos(\alpha + \psi)]^2 + \right.$$
$$\left. \frac{1}{\mu^2}[Dx_0 + v_0 - DX\cos(\alpha + \psi) + \eta X\sin(\alpha + \psi)]^2\right\}^{\frac{1}{2}}, \quad (4.335)$$

$$\cos\varepsilon = \frac{x_0 - X\cos(\alpha + \psi)}{C}, \qquad (4.336)$$

$$\sin\varepsilon = -\frac{Dx_0 + v_0 - DX\cos(\alpha + \psi) + \eta X\sin(\alpha + \psi)}{\mu C}. \qquad (4.337)$$

Der Einschwingvorgang entfällt, wenn die Anfangsbedingungen zur stationären erzwungenen Schwingung passen. Dies trifft zu für

$$x_0 = X\cos(\alpha + \psi), \qquad (4.338)$$

$$v_0 = -\eta X\sin(\alpha + \psi). \qquad (4.339)$$

Bei Erregung des Quaders, der sich zur Zeit $\tau = 0$ im Gleichgewicht befindet, gilt

$$x_0 = r\cos\alpha, \qquad (4.340)$$

$$v_0 = 0, \qquad (4.341)$$

wo durch den Nullphasenwinkel α die anfängliche Stellung der Kurbel und damit auch der Schubstange festgelegt ist. Die Gleichgewichtslage erhält man aus der Forderung, daß dort die Federkraft verschwindet, mit Hilfe der Gl. (4.253) oder direkt aus der Schwingungsgleichung (4.266), indem man x' und x'' gleich null setzt.

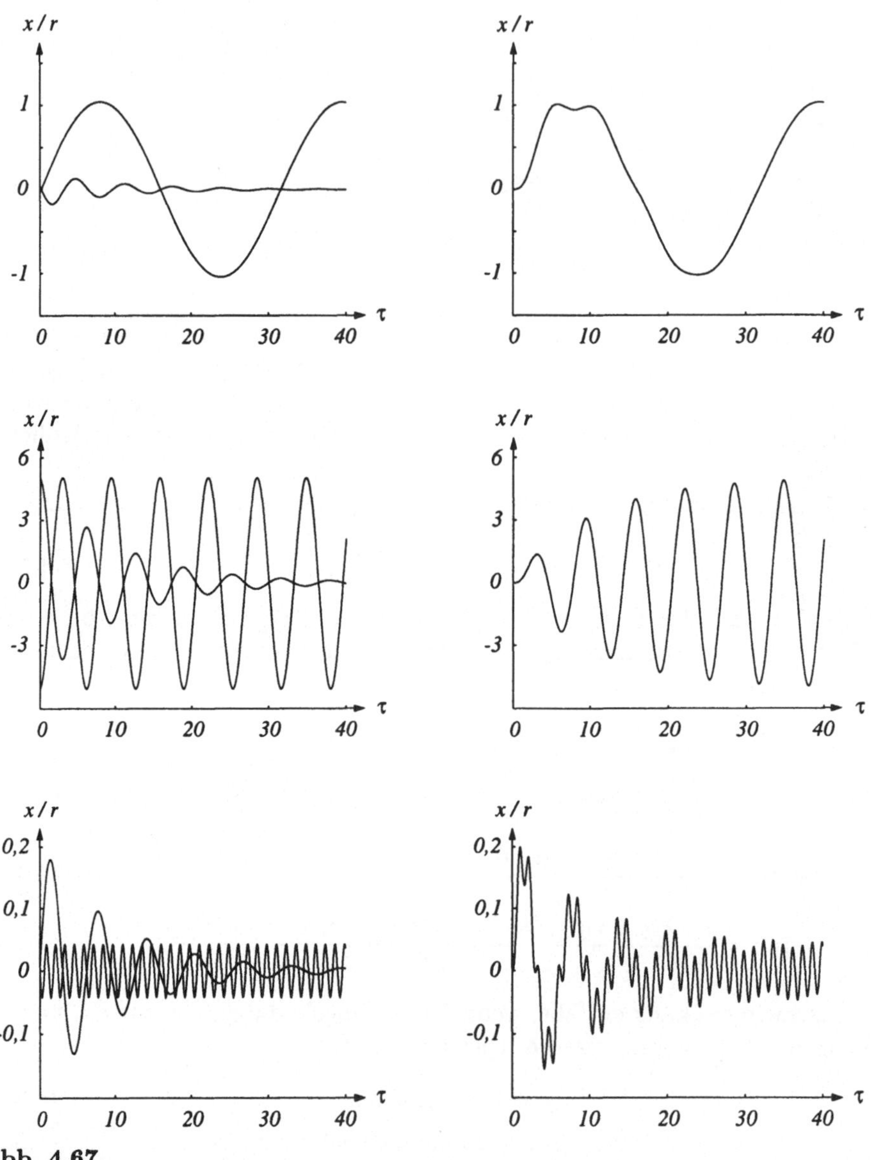

Abb. 4.67.

Als Beispiel betrachten wir nun den Einschwingvorgang des Quaders aus einer speziellen Gleichgewichtslage heraus. Diese ist gekennzeichnet durch $\alpha = -\pi/2$ und damit $x_0 = 0$; die Schubstange hat zur Zeit $\tau = +0$ die nach rechts gerichtete Geschwindigkeit ηr (der Dimension Länge). Der Schwinger sei mit $D = 0,1$ schwach gedämpft; die zugehörige Eigenkreisfrequenz der gedämpften freien Schwingung ergibt sich dann nach Gl. (4.288) zu $\mu = 0{,}995$. Abbildung 4.67 zeigt von oben nach unten die Fälle $\eta = 0,2 < \eta^*$, $\eta = 0,990 = \eta^*$ und $\eta = 5 > \eta^*$, wo η^* die durch Gl. (4.323) gegebene Resonanzkreisfrequenz ist. Auf den linken Seiten sind die nach den Gln. (4.320), (4.321) und (4.322) durch η festgelegten stationären erzwungenen Schwingungen dargestellt sowie die abklingenden Anteile der Gl. (4.334) mit der Eigenkreisfrequenz μ, in welchen die Integrationskonstanten C und ε nach den Gln. (4.335), (4.336) und (4.337) neben den Anfangswerten $x_0 = 0$ und $v_0 = 0$ auch die Größen $X(\eta)$ und $\psi(\eta)$ enthalten. Die Gln. (4.320), (4.321) und (4.322) liefern für

$$
\begin{aligned}
\eta = 0,2: \qquad & V = 1,041, \qquad & \psi = -0,042, \\
\eta = 0,990: \qquad & V = 5,025, \qquad & \psi = -1,470, \\
\eta = 5: \qquad & V = 0,042, \qquad & \psi = -3,100
\end{aligned}
$$

in Übereinstimmung mit den Abbn. 4.64 und 4.65. Es sei daran erinnert, daß es im Intervall $-\pi \leq \psi < \pi$ jeweils genau ein ψ gibt, das die Gln. (4.321) und (4.322) erfüllt. Die Nullphasenwinkel $\alpha + \psi(\eta)$ der partikulären Lösung weichen nicht allzusehr von $-\pi/2$, $-\pi$ und $-3\pi/2$ ab, und somit entsprechen die stationären erzwungenen Schwingungen in den drei Fällen bis auf kleine Phasenverschiebungen einer Sinusfunktion, einer Kosinusfunktion und einer Sinusfunktion mit negativem Faktor bei letzteren beiden.

Wegen der Anfangsbedingungen $x_0 = 0$ und $v_0 = 0$ sind die Anfangswerte und die Anfangsanstiege der abklingenden Anteile entgegengesetzt gleich denen der stationären erzwungenen Schwingungen. Die rechte Hälfte der Abbildung zeigt die Einschwingvorgänge. Man beachte die unterschiedlichen Ordinatenmaßstäbe!

4.5.6 Ratterschwingungen

Der numerische Unterschied von Haftgrenzkoeffizient μ_0 und Gleitreibungskoeffizient μ, nämlich $\mu < \mu_0$, liefert - wie im Abschnitt 3.9.2 erwähnt - die Erklärung des Phänomens der Ratterschwingungen, welche in aufeinanderfolgenden Phasen des Haftens und Gleitens zweier Körper bestehen. Wir untersuchen solche Ratterschwingungen an einem einfachen Modell (siehe Abb. 4.68).

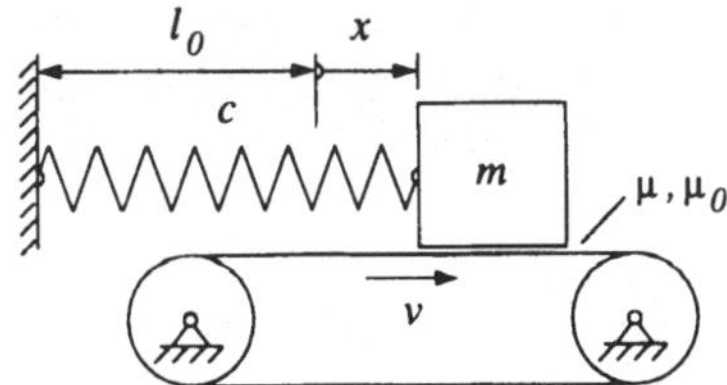

Abb. 4.68.

Ein Klotz der Masse m, welcher über eine lineare Feder der ungespannten Länge l_0 und der Federkonstante c mit einer festen Wand verbunden ist, haftet auf einem oder gleitet gegenüber einem mit konstanter Geschwindigkeit v laufenden Band.

Wir gehen davon aus, daß der Klotz zunächst auf dem Band haftet, sich also mit konstanter Geschwindigkeit nach rechts bewegt. Er steht unter der Wirkung der nach links gerichteten Federkraft cx und der nach rechts gerichteten dieselbe Größe annehmenden Haftkraft. Letztere kann allerdings nur bis zum Maximalwert $H_0 = \mu_0 N = \mu_0 mg$ anwachsen, und dann tritt Gleiten ein. Wir ordnen diesem Ereignis die Zeit $t = 0$ zu und halten fest, daß sich der Klotz zu diesem Zeitpunkt an der Stelle $x_0 = \mu_0 mg/c$ befindet und die Bandgeschwindigkeit v hat.

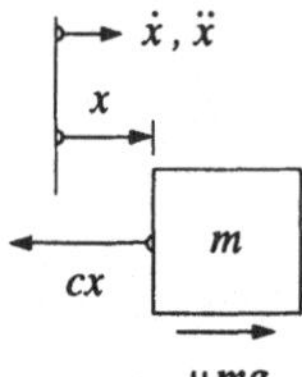

Abb. 4.69.

In der darauf folgenden Gleitphase bewegt sich der Klotz bezüglich des Bandes nach links und zwar mit der Relativgeschwindigkeit $v - \dot{x} \geq 0$, wobei das Gleichheitszeichen für den Anfang der Gleitphase, $t = 0$, und das Ende der Gleitphase, $t = t_1$, gilt. Das Band übt die Gleitreibungskraft μmg nach rechts auf die Unterseite des Klotzes aus (siehe Abb. 4.69), welcher sich demnach beschleunigt bewegt gemäß

$$m\ddot{x} = -cx + \mu mg. \tag{4.342}$$

Durch Umformen erhalten wir

$$\ddot{x} + \omega^2 x = \mu g. \tag{4.343}$$

Dies ist eine Schwingungsgleichung, deren allgemeine Lösung in der Form

$$x = C\cos(\omega t + \varepsilon) + x_M \tag{4.344}$$

angegeben werden kann. Gleichung (4.344), welche - um die Konstante x_M vermehrt - der Gl. (4.307) entspricht, stellt somit eine harmonische Schwingung mit der Kreisfrequenz $\omega = \sqrt{c/m}$, dem Nullphasenwinkel ε, für den wir das Intervall $-\pi \leq \varepsilon < \pi$ festlegen, und der Amplitude C um die Mittellage $x_M = \mu g/\omega^2$ dar. Diese endet allerdings schon vor dem Ablauf einer ganzen Schwingung mit dem Wiedereintritt des Haftens.

Aus den Anfangsbedingungen erhalten wir

$$C = \sqrt{(x_0 - x_M)^2 + \frac{v^2}{\omega^2}}, \tag{4.345}$$

$$\cos\varepsilon = \frac{x_0 - x_M}{\sqrt{(x_0 - x_M)^2 + \frac{v^2}{\omega^2}}}, \tag{4.346}$$

$$\sin \varepsilon = -\frac{\frac{v}{\omega}}{\sqrt{(x_0 - x_M)^2 + \frac{v^2}{\omega^2}}}. \tag{4.347}$$

Bei positiver Bandgeschwindigkeit liegt der Phasenwinkel im Intervall $-\pi/2 < \varepsilon < 0$.

Die Gleitphase endet, wenn die Geschwindigkeit des Klotzes,

$$\dot{x} = -C\omega \sin(\omega t + \varepsilon), \tag{4.348}$$

die Bandgeschwindigkeit v erreicht. Der zugehörige Zeitpunkt t_1 ist eine Lösung der Bestimmungsgleichung

$$-C\omega \sin(\omega t_i + \varepsilon) = v. \tag{4.349}$$

Eine andere ist selbstverständlich $t_i = 0$ in Übereinstimmung mit Gl. (4.347), denn wir sind von $\dot{x} = v$ als einer der Anfangsbedingungen ausgegangen. Wegen $\sin \varepsilon = \sin(\pi - \varepsilon)$ gilt $\omega t_1 + \varepsilon = \pi - \varepsilon$ oder

$$t_1 = \frac{\pi - 2\varepsilon}{\omega}; \tag{4.350}$$

die übrigen Lösungen von Gl. (4.349) haben keine physikalische Relevanz. Der Klotz befindet sich beim Wiedereintritt des Haftens an der Stelle

$$x_1 = C \cos(\omega t_1 + \varepsilon) + x_M. \tag{4.351}$$

Drückt man $\cos(\omega t_i + \varepsilon)$ nach Gl. (4.349) durch $\sin(\omega t_i + \varepsilon) = -v/(C\omega)$ aus, dann erhält man mit C nach Gl. (4.345)

$$C \cos(\omega t_i + \varepsilon) = \pm(x_0 - x_M), \tag{4.352}$$

wobei das Pluszeichen zu $t_i = 0$ und das Minuszeichen zu $t_i = t_1$ gehört. Damit ist

$$x_1 = 2x_M - x_0. \tag{4.353}$$

Während der Haftphase bewegt sich der Klotz mit der konstanten Bandgeschwindigkeit v, bis er wieder die Ablösestelle x_0 erreicht und zwar nach Ablauf der Periode t_2. Diese erhält man aus

$$t_2 - t_1 = \frac{x_0 - x_1}{v}. \tag{4.354}$$

Die Grenzen des Haftbereichs und die Stellen, an denen der Klotz umkehrt, lassen sich auch leicht durch zeitfreies Integrieren der Beschleunigung, Gl. (4.342), gemäß Gl. (2.24) ermitteln. Mit der Bedingung $x = x_0 : \dot{x} = v$ liefert diese

$$\frac{1}{2}m(\dot{x}^2 - v^2) = -\frac{1}{2}c(x^2 - x_0^2) + \mu mg(x - x_0)$$

$$= -\frac{1}{2}c(x - x_0)(x + x_0 - 2x_M). \tag{4.355}$$

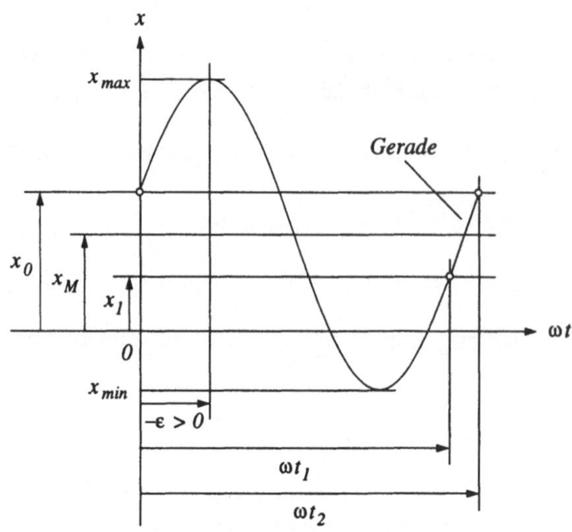

Abb. 4.70.

Bemerkung: Gleichung (4.355) läßt sich als Ergebnis des Arbeitssatzes in der Form (4.219) interpretieren; zur Ermittlung der Gleitreibungskraft ist jedoch die Betrachtung des Kräftegleichgewichts in vertikaler Richtung erforderlich.

Die Grenzen des Haftbereichs sind festgelegt durch $\dot{x} = v$, und aus

$$(x_j - x_0)(x_j + x_0 - 2x_M) = 0 \qquad (4.356)$$

erhält man wieder $x_1 = 2x_M - x_0$, und natürlich ist auch x_0 als Lösung enthalten. Die Umkehrstellen ergeben sich aus der Bedingung $\dot{x} = 0$ zu

$$x_{\max,\min} = x_M \pm \sqrt{(x_0 - x_M)^2 + \frac{v^2}{\omega^2}}. \qquad (4.357)$$

Abbildung 4.70 zeigt x als Funktion von ωt über eine Periode hinweg.

Bemerkung: Der Vollständigkeit halber sei erwähnt, daß es sich bei der hier untersuchten Bewegung des Klotzes um eine selbsterregte Schwingung handelt; der den Zustand des Schwingers beschreibende Punkt der Phasenebene durchläuft den Grenzzykel.

4.6 Spezielle Probleme der Kinetik: Die Planetenbewegung

4.6.1 Die Bewegungsgleichung

Himmelskörper können in den meisten Fällen wegen der im Vergleich zu den Abmessungen großen Entfernungen als Punktmassen idealisiert werden. Im Rahmen der klassischen Mechanik sind ihre Bahnkurven bezüglich eines Inertialsystems und der zeitliche Ablauf ihrer Bewegungen auf diesen festgelegt durch das dynamische Grundgesetz, das Gravitationsgesetz sowie ihre Orts- und Geschwindigkeitsvektoren zu einem bestimmten Zeitpunkt. Zur Untersuchung der Planetenbewegung können die Fixsterne als inertialfest angesehen werden. Diesen kommt also dabei eine Sonderstellung zu. Mit dem Punktmassenmodell lassen sich aber nicht alle Erscheinungen deuten; zum Beispiel üben Sonne und Mond auf die abgeplattete Erde Momente aus, welche nach dem Drallsatz Richtungsänderungen des Drallvektors und damit Präzession und Nutation der Erdachse zur Folge haben. Solche Phänomene bleiben hier außer Betracht.

Wegen der nichtlinearen Abhängigkeit der zwischen zwei Körpern wirkenden Gravitationskraft von deren Abstand sind die Bewegungsgleichungen nur in Ausnahmefällen in geschlossener Form zu integrieren. Ein solcher ist das Zweikörperproblem, welches nun behandelt wird.

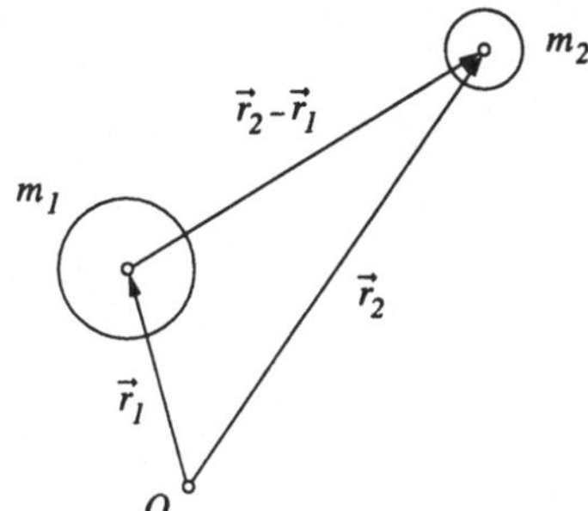

Abb. 4.71.

Wir untersuchen die Bewegung zweier Punktmassen, welche Gravitationskräfte aufeinander ausüben; Einflüsse anderer Körper seien vernachlässigbar. Bei nicht allzu großen Anforderungen an die Genauigkeit sind diese beiden Körper ein Modell für die Systeme Sonne-Planet, Erde-Mond oder Erde-Satellit. Abbildung 4.71 zeigt zwei Massen beliebiger Größe, deren augenblickliche Positionen durch die von dem inertialfesten Punkt O ausgehenden Ortsvektoren $\vec{r}_1$ und $\vec{r}_2$ gekennzeichnet sind. Mit dem Gravitationsgesetz, Gl. (4.234), lauten die Bewegungsgleichungen der Massen

$$m_1\ddot{\vec{r}}_1 = \kappa m_1 m_2 \frac{\vec{r}_2 - \vec{r}_1}{|\vec{r}_2 - \vec{r}_1|^3}, \tag{4.358}$$

$$m_2\ddot{\vec{r}}_2 = -\kappa m_1 m_2 \frac{\vec{r}_2 - \vec{r}_1}{|\vec{r}_2 - \vec{r}_1|^3}. \tag{4.359}$$

Nach Division durch m_1 beziehungsweise m_2 und Bildung der Differenz erhalten wir

$$\ddot{\vec{r}}_2 - \ddot{\vec{r}}_1 = -\kappa(m_1 + m_2)\frac{\vec{r}_2 - \vec{r}_1}{|\vec{r}_2 - \vec{r}_1|^3} \tag{4.360}$$

oder

$$\ddot{\vec{r}} = -\mu\frac{\vec{r}}{r^3}, \tag{4.361}$$

wo

$$\vec{r} = \vec{r}_2 - \vec{r}_1 \tag{4.362}$$

der auf den jeweils von der ersten Masse eingenommenen Punkt 1 bezogene Ortsvektor der zweiten Masse ist,

$$r = |\vec{r}_2 - \vec{r}_1| \tag{4.363}$$

dessen Betrag bezeichnet, und

$$\mu = \kappa(m_1 + m_2) \tag{4.364}$$

eine Konstante der Dimension Länge^3/Zeit^2 ist. Gleichung (4.361) ist die Bewegungsgleichung für die Relativbewegung der zweiten Masse bezüglich des Punktes 1.

4.6.2 Die Erhaltung des Dralls und die Konstanz der Flächengeschwindigkeit

Wir multiplizieren nun beide Seiten von Gl. (4.361) vektoriell von links mit $\vec{r}$ und finden zunächst

$$\vec{r} \times \ddot{\vec{r}} = \frac{d}{dt}(\vec{r} \times \dot{\vec{r}}) = \vec{0}. \tag{4.365}$$

Das konstante vektorielle Produkt

$$\vec{h} = \vec{r} \times \dot{\vec{r}} \tag{4.366}$$

ist dem auf den Punkt 1 bezogenen Drall der Masse 2 proportional,

$$\vec{L}_1^{(2)} = (\vec{r}_2 - \vec{r}_1) \times m_2(\dot{\vec{r}}_2 - \dot{\vec{r}}_1) = m_2\vec{h}. \tag{4.367}$$

Die Erhaltung des Dralls ist in Übereinstimmung mit dem Drallsatz, da $\vec{M}_1^{(2)} = \vec{0}$ und $\vec{r}_{M1}$ parallel $\ddot{\vec{r}}_1$ ist; $\vec{M}_1^{(2)}$ bedeutet dabei das an der Masse 2 angreifende Moment hinsichtlich des Punktes 1 und $\vec{r}_{M1}$ den Vektor von dort zum gemeinsamen Massenmittelpunkt, welcher im Abschnitt 4.6.7 $-\vec{x}_1$ heißt. Im folgenden bezeichnen wir den Vektor $\vec{h}$ der Einfachheit halber als Drallvektor und setzen $\vec{h} \neq \vec{0}$ voraus.

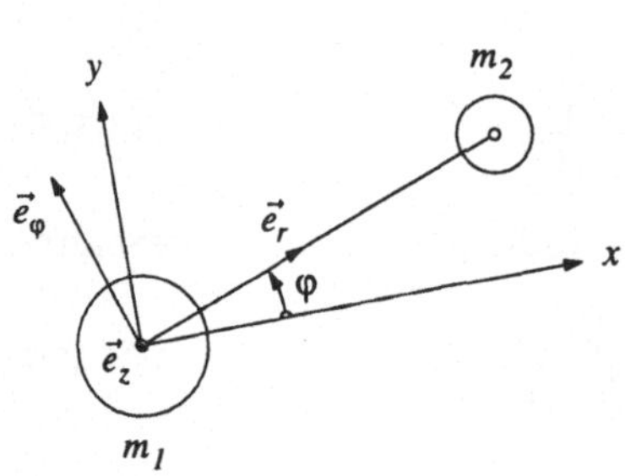

Abb. 4.72.

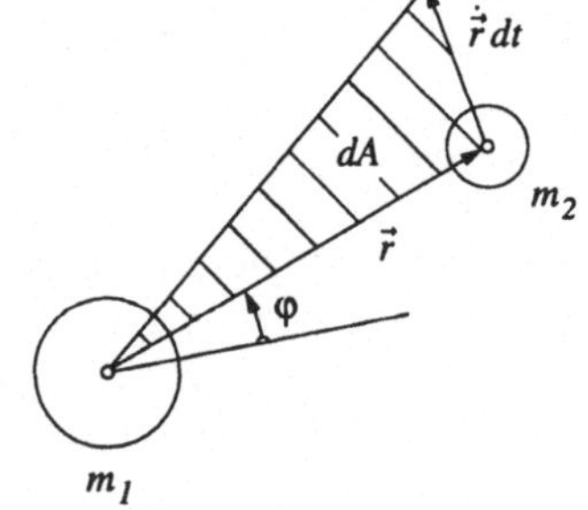

Abb. 4.73.

Durch den inertialfesten Massenmittelpunkt und den konstanten Drallvektor $\vec{h}$ ist eine inertialfeste Ebene senkrecht zu letzterem festgelegt. Auf dieser Ebene, welche von den Vektoren $\vec{r}$ und $\dot{\vec{r}}$ aufgespannt wird, bewegen sich die beiden Massen. Zur weiteren Behandlung verankern wir im Punkt 1 den Ursprung eines kartesischen Koordinatensystems und eines Zylinderkoordinatensystems und lassen die z-Achse mit der Normale der genannten Ebene zusammenfallen, und zwar so, daß die Richtungssinne von $\vec{e}_z$ und $\vec{h}$ übereinstimmen (siehe Abb. 4.72). Das kartesische Koordinatensystem bewegt sich translatorisch auf dieser, ist aber wegen des beschleunigten Ursprungs nicht inertialfest. Die Richtung der x-Achse wird weiter unten festgelegt. Stellt man die Vektoren $\vec{r}$ und $\dot{\vec{r}}$ nach den Gln. (2.14) und (2.15) in Zylinderkoordinaten dar, dann kommt man auf

$$\vec{h} = r\vec{e}_r \times (\dot{r}\vec{e}_r + r\dot{\varphi}\vec{e}_\varphi) = r^2\dot{\varphi}\vec{e}_z = h\vec{e}_z. \tag{4.368}$$

h und damit auch $\dot{\varphi}$ sind nach Voraussetzung positiv.

Eine kinematische Folge der Drallerhaltung ist die Konstanz der Flächengeschwindigkeit, wie nun gezeigt wird. Es gilt (siehe Abb. 4.73)

$$d\vec{A} = \frac{1}{2}\vec{r} \times \dot{\vec{r}}\, dt \tag{4.369}$$

und damit auch

$$\frac{d\vec{A}}{dt} = \frac{1}{2}\vec{r} \times \dot{\vec{r}} = \frac{1}{2}\vec{h}. \tag{4.370}$$

Bei Anwendung dieses Ergebnisses auf das System Sonne-Planet stoßen wir auf das zweite Keplersche Gesetz, welches besagt, daß der von der Sonne zum Planeten gerichtete Vektor in gleichen Zeiten gleiche Flächen überstreicht. Die Aussage von Gl. (4.370) ist jedoch nicht auf geschlossene periodisch durchlaufene Planetenbahnen beschränkt.

Es soll darauf hingewiesen werden, daß die Abhängigkeit der Kraft von der Entfernung in die vorstehenden Ergebnisse nicht eingeht; entscheidend ist vielmehr die Richtung der Kraft. Somit liegt Konstanz des Drallvektors und der Flächengeschwindigkeit beispielsweise auch dann vor, wenn die beiden Massen durch eine masselose Feder beliebiger Kennlinie, welche allerdings nicht ausknicken darf, miteinander verbunden sind.

4.6.3 Der Exzentrizitätsvektor

Das nächste Ergebnis wird ein weiterer konstanter Vektor sein. Zu diesem gelangen wir auf einem unschwer nachvollziehbaren, aber nicht direkt vorgezeichneten Weg. Wir multiplizieren die Bewegungsgleichung (4.361) vektoriell von rechts mit dem Drallvektor $\vec{h}$,

$$\ddot{\vec{r}} \times \vec{h} = -\frac{\mu}{r^2}\vec{e}_r \times \vec{h}. \tag{4.371}$$

Beide Seiten dieser Gleichung lassen sich auf die Form $d(\quad)/dt$ bringen, und danach ist die Integration möglich. Für die linke Seite gilt

$$\ddot{\vec{r}} \times \vec{h} = \frac{d}{dt}(\dot{\vec{r}} \times \vec{h}) = \frac{d}{dt}\left[h\left(\frac{h}{r}\vec{e}_r - \dot{r}\vec{e}_\varphi\right)\right], \tag{4.372}$$

wo der Vektor $\dot{\vec{r}}$ wieder nach Gl. (2.15) im Zylinderkoordinatensystem dargestellt wird und gemäß Gl. (4.368) seine Umfangskomponente $r\dot\varphi = h/r$ ist. Die rechte Seite, wiederum mit Gl. (4.368) und außerdem mit Gl. (2.17), ergibt

$$- \frac{\mu}{r^2}\vec{e}_r \times \vec{h} = \mu\dot\varphi\vec{e}_\varphi = \mu\frac{d\vec{e}_r}{dt}. \tag{4.373}$$

Gleichung (4.371) wird also ersetzt durch

$$\frac{d}{dt}\left[\left(\frac{h^2}{\mu r} - 1\right)\vec{e}_r - \frac{h\dot r}{\mu}\vec{e}_\varphi\right] = \vec{0}, \tag{4.374}$$

und nach Integration liegt eine vektorielle Konstante,

$$\vec{e} = \left(\frac{h^2}{\mu r} - 1\right)\vec{e}_r - \frac{h\dot r}{\mu}\vec{e}_\varphi, \tag{4.375}$$

mit variablen Komponenten in radialer Richtung und in Umfangsrichtung vor. Diesen auf der Bahnebene liegenden Vektor, welcher Exzentrizitätsvektor heißt, können wir auch ohne Kenntnis der Bahnkurve und des zeitlichen Verlaufs der Bewegung aus den gegebenen Anfangsdaten $\vec{r}_0$ und $\vec{v}_0$ ermitteln. Wir setzen $r = |\vec{r}_0|$, $\dot r = \vec{v}_0 \cdot \vec{e}_r$ und $h = |\vec{r}_0 \times \vec{v}_0|$ in Gl. (4.375) ein und erhalten damit den Exzentrizitätsvektor (siehe Abb. 4.74). In dieser Abbildung sind die Vektoren $\vec{r}$ und $\dot{\vec{r}}$ nicht mit dem die Anfangsdaten bezeichnenden Index 0 versehen, da sie in gleicher Weise für das allgemeine Paar zusammengehöriger Vektoren $\vec{r}$ und $\dot{\vec{r}}$ zutrifft.

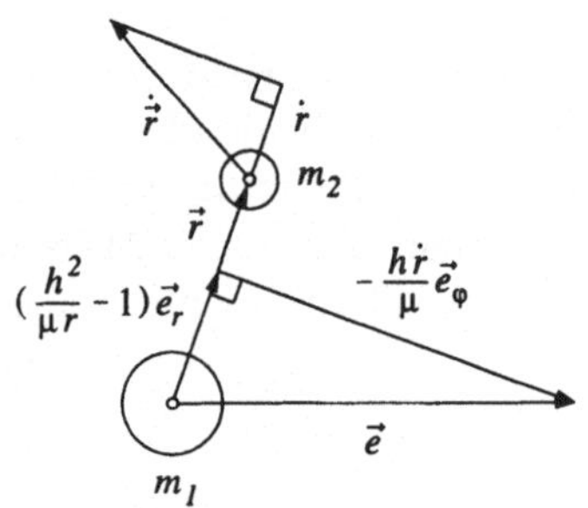

Abb. 4.74.

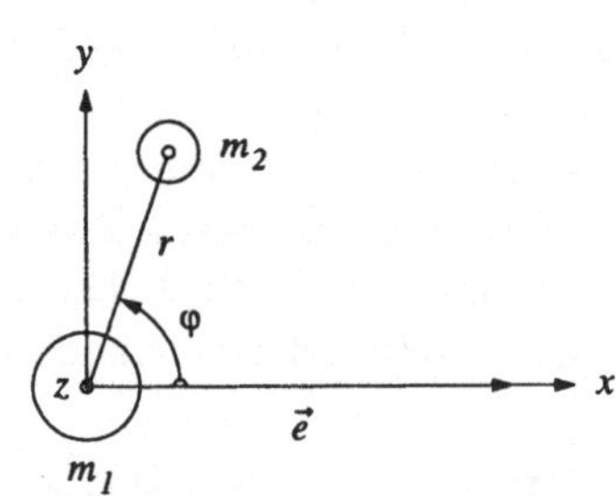

Abb. 4.75.

$\vec{e}$ ist der Nullvektor, wenn seine Komponenten identisch verschwinden,

$$\dot r = 0, \tag{4.376}$$

$$\frac{h^2}{\mu r} - 1 = 0. \tag{4.377}$$

Die entsprechenden Bahnkurven sind Kreise, welche nach den Gln. (4.377) und (4.368) mit der Geschwindigkeit

$$v = r\dot\varphi = \sqrt{\frac{\mu}{r}} \tag{4.378}$$

durchlaufen werden. Kreisbahnen wollen wir zunächst ausschließen. Sie treten später als Sonderfall wieder in Erscheinung.

Wir legen nun die positive x-Richtung (siehe Abb. 4.75) durch

$$\vec{e} \cdot \vec{e}_x = e \tag{4.379}$$

fest, wo e den Betrag des Exzentrizitätsvektors bezeichnet. Es sei noch bemerkt, daß in der Konstanz von $e^2 - 1$ die Erhaltung der Gesamtenergie zum Ausdruck kommt. Von dieser Tatsache wird jedoch in der Folge kein Gebrauch gemacht.

Wie sich nun zeigt, ist die Bahn der Masse m_2 durch die Vektoren $\vec{h}$ und $\vec{e}$ festgelegt.

4.6.4 Die Bahnkurven

Durch skalares Multiplizieren beider Seiten von Gl. (4.375) mit $\vec{e}_r$ ergibt sich zunächst

$$e \cos\varphi = \frac{p}{r} - 1 \tag{4.380}$$

mit der konstanten Länge

$$p = \frac{h^2}{\mu}. \tag{4.381}$$

Auflösen nach r liefert dann

$$r = \frac{p}{1 + e\cos\varphi}, \tag{4.382}$$

also die Gleichung von Kegelschnitten in Polarkoordinaten. Der Koordinatenursprung, welcher von der Masse m_1 eingenommen wird, ist der oder ein Brennpunkt der Bahnkurve und die x-Achse deren Symmetrieachse. Schreitet man auf dieser vom Punkt 1 in Richtung des Exzentrizitätsvektors fort, dann gelangt man zu dem als Perizentrum P bezeichneten Scheitel mit den Koordinaten

$$r_P = \frac{p}{1 + e}, \tag{4.383}$$

$$\varphi_P = 0; \tag{4.384}$$

das Perizentrum hat den kleinsten Abstand vom Punkt 1. e erweist sich als numerische Exzentrizität, deren Größe über die Art des Kegelschnitts entscheidet, und p ist die zu $\varphi = \pm\pi/2$ gehörige radiale Koordinate der Bahnkurve (siehe Abb. 4.76). Wie gezeigt wurde, kann man den Exzentrizitätsvektor $\vec{e}$ durch die Anfangsdaten $\vec{r}_0$ und $\vec{v}_0$ ausdrücken; dies gilt selbstverständlich auch für seinen Betrag e. Wir wählen dazu das Perizentrum mit der Distanz r_P und der zugehörigen Geschwindigkeit v_P, welche die Umfangsrichtung hat. Nach den Gln. (4.368) und (4.381) erhält man $h = r_P v_P$ und $p = r_P^2 v_P^2/\mu$. Damit ergibt sich aus Gl. (4.383)

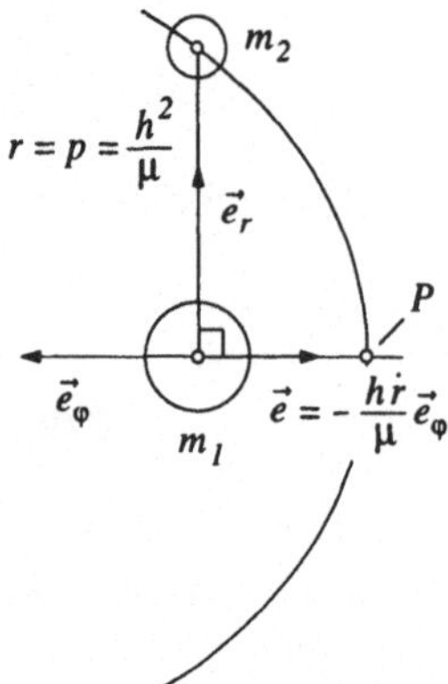

Abb. 4.76.

$$e = \frac{r_P v_P^2}{\mu} - 1.$$
(4.385)

Wir verändern nun bei festgehaltenem r_P die Geschwindigkeit v_P. Da e nichtnegativ ist, muß die Geschwindigkeit v_P im Perizentrum mindestens gleich $\sqrt{\mu/r_P}$ sein. Zu $e = 0$ gehört eine Kreisbahn, und P ist ein beliebiger Punkt derselben. Mit zunehmendem v_P ergeben sich Ellipsen, die Parabel und Hyperbeln als Bahnkurven (siehe Tab. 3).

$e = 0$	$v_P = \sqrt{\frac{\mu}{r_P}}$	Kreis
$0 < e < 1$	$\sqrt{\frac{\mu}{r_P}} < v_P < \sqrt{2\frac{\mu}{r_P}}$	Ellipse
$e = 1$	$v_P = \sqrt{2\frac{\mu}{r_P}}$	Parabel
$e > 1$	$v_P > \sqrt{2\frac{\mu}{r_P}}$	Hyperbel

Tab. 3.

Noch geklärt werden muß, welche Bahnkurve sich ergibt, wenn die Scheitelgeschwindigkeit kleiner als die Kreisgeschwindigkeit ist. Bei dem zugehörigen Scheitel handelt es sich um das Apozentrum A einer Ellipse, also den von der Masse m_1 weitest entfernten Punkt der Bahn, dessen Koordinaten

$$r_A = \frac{p}{1 - e},$$
(4.386)

$$\varphi_A = \pi$$
(4.387)

sind. Ausgedrückt durch $p = r_A^2 v_A^2/\mu$ lautet die numerische Exzentrizität nach Gl. (4.386)

$$e = 1 - \frac{r_A v_A^2}{\mu},$$
(4.388)

und daraus findet man den dem Intervall $0 < e < 1$ zugeordneten Bereich

$$0 < v_A < \sqrt{\frac{\mu}{r_A}} \qquad (4.389)$$

der Scheitelgeschwindigkeit, welcher zur Diskussion steht.

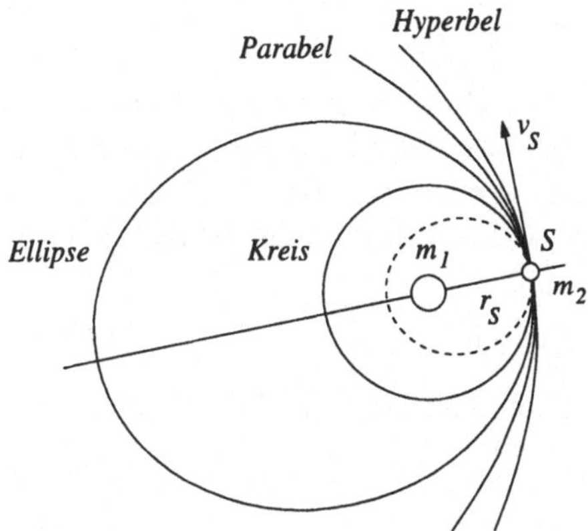

Abb. 4.77.

Abbildung 4.77 zeigt bei gleicher Lage von Brennpunkt und Scheitel die verschiedenen Bahnkurven mit der Scheitelgeschwindigkeit v_S als Scharparameter. Für $v_S > \sqrt{\mu/r_S}$ ist S das Perizentrum, zu welchem der Exzentrizitätsvektor gerichtet ist. Mit kleiner werdendem v_S verkürzt sich dieser, verschwindet bei der Kreisgeschwindigkeit $v_S = \sqrt{\mu/r_S}$ und kehrt seine Richtung um; S ist das Apozentrum der strichliert eingezeichneten Ellipse. Diese ist wiederholt in Abb. 4.78.a zusammen mit dem passenden Koordinatensystem. In diese Kate-

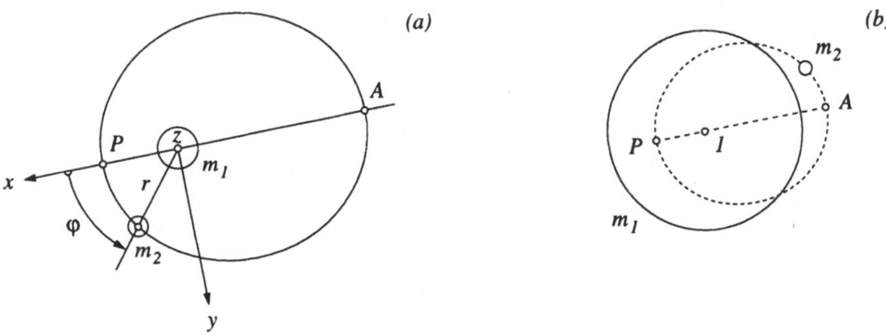

Abb. 4.78.

gorie von Ellipsen fallen die Bahnkurven bei Wurfbewegungen in der Nähe der Oberfläche der ersten Masse (siehe Abb. 4.78.b), wenn beide beteiligten Körper Kugelgestalt aufweisen und ihre Dichte nur vom Radius abhängt; es läßt sich zeigen, daß für solche Körper das Gravitationsgesetz, Gl. (4.234), bis zur Berührung beider gilt. Eventuell vorhandene Drallvektoren $\vec{L}_1^{(1)}$ und $\vec{L}_2^{(2)}$, wo die eingeklammerten oberen Indizes die beiden Körper und die untenstehenden Indizes deren

Massenmittelpunkte als Bezugspunkte bezeichnen, werden durch die Gravitationskräfte nicht verändert. Die Annahme eines homogenen Schwerefelds in einem räumlich kleinen Bereich führt zur Annäherung solcher Ellipsen durch Wurfparabeln.

4.6.5 Der zeitliche Ablauf der Bewegung

Nun untersuchen wir den zeitlichen Ablauf der Bewegung auf der Bahnkurve. Mit Hilfe der Konstanz des Dralls beziehungsweise der Flächengeschwindigkeit, Gl. (4.368), läßt sich die Winkelgeschwindigkeit $\dot\varphi$ durch den Radius r ausdrücken und dieser wiederum über die Bahngleichung (4.382) durch den Winkel φ. Man erhält so

$$\frac{d\varphi}{dt} = \frac{\mu^2}{h^3}(1 + e\cos\varphi)^2 \tag{4.390}$$

und daraus durch Integrieren die Zuordnung der Zeit zum Winkel,

$$t = \frac{h^3}{\mu^2} \int_0^\varphi \frac{d\psi}{(1 + e\cos\psi)^2}, \tag{4.391}$$

wenn der Passage des Perizentrums die Zeit $t = 0$ zugeordnet wird. Auf die Berechnung dieses Integrals soll nicht weiter eingegangen werden.

4.6.6 Das dritte Keplersche Gesetz

Nachdem wir mit Gl. (4.382) für den Parameterbereich $0 < e < 1$ zum ersten Keplerschen Gesetz gelangt sind, welches besagt, daß die Planeten Ellipsenbahnen durchlaufen, in deren einem Brennpunkt die Sonne steht, wenden wir uns nun dem dritten Keplerschen Gesetz zu.

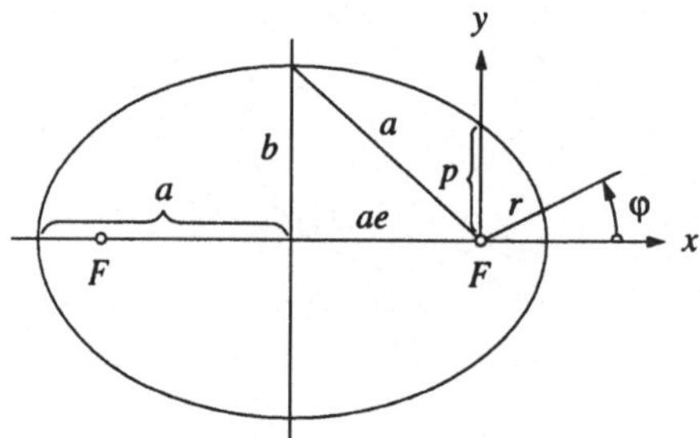

Abb. 4.79.

Aus Gl. (4.370), welche das zweite Keplersche Gesetz beinhaltet, folgt im Falle der Ellipse

$$\frac{A}{T} = \frac{\pi a b}{T} = \frac{h}{2}, \tag{4.392}$$

wo $A = \pi a b$ deren Fläche ist und T die Umlaufdauer des Planeten bedeutet. Ausgedrückt durch die Ellipsenparameter p und e lauten die Halbachsen der Ellipse

$$a = \frac{p}{1 - e^2}, \tag{4.393}$$

$$b = \frac{p}{\sqrt{1 - e^2}}. \tag{4.394}$$

Abbildung 4.79 zeigt eine Ellipse mit den verschiedenen Ellipsenparametern. Aus den Gln. (4.393) und (4.394) ergibt sich zunächst

$$\frac{b^2}{a} = p = \frac{h^2}{\mu}, \tag{4.395}$$

wo auch von Gl. (4.381) Gebrauch gemacht wird. Nun eliminieren wir h/b aus den Gln. (4.392) und (4.395) und erhalten mit μ nach Gl. (4.364)

$$\frac{a^3}{T^2} = \frac{\mu}{4\pi^2} = \frac{\kappa(m_1 + m_2)}{4\pi^2}. \tag{4.396}$$

Wenn man die Daten verschiedener durch den Index i gekennzeichneter Körper miteinander vergleicht, dann gilt für jeden

$$\frac{1}{1 + \frac{m_i}{m_1}} \frac{a_i^3}{T_i^2} = \frac{\kappa m_1}{4\pi^2}. \tag{4.397}$$

Es sei jedoch daran erinnert, daß wir uns mit dem Zweikörperproblem beschäftigen, daß also alle bisherigen Ergebnisse und damit auch Gl. (4.397) für den Fall gelten, daß außer der ersten Masse nur jeweils eine zweite Masse vorhanden ist.

Bei Anwendung von Gl. (4.397) auf das System Sonne-Planet kann man die Planetenmasse m_i gegenüber der Sonnenmasse $m_1 = m_S$ vernachlässigen. Dann gilt näherungsweise

$$\frac{a_i^3}{T_i^2} = \frac{\kappa m_S}{4\pi^2} \tag{4.398}$$

oder

$$\frac{T_i^2}{T_j^2} = \frac{a_i^3}{a_j^3}. \tag{4.399}$$

Dies ist die mathematische Formulierung des dritten Keplerschen Gesetzes, nach welchem sich die Quadrate der Umlaufdauern je zweier Planeten wie die Kuben der großen Halbachsen ihrer Bahnellipsen verhalten.

4.6.7 Die Absolutbewegung und das Einkörper-Problem

Bisher haben wir uns mit der Relativbewegung der zweiten Masse bezüglich des Ortes der ersten Masse beschäftigt und fragen nun nach der individuellen Bewegung beider Massen auf der durch den Massenmittelpunkt und den Normalenvektor $\vec{h}$ festgelegten Bahnebene. Diese Aufgabenstellung läßt sich auf das bereits behandelte Problem zurückführen und liefert daher die gleichen Ergebnisse, wie nun gezeigt wird. Wir führen die Vektoren $\vec{x}_1$ und $\vec{x}_2$ vom Massenmittelpunkt M

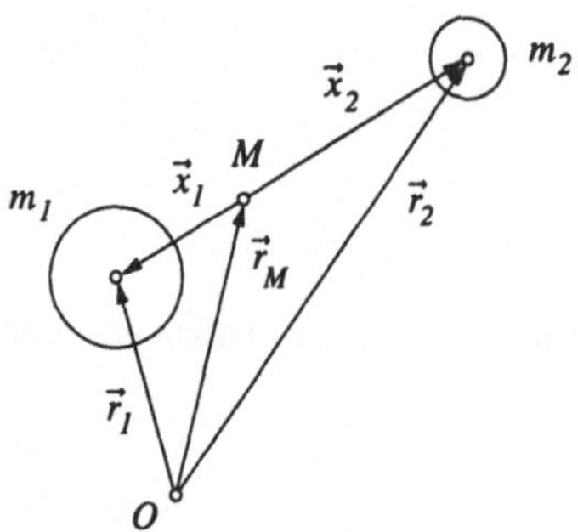

Abb. 4.80.

zu den Massen m_1 beziehungsweise m_2 ein gemäß

$$\vec{x}_1 = \vec{r}_1 - \vec{r}_M, \tag{4.400}$$

$$\vec{x}_2 = \vec{r}_2 - \vec{r}_M, \tag{4.401}$$

(siehe Abb. 4.80), wo

$$\vec{r}_M = \frac{1}{m_1 + m_2}(\vec{r}_1 m_1 + \vec{r}_2 m_2) \tag{4.402}$$

den inertialfesten Bezugspunkt O mit dem ebenfalls inertialfesten Massenmittelpunkt M verbindet. Ersetzt man $\vec{r}_M$ in den Gln. (4.400) und (4.401) durch Gl. (4.402), dann findet man

$$\vec{x}_1 = -\frac{m_2}{m_1 + m_2}(\vec{r}_2 - \vec{r}_1) = -\frac{m_2}{m_1 + m_2}\vec{r}, \tag{4.403}$$

$$\vec{x}_2 = \frac{m_1}{m_1 + m_2}(\vec{r}_2 - \vec{r}_1) = \frac{m_1}{m_1 + m_2}\vec{r}, \tag{4.404}$$

und damit ist die Ermittlung der auf den Massenmittelpunkt bezogenen Absolutbewegung der beiden Massen auf das bereits gelöste Problem der Relativbewegung der zweiten Masse gegenüber Punkt 1 zurückgeführt.

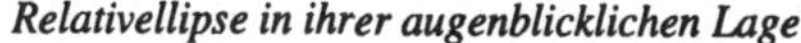
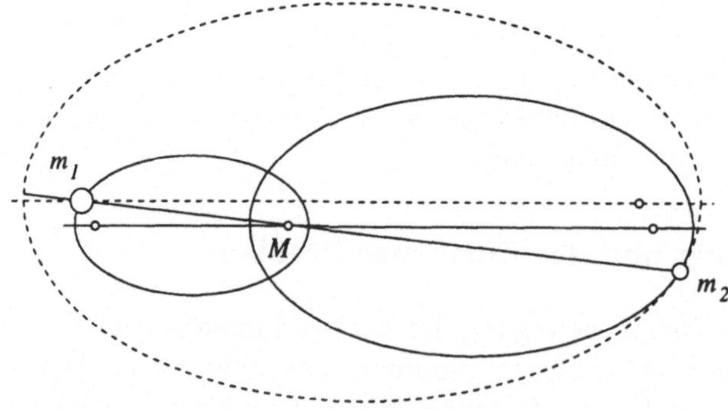

Abb. 4.81.

Abbildung 4.81 zeigt zwei Massen auf elliptischen Bahnen kurz vor dem Durchlaufen der Scheitel mit dem größeren Abstand vom Massenmittelpunkt, welcher der gemeinsame Brennpunkt beider Ellipsen ist. Außerdem ist strichliert die auf Punkt 1 bezogene Relativbahn der zweiten Masse in ihrer augenblicklichen Lage eingezeichnet. Diese bewegt sich translatorisch mit dem auf seiner absoluten Bahnellipse umlaufenden Punkt 1 als einem ihrer Brennpunkte.

Bei der Anwendung von Gl. (4.397) auf das System Sonne-Planet haben wir die Planetenmasse gegenüber der Sonnenmasse vernachlässigt. Dasselbe tun wir jetzt auch bei den soeben abgeleiteten Ergebnissen. Es ergibt sich dann

$$\vec{r}_M = \frac{1}{1 + \frac{m_i}{m_S}} \left(\vec{r}_S + \frac{m_i}{m_S} \vec{r}_i \right) \approx \vec{r}_S, \tag{4.405}$$

$$\vec{x}_S = -\frac{\frac{m_i}{m_S}}{1 + \frac{m_i}{m_S}} \vec{r} \approx \vec{0}, \tag{4.406}$$

$$\vec{x}_i = \frac{1}{1 + \frac{m_i}{m_S}} \vec{r} \approx \vec{r}. \tag{4.407}$$

In dieser Näherung fällt der Massenmittelpunkt mit dem Ort der Sonne zusammen, und die Relativbewegung des Planeten wird zur Absolutbewegung. Die Sonne wird also als inertialfest betrachtet, und das Zweikörperproblem der Himmelsmechanik durch das Einkörperproblem angenähert.

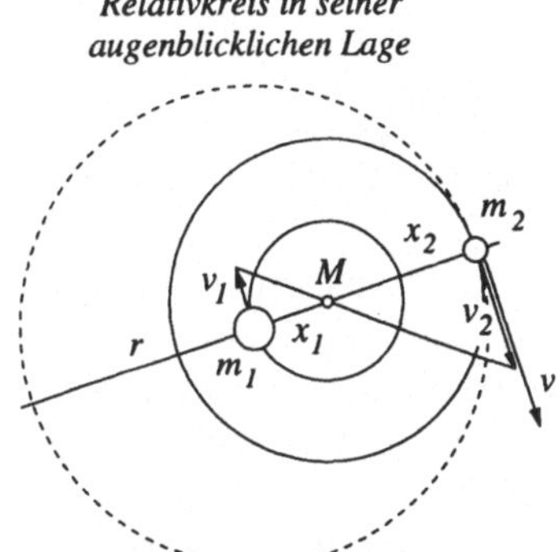

Abb. 4.82.

Zur Illustrierung der allgemeinen Ergebnisse beschäftigen wir uns nun mit der folgenden Fragestellung: Ein Partner eines Doppelsternsystems, welcher die Masse m_1 besitzt, bewege sich mit der konstanten Geschwindigkeit v_1 auf einer Kreisbahn vom Radius x_1 um den inertialfesten Punkt M. Gesucht ist die Masse, die Bahnkurve sowie die Geschwindigkeit des zweiten Partners.

Aus dem Vorausgegangenen wissen wir, daß es sich bei M um den Massenmittelpunkt handelt und daß sich auch die gesuchte zweite Masse mit konstanter Geschwindigkeit auf einer Kreisbahn um M bewegt (siehe Abb. 4.82). Wir gehen zunächst unter Verwendung der noch unbekannten Masse m_2 auf die Relativbewegung der zweiten Masse bezüglich der ersten über. Gleichung (4.403) liefert den Radius

$$r = \frac{m_1 + m_2}{m_2} x_1 \tag{4.408}$$

des Relativkreises, und analog dazu erhält man die Geschwindigkeit

$$v = \frac{m_1 + m_2}{m_2} v_1 \tag{4.409}$$

der Masse m_2 bezogen auf den von der ersten Masse eingenommenen Punkt. Nach Tab. 3 gilt der Zusammenhang

$$\frac{m_1 + m_2}{m_2} v_1 = \sqrt{\frac{\kappa m_2}{x_1}}, \tag{4.410}$$

wobei von Gl. (4.364) Gebrauch gemacht wurde. Durch Umformen findet man

$$\left(\frac{m_1}{m_2}\right)^3 + 2 \left(\frac{m_1}{m_2}\right)^2 + \frac{m_1}{m_2} - \frac{\kappa m_1}{x_1 v_1^2} = 0, \tag{4.411}$$

eine Gleichung dritten Grades für m_1/m_2. Diese hat genau eine reelle Wurzel, wie man durch eine Kurvendiskussion zeigen kann. Nachdem m_2 ermittelt ist, ergibt sich aus

$$x_2 = \frac{m_1}{m_1 + m_2} r \tag{4.412}$$

der Radius der Kreisbahn, auf der die Masse m_2 mit der Geschwindigkeit

$$v_2 = \frac{m_1}{m_1 + m_2} v \tag{4.413}$$

umläuft. Wie man den Gln. (4.408) und (4.412) beziehungsweise (4.409) und (4.413) entnimmt, kann in der Bestimmungsgleichung (4.411) die Unbekannte m_1/m_2 durch x_2/x_1 oder v_2/v_1 ersetzt werden.

Dieses einfache Problem läßt sich natürlich auch direkt mit Hilfe des dynamischen Grundgesetzes und des Gravitationsgesetzes lösen. Wir ignorieren, daß der inertialfeste Punkt M der gemeinsame Massenmittelpunkt ist und daß sich die zweite Masse mit konstanter Geschwindigkeit auf einer Kreisbahn um M bewegt. Dies herauszufinden, ist nun Teil der Lösung.

Da die gesuchte zweite Masse durch ihre Gravitationskraft die Normalbeschleunigung der ersten hervorruft, müssen beide auf einer Geraden durch den Punkt M liegen; demnach haben beide Massen dieselbe Winkelgeschwindigkeit $\dot{\varphi}$. Wegen des konstanten Betrags der Normalbeschleunigung der ersten Masse und damit auch der an dieser angreifenden Kraft ist der Abstand der Massen unveränderlich; die zweite läuft also ebenfalls auf einer Kreisbahn um M. Es besteht der Zusammenhang

$$\dot{\varphi} = \frac{v_1}{x_1} = \frac{v_2}{x_2}, \tag{4.414}$$

wo x_2 den Radius der Umlaufbahn und v_2 die Geschwindigkeit der zweiten Masse bezeichnet. Das dynamische Grundgesetz ergibt für die beiden Massen

$$m_1 \dot{\varphi}^2 x_1 = \kappa \frac{m_1 m_2}{(x_1 + x_2)^2}, \qquad (4.415)$$

$$m_2 \dot{\varphi}^2 x_2 = \kappa \frac{m_1 m_2}{(x_1 + x_2)^2}. \qquad (4.416)$$

Gleichsetzen der linken Seiten und Dividieren durch $\dot{\varphi}$ führt auf

$$m_1 v_1 = m_2 v_2, \qquad (4.417)$$

worin die Erhaltung des Gesamtimpulses null zum Ausdruck kommt. Abermaliges Dividieren durch $\dot{\varphi}$ liefert

$$m_1 x_1 = m_2 x_2; \qquad (4.418)$$

der Mittelpunkt der Kreisbahnen ist also der Massenmittelpunkt.

Eliminiert man $\dot{\varphi}$ und m_2 mit Hilfe der Gln. (4.414) und (4.418) aus Gl. (4.415), dann erhält man die Bestimmungsgleichung

$$\left(\frac{x_2}{x_1}\right)^3 + 2 \left(\frac{x_2}{x_1}\right)^2 + \frac{x_2}{x_1} - \frac{\kappa m_1}{x_1 v_1^2} = 0 \qquad (4.419)$$

wie zuvor.

5. Festigkeitslehre

5.1 Ergänzungen zum Spannungstensor

Wir rekapitulieren, daß der Spannungstensor im ruhenden Kontinuum und bei speziellen beschleunigten Bewegungen des Materieelements symmetrisch ist und daß bei allgemeiner Bewegung diese Symmetrie nach Boltzmann postuliert wird. Der Spannungstensor hat Komponenten mit gleichen Indizes - die Normalspannungen - und solche mit verschiedenen Indizes - die Schubspannungen (siehe Abb. 4.4). In Skizzen bezeichnet der erste Index einer Spannungskomponente die Orientierung des Normalenvektors der Schnittfläche und der zweite die Richtung der Komponente (siehe Abbn. 4.4 und 5.1). Zur Nomenklatur soll bemerkt werden, daß man bei technischen Problemen zumeist mit x, y, z anstelle von x_1, x_2, x_3 arbeitet. Normalspannungen werden häufig mit nur einem Index versehen, und, wenn es nicht zu Mißverständnissen kommen kann, sind alle Indizes entbehrlich.

Abbildung 5.1 zeigt die positiven Spannungen in einem Punkt P des durch den Normalenvektor $\vec{n} = \vec{e}_x$ gekennzeichneten Schnittufers eines Biegestabs. Am gegenüberliegenden Schnittufer mit $\vec{n} = -\vec{e}_x$ sind die positiven Spannungen entgegengesetzt gerichtet. Das bei der Behandlung von Biegestäben übliche Koordinatensystem wurde bereits im Abschnitt 3.3.2 eingeführt.

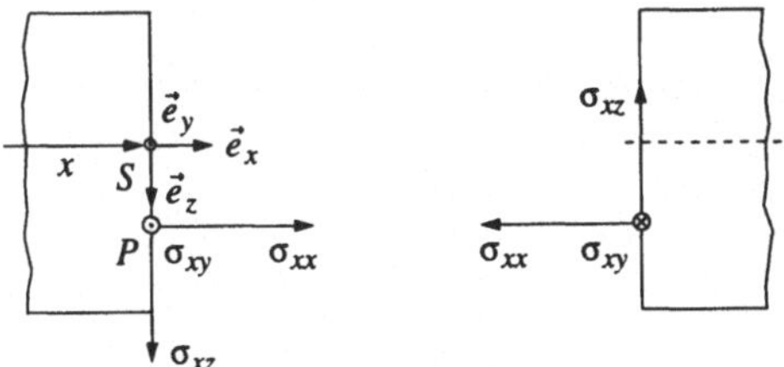

Abb. 5.1.

Der Spannungstensor ist - im Gegensatz zum Trägheitstensor - nicht positiv definit; die Normalspannungen können positiv oder negativ sein und werden dann Zug- beziehungsweise Druckspannungen genannt. Aus dieser Eigenschaft des Spannungstensors folgt, daß der von dem Normalenvektor $\vec{n}$ der Schnittfläche und dem Spannungsvektor $\vec{t}^{(n)}$ eingeschlossene Winkel zwischen 0 und π liegen kann.

Als symmetrischer Tensor zweiter Stufe besitzt der Spannungstensor wie der im Abschnitt 4.2.4 behandelte Trägheitstensor reelle Eigenvektoren und Eigenwerte. Im allgemeinen Falle existieren in jedem Körperpunkt drei wechselweise aufeinander senkrecht stehende Eigenvektoren in Richtung der Spannungshauptachsen und drei verschiedene Eigenwerte, nämlich die Hauptnormalspannungen. Bezogen auf das Hauptachsensystem hat die Matrix des Spannungstensors Diagonalform; die Schubspannungen verschwinden. Damit gleichbedeutend ist, daß die Spannungsvektoren auf den durch die drei Spannungshauptachsen aufgespannten Schnittebenen senkrecht stehen. Fallen zwei Eigenwerte zusammen, dann existiert eine Ebene, auf welcher alle Geraden mit dem gemeinsamen Schnittpunkt P und deren Normale in P Spannungshauptachsen im Punkt P sind. Bei drei gleichen Eigenwerten spricht man von einem hydrostatischen Spannungszustand, $\sigma_{ij} = -p\delta_{ij}$, wo ein positives p den Druck bedeutet, und alle Geraden durch P sind Spannungshauptachsen.

Bemerkung: Die Eigenschaften eines Tensors kamen erstmals beim Studium der Spannung zum Vorschein, und dies gab der Tensorrechnung ihren Namen.

In der Festigkeitslehre stellt sich die Aufgabe, die Spannungen im Innern eines Körpers zu ermitteln. Diese gehorchen den (lokalen) Gleichgewichtsbedingungen (4.18), $\sigma_{ji,j} + k_i = 0$. An der Bereichen der Oberfläche, wo der Spannungsvektor als kontinuierliche Funktion zweier Parameter vorgegeben ist, müssen die Spannungen die Bedingungen (4.12), $t_i^{(n)} = n_j\sigma_{ji}$, erfüllen. Da es im allgemeinen Falle sechs verschiedene Spannungen gibt, aber nur drei Gleichgewichtsbedingungen, kommen weitere Gleichungen, aber auch zusätzliche Unbekannte hinzu. Das ist nicht weiter verwunderlich, da bei gegebener Belastung die Verteilung von Spannung und Verzerrung vom Materialverhalten des Körpers abhängt. Das Verhalten eines elastischen Körpers wird durch einen wohldefinierten Zusammenhang zwischen Spannungen und Verzerrungen beschrieben. Mit den Verzerrungen beliebiger Festkörper befassen wir uns im folgenden Abschnitt.

5.2 Die Verzerrung

Zur Beschreibung der Deformation der Umgebung eines Punktes P in einem Festkörper dienen die Faktoren E_{ij} in dem Ausdruck

$$d\vec{x}^{(1)} \cdot d\vec{x}^{(2)} - d\vec{X}^{(1)} \cdot d\vec{X}^{(2)} = 2\,d\vec{X}^{(1)} \cdot \boldsymbol{E} \cdot d\vec{X}^{(2)} = 2E_{ij}\,dX_i^{(1)}dX_j^{(2)} \quad (5.1)$$

für die Differenz des skalaren Produkts zweier Vektoren $d\vec{x}^{(1)} = \overrightarrow{P'P_1'}$ und $d\vec{x}^{(2)} = \overrightarrow{P'P_2'}$ im deformierten Körper und des skalaren Produkts der Vektoren $d\vec{X}^{(1)} = \overrightarrow{PP_1}$ und $d\vec{X}^{(2)} = \overrightarrow{PP_2}$ im unverformten Zustand. Es handelt sich dabei um dieselben unmittelbar benachbarten materiellen Punkte P, P_1 und P_2. $\boldsymbol{E}$ ist der (Greensche) Verzerrungstensor, und die E_{ij} sind seine aus den partiellen Ableitungen $\partial u_k/\partial X_l$ zusammengesetzten Komponenten. Der Faktor 2 ist historisch begründet. Es sei daran erinnert, daß der Verschiebungsvektor

$$\vec{u} = u_i\vec{e}_i = u\vec{e}_x + v\vec{e}_y + w\vec{e}_z \quad (5.2)$$

die Position P eines materiellen Punktes vor der Deformation mit der Position P' desselben materiellen Punktes nach der Deformation verbindet. Erstere ist festgelegt durch den Vektor

$$\vec{X} = X_i \vec{e}_i = X\vec{e}_x + Y\vec{e}_y + Z\vec{e}_z \tag{5.3}$$

und letztere durch

$$\vec{x} = x_i \vec{e}_i = x\vec{e}_x + y\vec{e}_y + z\vec{e}_z \tag{5.4}$$

(siehe Abb. 5.2 und auch Abb. 3.16). Demnach gilt

$$\vec{x} = \vec{X} + \vec{u} \tag{5.5}$$

und für die Differentiale

$$d\vec{x} = d\vec{X} + d\vec{u}. \tag{5.6}$$

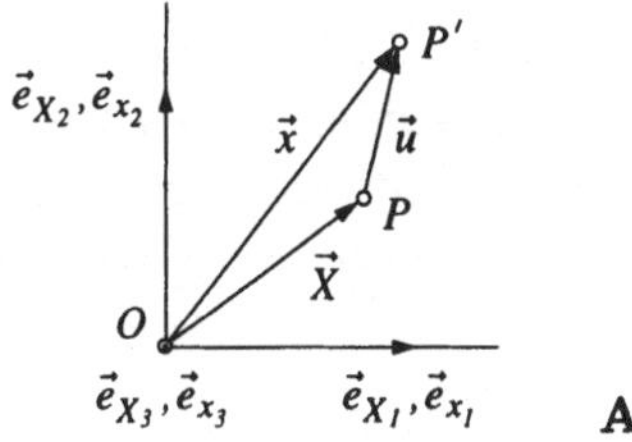

Abb. 5.2.

Das Verschiebungsfeld ist kontinuierlich; es treten weder Überlappungen noch Öffnungen auf, wenn Rißbildung ausgeschlossen wird. Faßt man die Verschiebungen u_i und damit auch die Koordinaten x_i als Funktionen der Koordinaten X_j auf, dann gilt

$$dx_i = \left(\delta_{ij} + \frac{\partial u_i}{\partial X_j} \right) dX_j, \tag{5.7}$$

und man findet

$$2E_{ij} = \frac{\partial u_i}{\partial X_j} + \frac{\partial u_j}{\partial X_i} + \frac{\partial u_k}{\partial X_i} \frac{\partial u_k}{\partial X_j} \tag{5.8}$$

durch Einsetzen von Gl. (5.7) in Gl. (5.1). Zur geometrischen Interpretation der Verzerrungen betrachtet man spezielle Vektoren $d\vec{X}^{(i)}$, welche vor der Deformation parallel zu den Koordinatenachsen sind. Auf Einzelheiten soll nicht eingegangen werden; es sei lediglich erwähnt, daß die Verzerrungen bei einer beliebigen Starrkörperbewegung verschwinden und daß es Fälle gibt, in welchen sie klein gegen eins sind, die Verschiebungsableitungen $\partial u_i/\partial X_j$ aber nicht. Ein bekanntes Beispiel dafür ist die in den Rasierapparat eingespannte Rasierklinge.

Ein wegen der Häufigkeit, mit der er in der Praxis auftritt, überaus wichtiger Spezialfall liegt dann vor, wenn die Verschiebungsableitungen klein gegen eins sind. Dann sind nicht nur in den Verzerrungen die nichtlinearen Summanden gegenüber den linearen zu vernachlässigen, sondern es muß auch nicht mehr zwischen den partiellen Ableitungen $\partial/\partial X_j$ und $\partial/\partial x_j$ unterschieden werden. Dies folgt aus

$$\frac{\partial u_i}{\partial X_j} = \frac{\partial u_i}{\partial x_k}\frac{\partial x_k}{\partial X_j} = \frac{\partial u_i}{\partial x_k}\left(\delta_{kj} + \frac{\partial u_k}{\partial X_j}\right) = \frac{\partial u_i}{\partial x_j} + \frac{\partial u_i}{\partial x_k}\frac{\partial u_k}{\partial X_j} \approx \frac{\partial u_i}{\partial x_j}. \qquad (5.9)$$

Auf diese Weise kommt man von den Verzerrungen nach Gl. (5.8) zu den linearisierten Verzerrungen

$$2\varepsilon_{ij} = \frac{\partial u_i}{\partial x_j} + \frac{\partial u_j}{\partial x_i}. \qquad (5.10)$$

Diese sind nur unter der oben genannten Voraussetzung sinnvoll; sie verschwinden nicht bei einer endlichen Starrkörperdrehung und sind auch nicht klein gegen eins im Falle der eingespannten Rasierklinge.

Zur Interpretation der linearisierten Verzerrungen betrachten wir eine homogene ebene Deformation gegeben durch die Verschiebungen

$$u = c_1 X + c_2 Y, \qquad (5.11)$$

$$v = c_3 X + c_4 Y \qquad (5.12)$$

mit konstanten Koeffizienten c_i. Diese sind nach Voraussetzung klein gegen eins, denn sie stimmen mit den Verschiebungsableitungen überein. Abbildung 5.3 zeigt - der Deutlichkeit halber in übertriebener Weise - diese Deformation für positive c_i. Ein in eine Blechplatte eingeritztes Rechteck verwandelt sich in ein Parallelogramm.

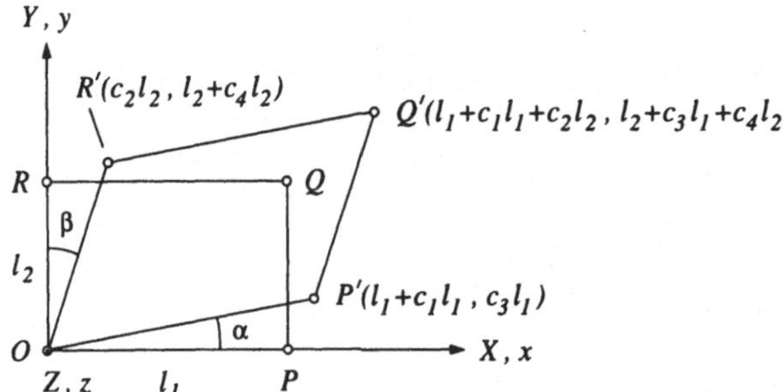

Abb. 5.3.

Die vor der Deformation auf der X-Achse liegende materielle Strecke $\overline{OP}$ der Länge l_1 wird gedehnt und um die Z-Achse durch den Winkel α gedreht. Ebenso erfährt die im unverformten Zustand auf der Y-Achse liegende materielle Strecke $\overline{OR}$ der Länge l_2 eine Dehnung und eine Drehung um die Z-Achse durch den Winkel $-\beta$. Man findet

$$\frac{\overline{OP'} - \overline{OP}}{\overline{OP}} = \sqrt{(1 + c_1)^2 + c_3^2} - 1 = c_1 + \ldots, \qquad (5.13)$$

$$\tan \alpha = \frac{c_3}{1 + c_1} = c_3 + \ldots, \qquad (5.14)$$

$$\frac{\overline{OR'} - \overline{OR}}{\overline{OR}} = \sqrt{c_2^2 + (1 + c_4)^2} - 1 = c_4 + \ldots, \tag{5.15}$$

$$\tan \beta = \frac{c_2}{1 + c_4} = c_2 + \ldots. \tag{5.16}$$

Da die c_i klein gegen eins sind, kann man die MacLaurin-Reihen, in welche die Wurzeln beziehungsweise Brüche entwickelt wurden, jeweils nach dem in c_i linearen Summanden abbrechen.

Bei der Berechnung der Dehnungen der ursprünglich parallel zu den Koordinatenachsen liegenden materiellen Strecken $\overline{OP}$ und $\overline{OR}$ werden also die mit der Querverschiebung verbundenen Anteile vernachlässigt und bei den durch $\tan \alpha$ und $\tan \beta$ gegebenen Drehungen die Verlängerungen der Ankatheten. Überdies muß man auch nicht zwischen dem Tangens des Arguments und dem Argument selbst unterscheiden. Für die vorliegende homogene Deformation gilt nach Gl. (5.8), aber ohne die zu vernachlässigenden nichtlinearen Summanden,

$$E_{xx} \approx \frac{\partial u}{\partial X} = c_1, \tag{5.17}$$

$$E_{yy} \approx \frac{\partial v}{\partial Y} = c_4, \tag{5.18}$$

$$2E_{xy} \approx \frac{\partial u}{\partial Y} + \frac{\partial v}{\partial X} = c_2 + c_3 = \beta + \alpha. \tag{5.19}$$

Verzerrungen mit zwei gleichen Indizes sind Dehnungen oder Stauchungen je nachdem, ob sie positiv oder negativ sind. E_{xy} ist eine Schubverzerrung; ihr doppelter Wert gibt die mit der Deformation verbundene Abnahme des rechten Winkels zwischen den ursprünglich zu den Koordinatenachsen parallelen materiellen Strecken an.

Ersetzt man die Koordinaten X_i der materiellen Punkte vor der Deformation durch die Koordinaten x_i der materiellen Punkte nach der Deformation,

$$X = x - u, \tag{5.20}$$

$$Y = y - v, \tag{5.21}$$

dann ergibt sich aus Gl. (5.11) beziehungsweise (5.12)

$$u = \frac{(c_1 + c_1 c_4 - c_2 c_3)x + c_2 y}{(1 + c_1)(1 + c_4) - c_2 c_3} = (c_1 + \ldots)x + (c_2 + \ldots)y, \tag{5.22}$$

$$v = \frac{c_3 x + (c_4 + c_1 c_4 - c_2 c_3)y}{(1 + c_1)(1 + c_4) - c_2 c_3} = (c_3 + \ldots)x + (c_4 + \ldots)y, \tag{5.23}$$

wo die Faktoren von x und y in MacLaurin-Reihen nach Potenzen der c_i entwickelt wurden. Da die c_i nach Voraussetzung klein gegen eins sind, muß man also bei den unabhängigen Variablen zwischen den X_i und den x_i keinen Unterschied machen. Abbildung 5.4 veranschaulicht erneut die durch die Gln. (5.11) und (5.12) oder (5.22) und (5.23) mit linearisierten Faktoren gegebene Deformation, wobei wir hier von einem in die Blechplatte eingeritzten Parallelogramm ausgehen, welches zum Rechteck wird.

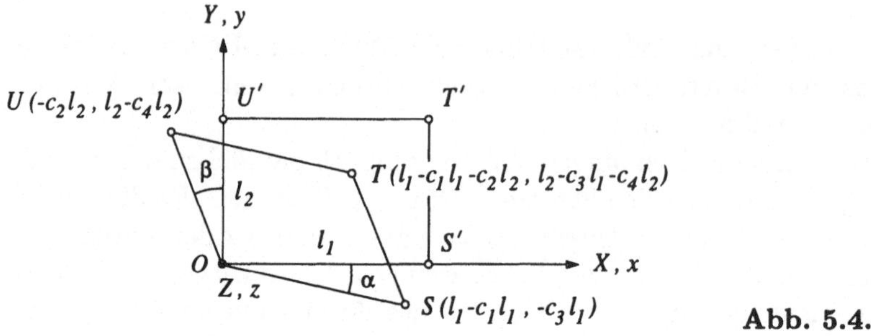

Abb. 5.4.

Aus den Gln. (5.10), welche von nun an stets zur Anwendung kommen, erhält man mit den Verschiebungen (5.22) und (5.23) die Verzerrungen

$$\varepsilon_{xx} = \frac{\partial u}{\partial x} = c_1, \tag{5.24}$$

$$\varepsilon_{yy} = \frac{\partial v}{\partial y} = c_4, \tag{5.25}$$

$$2\varepsilon_{xy} = \frac{\partial u}{\partial y} + \frac{\partial v}{\partial x} = c_2 + c_3 = \beta + \alpha. \tag{5.26}$$

Diese stimmen mit den obigen Ergebnissen (5.17) bis (5.19) überein. $2\varepsilon_{xy}$ bedeutet demnach die Abnahme des Winkels zwischen zwei materiellen Strecken, welche vor der Deformation, in einem bestimmten Stadium der Deformation oder nach der Deformation parallel zu den Koordinatenachsen sind, und ε_{xx} sinngemäß die Dehnung einer materiellen Strecke, welche im Ausgangszustand, in einem bestimmten Deformationsstadium oder im Endzustand parallel zur x-Achse ist.

Bei inhomogener Deformation gelten die angestellten Überlegungen für die unmittelbare Umgebung des betrachteten materiellen Punktes. Es sind

$$\varepsilon_{xx} = \frac{\partial u}{\partial x}, \tag{5.27}$$

$$\varepsilon_{yy} = \frac{\partial v}{\partial y}, \tag{5.28}$$

$$\varepsilon_{zz} = \frac{\partial w}{\partial z} \tag{5.29}$$

die lokalen Dehnungen in den Richtungen der Koordinatenachsen und

$$2\varepsilon_{xy} = \frac{\partial u}{\partial y} + \frac{\partial v}{\partial x}, \qquad (5.30)$$

$$2\varepsilon_{yz} = \frac{\partial v}{\partial z} + \frac{\partial w}{\partial y}, \qquad (5.31)$$

$$2\varepsilon_{zx} = \frac{\partial w}{\partial x} + \frac{\partial u}{\partial z} \qquad (5.32)$$

die lokalen Schubverzerrungen, nämlich die Abnahmen der Winkel zwischen je zwei materiellen Linienelementen, welche parallel zu zwei Koordinatenachsen sind.

Der (allgemeine oder linearisierte) Verzerrungstensor ist ein symmetrischer Tensor zweiter Stufe mit den Eigenschaften eines solchen. Bei beliebiger Deformation existieren in einem allgemeinen Körperpunkt drei aufeinander senkrecht stehende Verzerrungshauptachsen. Die zu diesen parallelen materiellen Linienelemente schließen sowohl vor als auch nach der Deformation rechte Winkel ein; Winkelabnahmen treten also im System der Verzerrungshauptachsen nicht auf, sondern nur die Hauptverzerrungen, welche Dehnungen oder Stauchungen sein können.

Im isotropen Körper, mit welchem wir uns hier ausschließlich beschäftigen wollen, fallen die Verzerrungshauptachsen mit den Spannungshauptachsen zusammen.

Noch eine Bemerkung zur Nomenklatur: Bei allgemeinen Entwicklungen verwendet man die Bezeichnung ε_{ij} mit $i = 1, 2, 3$ und $j = 1, 2, 3$. In konkreten Anwendungen, wie in den Gln. (5.24) bis (5.26), wird häufig mit ε_{xx}, ε_{xy}, $\ldots \varepsilon_{zz}$ gearbeitet. Bei den Dehnungen kann auf einen Index verzichtet und ε_x, ε_y, ε_z geschrieben werden. Für die Schubverzerrungen sind auch die Bezeichnungen $\gamma_{xy} = 2\varepsilon_{xy}$ und so weiter im Gebrauch. Schließlich sind in manchen Fällen alle Indizes entbehrlich.

5.3 Das Hookesche Gesetz

Ein realer Körper deformiert sich unter der Wirkung von Belastungen; Spannungen sind mit Verzerrungen verbunden. Zum Aufstellen des allgemeinen mathematischen Zusammenhangs zwischen beiden sind gezielte Experimente erforderlich; unterschiedliche Materialien folgen verschiedenen Gesetzmäßigkeiten.

In der Technik ist Stahl einer der wichtigsten Baustoffe. Seine Eigenschaften werden im Zugversuch ermittelt. Das Ergebnis eines solchen ist für ein weiches, das heißt bildsames Material schematisch in Abb. 5.5.a dargestellt.

Aufgetragen über der mittleren Dehnung $\Delta l/l_0$ ist die Nennspannung F/A_0, wobei l_0 die ursprüngliche Länge und A_0 die ursprüngliche Querschnittsfläche bezeichnet. Die Nennspannung ist ein Maß für die Kraft im Zugstab. Man erkennt, daß es sich um einen dehnungsgesteuerten Versuch handelt, bei welchem der Stab kontinuierlich verlängert wird bis zum Bruch mit simultaner Registrie-

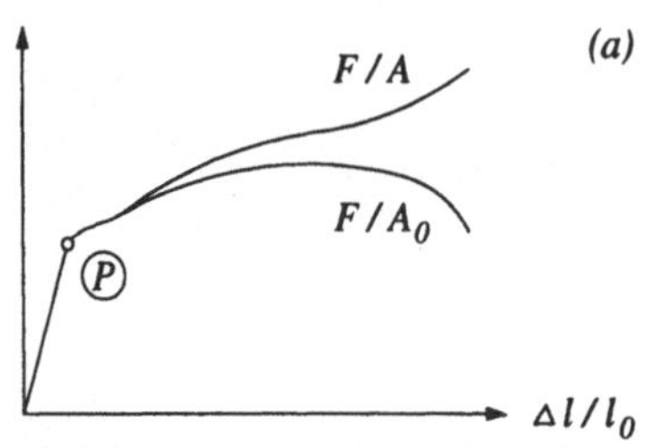

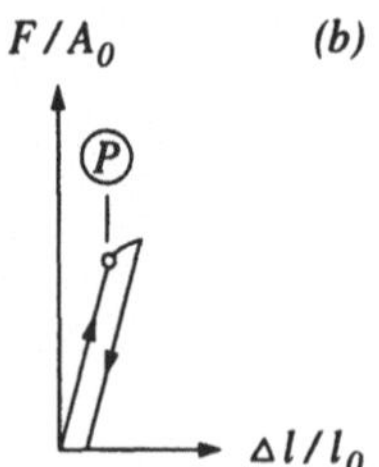

Abb. 5.5.

rung des Kraftverlaufs. Bei Steigerung der Kraft käme man nicht über deren Maximum hinweg.

Nun zur Beschreibung des Zugversuchs im einzelnen: Zunächst ist die Spannung der Dehnung proportional; bis zum Punkt ⓟ gilt das Hookesche Gesetz,

$$\sigma = E\varepsilon, \tag{5.33}$$

wo E der für alle Stähle nahezu gleiche Elastizitätsmodul ist. In diesem Bereich ist der Versuch umkehrbar. Dehnung und Spannung verschwinden gemeinsam; das Material verhält sich elastisch. Nach Überschreitung der Proportionalitätsgrenze ⓟ wächst die Dehnung stärker an als die Spannung, es kommt zu plastischer Deformation mit kaum oder überhaupt nicht anwachsender Kraft, danach verfestigt sich das Material, und die Kraft steigt bis zum Maximum. Bei dem hier diskutierten dehnungsgesteuerten Versuch zerreißt die Probe beim Kraftmaximum aber nicht, sondern es kommt zu lokaler Einschnürung bei sinkender Kraft, und erst dann tritt der Bruch ein. Die obere Kurve zeigt die über die an der Einschnürstelle tatsächlich vorhandene Querschnittsfläche A gemittelte Spannung. Diese steigt stetig bis zum Bruch.

In der technischen Anwendung wird man, besonders bei wechselnder Belastung, in den meisten Fällen die Proportionalitätsgrenze nicht überschreiten. Bei ruhender Belastung muß dies nicht unbedingt vermieden werden. Die Entlastung erfolgt parallel zur Hookeschen Geraden; wegen der plastischen Deformation verschwindet die Dehnung im spannungsfreien Zustand nicht (siehe Abb. 5.5.b).

Wir beschränken uns im folgenden auf kleine Deformationen und damit auf den Hookeschen Bereich. Wie man an der Abb. 5.5.a erkennt, ist dort der Unterschied zwischen der Nennspannung, $\sigma_0 = F/A_0$, und der wahren Spannung vernachlässigbar klein. Diese Aussage wird nach der Formulierung des allgemeinen Hookeschen Gesetzes noch numerisch untermauert anhand des Zugstabs.

Bemerkung: Es sei daran erinnert, daß wir es bei der Herleitung der Bewegungsgleichung für das Materieelement, des Drallsatzes und des Arbeitssatzes mit wahren Spannungen in beliebig stark deformierten Körpern zu tun hatten.

Außer der Dehnung

$$\varepsilon_{11} = \frac{\sigma_{11}}{E} \tag{5.34}$$

bewirkt die Zugspannung σ_{11} im isotropen Material auch die (negativen) Querdehnungen

$$\varepsilon_{22} = -\nu\frac{\sigma_{11}}{E}, \tag{5.35}$$

$$\varepsilon_{33} = -\nu\frac{\sigma_{11}}{E}, \tag{5.36}$$

wo das nichtnegative ν die Poissonzahl ist; eine Zugspannung führt zu einer Querkontraktion. Drei Spannungen in drei aufeinander senkrechten Richtungen haben die Dehnungen

$$E\varepsilon_{11} = \sigma_{11} - \nu(\sigma_{22} + \sigma_{33}) = (1+\nu)\sigma_{11} - \nu\sigma_{kk}, \tag{5.37}$$

$$E\varepsilon_{22} = \sigma_{22} - \nu(\sigma_{33} + \sigma_{11}) = (1+\nu)\sigma_{22} - \nu\sigma_{kk}, \tag{5.38}$$

$$E\varepsilon_{33} = \sigma_{33} - \nu(\sigma_{11} + \sigma_{22}) = (1+\nu)\sigma_{33} - \nu\sigma_{kk} \tag{5.39}$$

zur Folge. Damit liegt das allgemeine Hookesche Gesetz in Hauptachsenform vor. Die Volumenänderung

$$E\varepsilon_{ll} = (1-2\nu)\sigma_{kk} \tag{5.40}$$

ist die Summe der drei (kleinen) Dehnungen. Sie kann bei hydrostatischem Druck, $\sigma_{11} = \sigma_{22} = \sigma_{33} = -p$, nicht positiv sein. Die Poissonzahl ist also eingeschrankt durch die Ungleichung

$$0 \leq \nu \leq 0,5. \tag{5.41}$$

Für Stahl hat die Poissonzahl den Wert $\nu = 0,3$.

Bei Drehung des Koordinatensystems gilt, wie im Abschnitt 4.2.4 anhand des Trägheitstensors gezeigt wurde, für die Matrizen des Spannungstensors

$$\underline{S}' = \underline{A}\,\underline{S}\,\underline{A}^T \tag{5.42}$$

und die Matrizen des allgemeinen oder linearisierten Verzerrungstensors

$$\underline{E}' = \underline{A}\,\underline{E}\,\underline{A}^T \tag{5.43}$$

mit der Transformationsmatrix $\underline{A}$.

Die Beziehungen zwischen den Dehnungen und den Normalspannungen, welche man beim Übergang vom Hauptachsensystem zu einem allgemeinen Koordinatensystem erhält, unterscheiden sich in der Form nicht von den Gln. (5.37) bis (5.39). Hinzu kommen jedoch noch

$$E\varepsilon_{12} = (1+\nu)\sigma_{12}, \tag{5.44}$$

$$E\varepsilon_{23} = (1+\nu)\sigma_{23}, \tag{5.45}$$

$$E\varepsilon_{31} = (1+\nu)\sigma_{31} \tag{5.46}$$

oder

$$G\gamma_{12} = \tau_{12}, \tag{5.47}$$

$$G\gamma_{23} = \tau_{23}, \tag{5.48}$$

$$G\gamma_{31} = \tau_{31}, \tag{5.49}$$

wo die $\gamma_{ij} = 2\varepsilon_{ij}$, $i \neq j$, die erwähnten Winkelabnahmen sind und die Abkürzung $G = E/[2(1 + \nu)]$ Schubmodul heißt.

Der leichteren Lesbarkeit halber soll das Ergebnis (5.44) nachvollzogen werden. Wir drücken mit Hilfe der Transformation nach Gl. (5.43) die vorübergehend mit einem Strich gekennzeichnete Schubverzerrung ε'_{12} im allgemeinen Koordinatensystem durch die Dehnungen im Hauptachsensystem und letztere über das Hookesche Gesetz, Gln. (5.37) bis (5.39), durch die Spannungen im Hauptachsensystem aus. Anwenden der Transformation (5.42) liefert dann den Zusammenhang (5.44). In der geschilderten Weise erhält man

$$E\varepsilon'_{12} = E(A_{11}A_{21}\varepsilon_{11} + A_{12}A_{22}\varepsilon_{22} + A_{13}A_{23}\varepsilon_{33})$$

$$= A_{11}A_{21}[(1 + \nu)\sigma_{11} - \nu\sigma_{kk}] + A_{12}A_{22}[(1 + \nu)\sigma_{22} - \nu\sigma_{kk}]$$
$$+ A_{13}A_{23}[(1 + \nu)\sigma_{33} - \nu\sigma_{kk}]$$

$$= (1 + \nu)(A_{11}A_{21}\sigma_{11} + A_{12}A_{22}\sigma_{22} + A_{13}A_{23}\sigma_{33})$$
$$- \nu A_{1l}A_{2l}\sigma_{kk}$$

$$= (1 + \nu)\sigma'_{12}. \tag{5.50}$$

Beim letzten Schritt wurde von Gl. (5.42) und $\underline{A}\,\underline{A}^T = \underline{I}$ oder $A_{il}A_{jl} = \delta_{ij}$ Gebrauch gemacht (vergleiche Abschnitt 4.2.4).

Der Zusammenhang zwischen Schubverzerrungen und Schubspannungen wird veranschaulicht durch Abb. 5.6, welche eine Blechplatte mit eingeritztem Parallelogramm und Rechteck vor und nach der Deformation zeigt. Im verformten Zustand ist der äußere Teil der Platte weggeschnitten. Dadurch werden die am inneren Teil angreifenden Schubspannungen sichtbar.

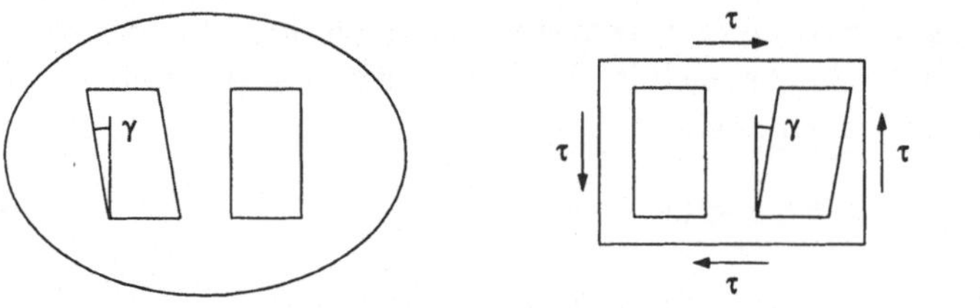

Abb. 5.6.

Zusammengefaßt lautet das Hookesche Gesetz

$$E\boldsymbol{E} = (1 + \nu)\boldsymbol{S} - \nu I_\sigma \boldsymbol{I} \tag{5.51}$$

oder

$$E\varepsilon_{ij} = (1 + \nu)\sigma_{ij} - \nu\sigma_{kk}\delta_{ij}. \tag{5.52}$$

Hier bezeichnet E den linearisierten Verzerrungstensor, S den Spannungstensor und $I_\sigma = \sigma_{kk}$ dessen erste Invariante. Schließlich bedeutet I den Einheitstensor, welcher die Komponenten δ_{ij} hat.

Eine Erwärmung bewirkt beim isotropen Material in sämtlichen Richtungen die Dehnung

$$\varepsilon = \alpha\Delta T, \tag{5.53}$$

wo α der (lineare) Wärmedehnungskoeffizient ist und $\Delta T = T - T_0$ die Differenz zwischen der Temperatur T und der Bezugstemperatur T_0 - beispielsweise der Umgebungstemperatur - bedeutet. Die Wärmedehnungen treten additiv zu den von den Spannungen hervorgerufenen Dehnungsanteilen. Damit erweitert sich das Hookesche Gesetz zu

$$EE = (1 + \nu)S - \nu I_\sigma I + E\alpha\Delta T I \tag{5.54}$$

oder

$$E\varepsilon_{ij} = (1 + \nu)\sigma_{ij} - \nu\sigma_{kk}\delta_{ij} + E\alpha\Delta T\delta_{ij}. \tag{5.55}$$

Das Hookesche Gesetz gibt die Verzerrungen als lineare Funktionen der Spannungen. Seine Gültigkeit ist an kleine Verzerrungen gebunden. Wie wir bereits festgestellt haben, ist eine hinreichende aber nicht notwendige Voraussetzung für solche, daß die Verschiebungsableitungen klein gegen eins sind. Bei dem Verzerrungstensor muß es sich aber nicht um den linearisierten nach Gl. (5.10) handeln, sondern es kann auch der allgemeine nach Gl. (5.8) sein, solange dessen Komponenten klein gegen eins bleiben. Die erwähnte in den Rasierapparat eingespannte Rasierklinge zum Beispiel befindet sich innerhalb des Hookeschen Bereichs.

5.4 Der gerade Stab

5.4.1 Die Schnittgrößen

Wir betrachten einen Stab, zum Beispiel einen prismatischen oder zylindrischen, welcher über seine ganze Länge hinweg die gleiche Querschnittsfläche mit mindestens einer Symmetrieachse aufweist (siehe Abb. 5.7). Die Stabachse ist parallel zu den Kanten beziehungsweise zu der Erzeugenden des Stabes, wir bezeichnen

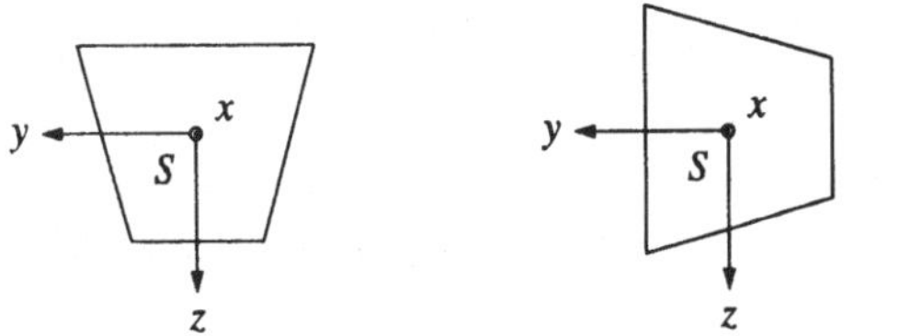

Abb. 5.7.

sie als x-Achse und ordnen zumeist einem der beiden Stabenden den Wert $x = 0$

zu. Von den anderen beiden Achsen fällt eine mit der Symmetrieachse des Endquerschnitts zusammen. Die Stabachse geht durch den Schwerpunkt der Querschnittsfläche, welcher auf der Symmetrieachse liegt und durch

$$\int_A z\,dA = 0 \tag{5.56}$$

oder

$$\int_A y\,dA = 0 \tag{5.57}$$

festgelegt ist.

Wir schneiden den belasteten Stab an der allgemeinen Stelle x durch. Dort
wird eine Schnittkraft $\vec{F}$ und ein auf den Flächenschwerpunkt S bezogenes
Schnittmoment $\vec{M}_S$ übertragen. Die Komponenten des Vektors $\vec{F}$ parallel zu
den Koordinaten x, y und z sind die Normalkraft

$$N = \int_A \sigma_{xx}\,dA \tag{5.58}$$

und die Querkräfte

$$Q_y = \int_A \sigma_{xy}\,dA, \tag{5.59}$$

$$Q_z = \int_A \sigma_{xz}\,dA. \tag{5.60}$$

Der Momentenvektor $\vec{M}_S$ wird zerlegt in das Moment M_x, welches bei doppelt
symmetrischem Querschnitt das vorläufig nicht interessierende Torsionsmoment
ist, sowie in die Biegemomente

$$M_y = \int_A z\sigma_{xx}\,dA, \tag{5.61}$$

$$M_z = -\int_A y\sigma_{xx}\,dA. \tag{5.62}$$

Nach Definition stimmen am Schnittufer, dessen Normalenvektor in die positive x-Richtung zeigt, die positiven Richtungen der Schnittkräfte und Schnitt-
momente, welche zusammenfassend als Schnittgrößen bezeichnet werden, mit
den positiven Koordinatenrichtungen überein (siehe Abb. 5.8). Am gegenüberliegenden Schnittufer sind die positiven Richtungen der Schnittgrößen entgegengesetzt (siehe Abb. 5.9). In den Abbn. 5.8 und 5.9 ist der Übersichtlichkeit
halber nur ein Vektor, welcher entweder die Kraft $\vec{F}$ oder das Moment $\vec{M}_S$
repräsentieren soll, mit seinen Komponenten eingetragen; die äußeren Belastungen und Reaktionen fehlen in diesen Darstellungen. Im Gegensatz zu Bedin-
gungskräften und -momenten, deren positive Richtungen willkürlich gewählt
werden können, sind die positiven Richtungen der Schnittgrößen verbindlich
festgelegt. Deren striktes Einhalten ist eine unerläßliche Voraussetzung für das
Funktionieren des Formalismus der Stabstatik und der Biegetheorie.

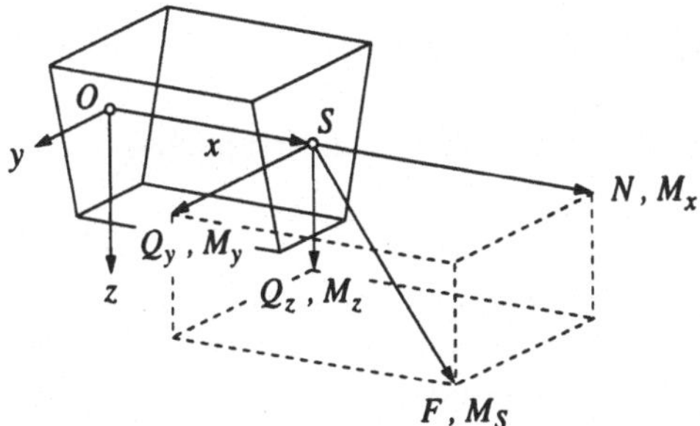

Abb. 5.8.

Die Stabstücke befinden sich im Gleichgewicht unter den eingeprägten Kräften und Momenten, den Auflagerreaktionen und Gelenkkräften sowie unter den Schnittgrößen. Gelenkkräfte sind gewissermaßen selbst Schnittkräfte, denn sie treten beim Zerlegen eines Trägers, welcher aus mehreren Teilen zusammengesetzt ist, in Erscheinung. Bei statisch bestimmten Problemen lassen sich die Schnittgrößen mit Hilfe der Gleichgewichtsbedingungen durch die eingeprägten Kräfte und Momente ausdrücken, und bei statischer Unbestimmtheit enthalten sie außer diesen noch zusätzlich unbekannte Bedingungskräfte.

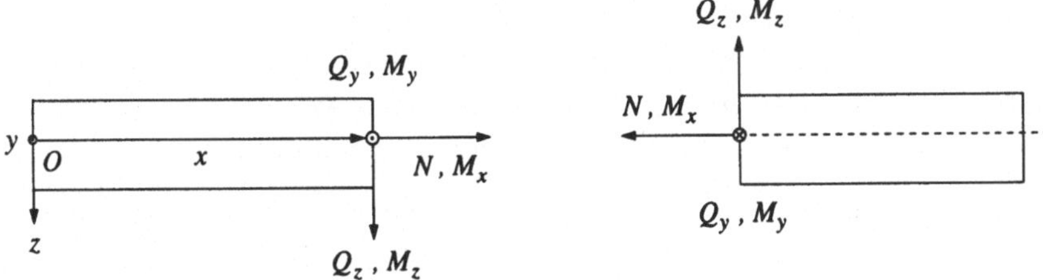

Abb. 5.9.

Zwischen der Streckenlast $q_z(x)$, zum Beispiel dem Eigengewicht beim horizontalen Stab, der Querkraft $Q_z(x)$ und dem Biegemoment $M_y(x)$ bestehen aufgrund des Gleichgewichts Zusammenhänge in Form von Differentialgleichungen, welche im folgenden hergeleitet werden. Wir schneiden den Stab bei x und $x+\Delta x$ und untersuchen das Kräfte- und Momentengleichgewicht des Stabelements unter der gegebenen Belastung durch die Kraft $q_z(x+\vartheta\Delta x)\Delta x$ mit $0 < \vartheta < 1$, den Querkräften und den Biegemomenten (siehe Abb. 5.10). Letztere werden an der

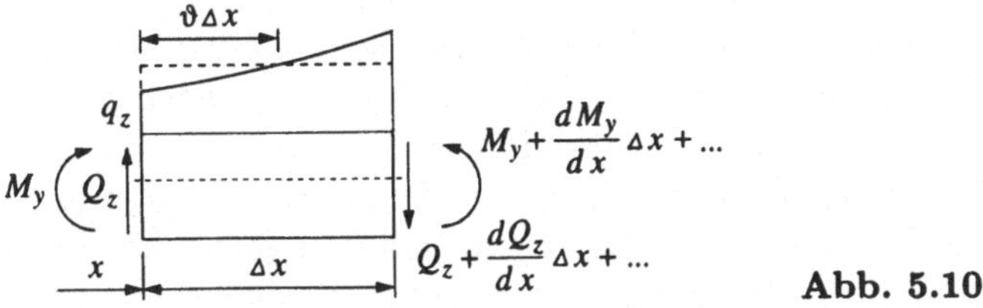

Abb. 5.10.

Stelle x in Taylor-Reihen entwickelt. Das Kräftegleichgewicht führt zu

$$\frac{dQ_z}{dx}\Delta x + q_z(x + \vartheta\Delta x)\Delta x + \ldots = 0, \qquad (5.63)$$

und das Momentengleichgewicht hinsichtlich des Punktes x der Stabachse ergibt

$$\frac{dM_y}{dx}\Delta x - Q_z\Delta x + \ldots = 0. \qquad (5.64)$$

In diesen Gleichungen sind die in Δx nichtlinearen Summanden nicht angeschrieben. Wir dividieren beide durch Δx, machen den Grenzübergang $\Delta x \to 0$ und erhalten

$$\frac{dQ_z}{dx} = -q_z, \qquad (5.65)$$

$$\frac{dM_y}{dx} = Q_z. \qquad (5.66)$$

Eine dazu analoge Rechnung liefert (siehe Abb. 5.11)

$$\frac{dQ_y}{dx} = -q_y, \qquad (5.67)$$

$$\frac{dM_z}{dx} = -Q_y. \qquad (5.68)$$

Man beachte das negative Vorzeichen auf der rechten Seite von Gl. (5.68)!

Wenn ein Träger durch Einzelkräfte belastet wird, dann sind nach den Gln. (5.65) und (5.67) die Querkräfte abschnittsweise konstant und die Biegemomente gemäß den Gln. (5.66) und (5.68) lineare Funktionen von x.

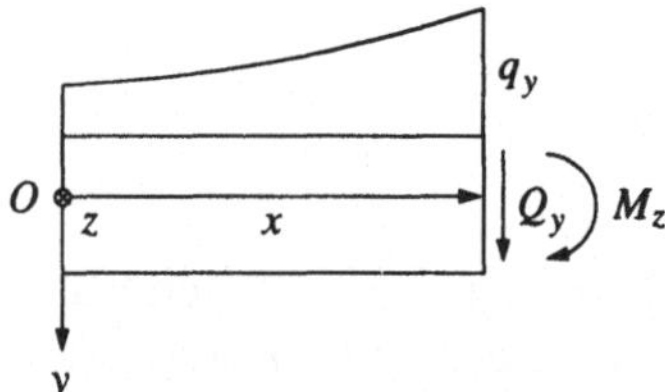

Abb. 5.11.

Bemerkung: Aus didaktischen Gründen wurden die Differentialgleichungen (5.65) und (5.66) durch Gleichgewichtsbetrachtungen am Element der Länge Δx mit sich anschließendem Grenzübergang $\Delta x \to 0$ hergeleitet, wie es in einführenden Lehrbüchern üblich ist. Eleganter ist die Vorgangsweise welche in der Seilstatik angewandt wurde. Analog zu Gl. (3.97) stellt man das Momentengleichgewicht des endlichen Stabstücks $0 \leq \xi \leq x$ bezogen auf den beliebigen Punkt A der Stabachse mit der Koordinate x_A auf. Durch Ableiten nach x erhält man direkt die genannten Differentialgleichungen.

Die vorstehenden Gleichgewichtsüberlegungen am Trägerelement oder an einem endlichen Stück des Trägers, welche zu den Resultaten (5.65) bis (5.68) geführt haben, sind an sich nicht notwendig, sondern letztere müssen sich direkt aus den lokalen Gleichgewichtsbedingungen durch Integrieren über die Querschnittsfläche ergeben.

Wir zeigen dies für den zylindrischen Stab ohne Kanten, welcher unter der Wirkung von Volumen- und Oberflächenkräften senkrecht zur Stabachse steht. Als mathematisches Hilfsmittel benötigt man den Gaußschen Satz

$$\int_A (\quad)_{,i}\, dA = \int_C (\quad) n_i\, ds,\tag{5.69}$$

wo C der Rand der Fläche A ist. Gleichung (5.69) ist das ebene Analogon des Satzes (4.15).

Die lokale Gleichgewichtsbedingung in z-Richtung lautet:

$$\sigma_{xz,x} + \sigma_{yz,y} + \sigma_{zz,z} + k_z = 0.\tag{5.70}$$

Durch Integrieren über die Querschnittsfläche und Anwenden des Gaußschen Satzes, Gl. (5.69), erhält man

$$\int_A \sigma_{xz,x}\, dA = -\int_C (n_y\sigma_{yz} + n_z\sigma_{zz})\, ds - \int_A k_z\, dA$$

$$= -\int_C t_z^{(n)}\, ds - \int_A k_z\, dA,\tag{5.71}$$

wobei Gebrauch von Gl. (4.12), nämlich der Zuordnung von Normalenvektor und Spannungsvektor durch den Spannungstensor, gemacht wurde. Gleichung (5.71) stimmt mit Gl. (5.65) überein, da die linke Seite nach Gl. (5.60) die Ableitung der Querkraft Q_z nach x ist und die rechte Seite die aus einem Oberflächen- und einem Volumenanteil zusammengesetzte (negative) Streckenlast q_z bedeutet.

Für die x-Richtung gilt:

$$\sigma_{xx,x} + \sigma_{yx,y} + \sigma_{zx,z} = 0.\tag{5.72}$$

Wir multiplizieren mit z und integrieren über den Querschnitt, formen etwas um und wenden wieder den Gaußschen Satz an,

$$\int_A z\sigma_{xx,x}\, dA = -\int_A z\sigma_{yx,y}\, dA - \int_A z\sigma_{zx,z}\, dA$$

$$= -\int_A (z\sigma_{yx})_{,y}\, dA - \int_A (z\sigma_{zx})_{,z}\, dA + \int_A \sigma_{zx}\, dA$$

$$= -\int_C z(n_y\sigma_{yx} + n_z\sigma_{zx})\, ds + \int_A \sigma_{xz}\, dA$$

$$= -\int_C z t_x^{(n)}\, ds + \int_A \sigma_{xz}\, dA.\tag{5.73}$$

Damit liegt wieder Gl. (5.66) vor, denn nach Voraussetzung gibt es keinen Anteil der Oberflächenbelastung in Richtung der Stabachse, $t_x^{(n)} = 0$.

5.4.2 Der Zug- oder Druckstab

Im Zug- oder Druckstab ist die Spannung gleichmäßig über den Querschnitt
verteilt. Wenn die Stabachse parallel zur x-Achse ist, dann gilt

$$\sigma_x = \frac{N}{A}. \tag{5.74}$$

Verbunden ist die Spannung nach dem Hookeschen Gesetz mit der Dehnung

$$\varepsilon_x = \frac{\sigma_x}{E} = \frac{N}{EA} \tag{5.75}$$

und mit einer Querdehnung

$$\varepsilon_y = \varepsilon_z = -\nu\frac{\sigma_x}{E} = -\nu\frac{N}{EA}. \tag{5.76}$$

In vielen Fällen, zum Beispiel bei einer masselosen Pendelstütze, ist die Normalkraft unabhängig von x. Sie kann aber auch abschnittsweise konstant oder eine
stetige Funktion von x sein.

Als Beispiel für den ersteren Fall bemessen wir einen Zugstab aus Stahl
und untersuchen dessen Deformation. Der kreiszylindrische Stab habe die Länge
$l_0 = 3$ m und soll die Kraft $F = 50$ kN übertragen bei einer zulässigen Zugspannung von $\sigma_{zul} = 100$ N/mm^2. Gemäß Gl. (5.74) findet man den er-
forderlichen Querschnitt $A_{erf} = F/\sigma_{zul} = 500$ mm^2 oder den Durchmesser
$d_{erf} = 25,2$ mm. Dem gewählten Durchmesser $d_0 = 26$ mm entspricht die Nennspannung $\sigma_0 = F/A_0 = 94,2$ N/mm^2; auf Richtungen bezeichnende Indizes kann
verzichtet werden.

Obwohl aus Abb. 5.5.a hervorgeht, daß innerhalb des Hookeschen Bereichs
der Unterschied zwischen der wahren Spannung und der Nennspannung vernachlässigbar ist, wollen wir dennoch diese Aussage numerisch untermauern.
Für das Verhältnis von wahrer Spannung und Nennspannung gilt

$$\frac{\sigma}{\sigma_0} = \frac{A_0}{A} = \left(\frac{d_0}{d}\right)^2. \tag{5.77}$$

Das Durchmesserverhältnis wird nun durch die unbekannte wahre Spannung
ausgedrückt. Dies kann auf zwei Weisen erfolgen, wenn wir vorübergehend wieder
zwischen den Koordinaten X_i eines materiellen Punktes vor der Deformation
und den Koordinaten x_i dieses Punktes nach der Deformation unterscheiden.
Im ersteren Falle dient d_0 als Bezugslänge bei der Dehnung, und nach Gl. (5.76)
ist

$$\frac{d}{d_0} - 1 = -\nu\frac{\sigma}{E} = -\nu^*\left(\frac{\sigma}{\sigma_0}\right) \tag{5.78}$$

mit

$$\nu^* = \nu\frac{\sigma_0}{E}. \tag{5.79}$$

Durch Eliminieren des Durchmesserverhältnisses aus den Gln. (5.77) und (5.78)
finden wir die Bestimmungsgleichung

$$\nu^{*2} \left(\frac{\sigma}{\sigma_0}\right)^3 - 2\nu^* \left(\frac{\sigma}{\sigma_0}\right)^2 + \left(\frac{\sigma}{\sigma_0}\right) - 1 = 0 \tag{5.80}$$

für das Spannungsverhältnis.

Mit d als Bezugslänge erhält man

$$1 - \frac{d_0}{d} = -\nu\frac{\sigma}{E} = -\nu^* \left(\frac{\sigma}{\sigma_0}\right) \tag{5.81}$$

und durch Eliminieren von d_0/d mit Hilfe von Gl. (5.77)

$$\nu^{*2} \left(\frac{\sigma}{\sigma_0}\right)^2 - (1 - 2\nu^*) \left(\frac{\sigma}{\sigma_0}\right) + 1 = 0 \tag{5.82}$$

oder

$$\frac{\sigma}{\sigma_0} = \frac{1 - 2\nu^* \overset{(+)}{-} \sqrt{1 - 4\nu^*}}{2\nu^{*2}}. \tag{5.83}$$

Im vorliegenden Falle ist $\nu^* = \nu F/EA_0 = (\pi \cdot 2\,366)^{-1}$, wobei die für Stahl gebräuchlichen Werte $\nu = 0,3$ und $E = 210\,000$ N/mm^2 eingesetzt wurden, und sowohl Gl. (5.80) als auch Gl. (5.83) liefern $\sigma/\sigma_0 = 1,000\,269\,2$ als eine relevante Lösung; erst die folgenden Dezimalstellen unterscheiden sich.

Aus diesen Zahlen erhalten wir die Bestätigung, daß sich in Übereinstimmung mit Gl. (5.9) die unterschiedliche Bezugslänge bei der Dehnung kaum auswirkt, und daß die Querschnittsänderung bei der Berechnung der Spannung nicht berücksichtigt werden muß. In den Gln. (5.80) und (5.82) sind die mit dem kleinen Parameter ν^* oder dessen Quadrat multiplizierten Summanden gegenüber den anderen zu vernachlässigen; es gilt näherungsweise

$$\frac{\sigma}{\sigma_0} = 1, \tag{5.84}$$

und auch Gl. (5.83) ergibt $\lim_{\nu^* \to 0}(\sigma/\sigma_0) = 1$.

Wir berechnen noch - und zwar mit der Nennspannung und den ursprünglichen Abmessungen als Bezugsgrößen - die Verlängerung und die Durchmesserabnahme des Stabes gemäß den Gln. (5.75) und (5.76) und erhalten $l - l_0 = (F/EA_0)l_0 = 1,345$ mm und $d_0 - d = \nu(F/EA_0)d_0 = 0,003$ mm.

Als nächstes ermitteln wir die Ersatzfederkonstante eines Zugstabs. Sie ist definiert durch

$$F = c\Delta l. \tag{5.85}$$

Nach dem Hookeschen Gesetz, $\sigma = E\varepsilon$, ergibt sich mit $\sigma = F/A_0$ und $\varepsilon = \Delta l/l_0$

$$F = \frac{EA_0}{l_0}\Delta l \tag{5.86}$$

und daraus die Ersatzfederkonstante

$$c = \frac{EA_0}{l_0}. \tag{5.87}$$

Sie erweist sich als proportional der Dehnsteifigkeit EA_0 und umgekehrt proportional der Stablänge l_0; beide Einflüsse sind in Übereinstimmung mit der Anschauung.

Im folgenden wird in der (konstanten) Dehnsteifigkeit der Index 0 weggelassen.

5.4.3 Der Biegestab. Die reine Biegung

Wir untersuchen die reine Biegung eines Stabes (siehe Abb. 5.12.a). Diese ist gekennzeichnet durch zwei an den Stabenden angreifende entgegengesetzt gleiche Momente. Das Biegemoment,

$$M_y = M_0, \tag{5.88}$$

ist konstant, und nach Gl. (5.66) fehlt die Querkraft,

$$Q_z = 0. \tag{5.89}$$

Wie bisher setzen wir voraus, daß es sich bei dem Träger um einen Körper konstanten Querschnitts handelt, welcher hier hinsichtlich der z, x-Ebene symmetrisch ist. Unter der Wirkung der beiden Momente biegt sich der Träger nach unten durch. Da jedes Stabelement gleich beschaffen und gleich belastet ist, nimmt die Stabachse die Form eines in der z, x-Ebene liegenden Kreisbogens an, welcher allerdings sehr flach ist. Die Stabachse bleibt dabei ungedehnt. Sie ändert ihre Länge, wenn zur Biegung noch eine weitere, hier aber nicht vorhandene Zug- oder Druckbelastung hinzukommt. Die Fasern oberhalb der Achse erfahren eine Stauchung und unterhalb der Achse eine Streckung. Als Stabfasern werden die vor der Deformation zur Stabachse parallelen materiellen Geraden bezeichnet. Zur quantitativen Beschreibung dieses Sachverhalts vergleichen wir den nichtdeformierten Stab mit dem gebogenen Stab (siehe Abb. 5.12.b).

Wie wir im folgenden sehen werden, sind im vorliegenden Falle, also bei positivem Biegemoment, die Krümmung k der gebogenen Stabachse und deren Kehrwert, der Krümmungsradius $\rho = 1/k$, negativ. Die Krümmung wird mit dem Biegemoment wachsen, wobei hier die Absolutwerte gemeint sind. Wir stellen den Zusammenhang dieser Größen her, indem wir von der Krümmung auf die Dehnung der allgemeinen Faser und die Spannung, unter der sie steht, schließen. Durch Integrieren über die Querschnittsfläche des Stabes gelangen wir dann zum Biegemoment.

Der Kreisbogen, welchen die deformierte Stabachse einnimmt, hat den Radius $-\rho > 0$. Da deren Länge erhalten bleibt, ist der Zentriwinkel bestimmt durch

$$\alpha = -\frac{l_0}{\rho}. \tag{5.90}$$

Die Dehnung der allgemeinen Stabfaser mit der Koordinate z ist

$$\varepsilon_x = \frac{\alpha(-\rho + z) - l_0}{l_0} = -\frac{z}{\rho}. \tag{5.91}$$

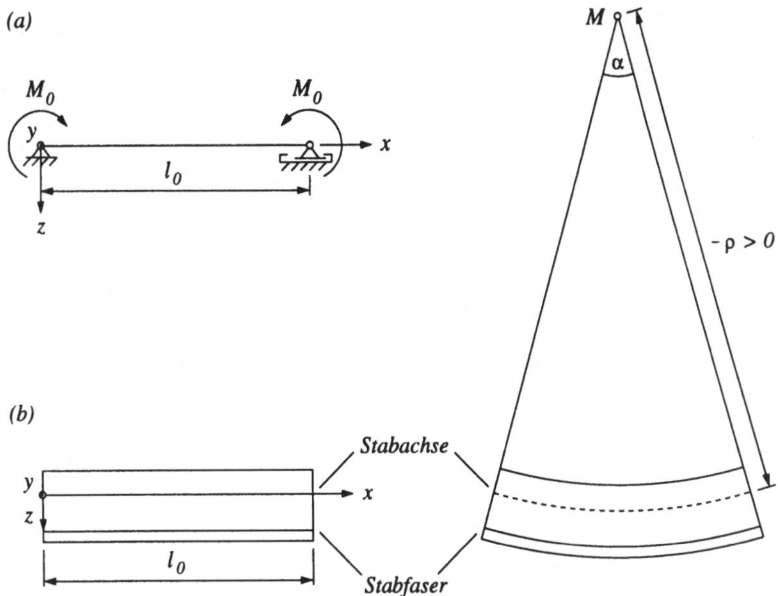

Abb. 5.12.

Der Einfluß der Querkontraktion in z-Richtung auf die Längsdehnung ist im Rahmen der Festigkeitslehre kleiner Deformationen zu vernachlässigen. Nach dem Hookeschen Gesetz gehört zu der Dehnung die Spannung

$$\sigma_x = E\varepsilon_x = -E\frac{z}{\rho}. \tag{5.92}$$

Wir tragen den Spannungsverlauf in die Skizze des unverformten Trägers ein (siehe Abb. 5.13). Da σ_x unabhängig von x ist, herrscht auch an den Endquerschnitten die lineare Abhängigkeit der Spannung von z; die Momente M_0 sind also in einer speziellen Weise aufgebracht.

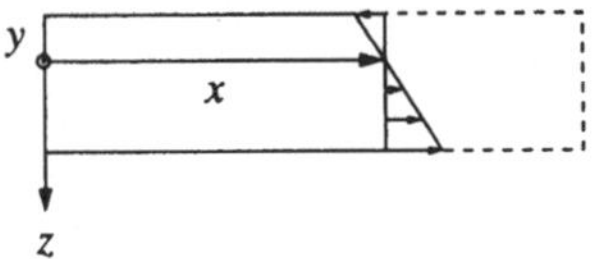

Abb. 5.13.

Die gefundene Spannungsverteilung ist den Schnittgrößen N, M_y und M_z äquivalent. Hier ist nur die zweite vorhanden. Da nach Definition die y-Achse durch den Schwerpunkt der Anfangsquerschnittsfläche geht (siehe Abb. 5.7), ist

$$N = \int_A \sigma_x \, dA = -\frac{E}{\rho} \int_A z \, dA = -\frac{EAz_S}{\rho} = 0 \tag{5.93}$$

erfüllt und damit der Nachweis erbracht, daß die Stabachse ungedehnt bleibt. Die Betrachtung der Biegemomente liefert

$$M_y = \int_A z\sigma_x \, dA = -\frac{E}{\rho} \int_A z^2 \, dA = -\frac{EJ_y}{\rho} \qquad (5.94)$$

und

$$M_z = -\int_A y\sigma_x \, dA = -\frac{E}{\rho} \int_A yz \, dA = -\frac{EJ_{yz}}{\rho} = 0. \qquad (5.95)$$

Aus Gl. (5.95) folgt, daß es sich bei den Koordinatenachsen y und z um Trägheitshauptachsen handeln muß. Dies trifft wegen der vorausgesetzten Symmetrie des Trägers hinsichtlich der z, x-Ebene zu (siehe Abb. 5.7); Gleichung (5.95) ist also erfüllt.

Durch Gl. (5.94) ist der gesuchte Zusammenhang zwischen der Krümmung und dem Biegemoment hergestellt. Es zeigt sich, daß zwischen beiden eine Proportionalität besteht,

$$k = \frac{1}{\rho} = -\frac{M_y}{EJ_y}; \qquad (5.96)$$

der Krümmungsradius ist dem Biegemoment umgekehrt proportional. Das Produkt EJ_y wird als Biegesteifigkeit bezeichnet.

Mit Gl. (5.96) liefern die Gln. (5.91) und (5.92) die Dehnung

$$\varepsilon_x = \frac{M_y}{EJ_y} z \qquad (5.97)$$

und die Spannung

$$\sigma_x = \frac{M_y}{J_y} z \qquad (5.98)$$

ausgedrückt durch das Biegemoment M_y.

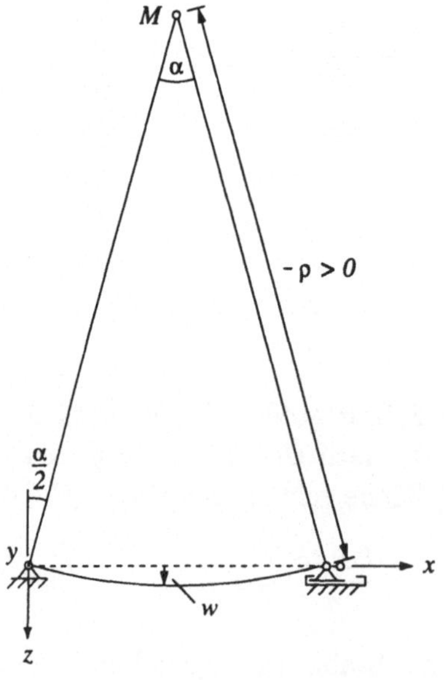

Abb. 5.14.

Im Falle der reinen Biegung ist mit der Kenntnis des Krümmungsradius ρ die Gestalt des deformierten Stabes festgelegt. Es handelt sich - wie wir festgestellt haben - um einen Kreisbogen, welchen die Abb. 5.14 mit übertriebener Krümmung zeigt. Die Koordinaten des Mittelpunkts sind

$$x_M = -\rho \sin \frac{\alpha}{2}, \tag{5.99}$$

$$z_M = \rho \cos \frac{\alpha}{2}. \tag{5.100}$$

Durch Aufstellen der Kreisgleichung kann die Vertikalverschiebung w in Richtung der z-Achse formelmäßig angegeben werden. Wir begnügen uns im Augenblick mit der Verschiebung des Mittelpunkts M der Stabachse. Für $x = l_0/2$ gilt mit $-\rho = l_0/\alpha$

$$u = x_M - \frac{l_0}{2} = l_0 \left(\frac{1}{\alpha} \sin \frac{\alpha}{2} - \frac{1}{2} \right) \approx 0, \tag{5.101}$$

$$w = -\rho + z_M = l_0 \left(\frac{1}{\alpha} - \frac{1}{\alpha} \cos \frac{\alpha}{2} \right) \approx \frac{1}{8} l_0 \alpha = \frac{1}{8} \frac{M_y}{EJ_y} l_0^2, \tag{5.102}$$

wobei der Inhalt der Klammern nach Potenzen des kleinen Parameters $\alpha = M_y l_0/(EJ_y)$ entwickelt und die Reihen nach dem linearen Glied abgebrochen wurden.

Die Horizontalverschiebung u ist im Rahmen der linearen Biegetheorie vernachlässigbar klein; dies trifft selbstverständlich auf sämtliche Punkte der Stabachse zu. Die Vertikalverschiebung w - also die Durchbiegung - wird im folgenden für alle Punkte der Stabachse berechnet.

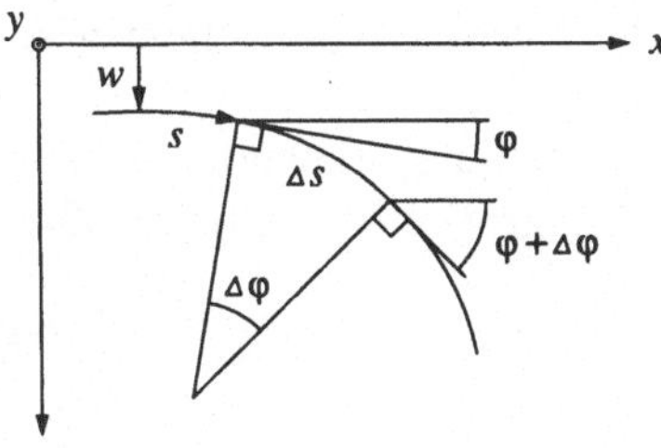

Abb. 5.15.

Wir drücken die Krümmung durch die Ableitungen der Funktion $w = w(x)$ aus, wobei wir uns im Hinblick auf den allgemeinen Fall nicht auf die Kreisform beschränken, ersetzen die erstere mit Hilfe von Gl. (5.96) durch das Biegemoment und gewinnen durch Integrieren der so entstandenen Differentialgleichung w als Funktion von x. Die Krümmung und deren Kehrwert, der Krümmungsradius, werden bei räumlichen Kurven stets positiv (vergleiche Abschnitt 2.2.2), im ebenen Falle aber auch - wie hier - vorzeichenbehaftet definiert. Aus

$$k = \lim_{\Delta s \to 0} \frac{\Delta\varphi}{\Delta s} = \frac{d\varphi}{ds} \tag{5.103}$$

(siehe Abb. 5.15) ergibt sich

$$k = \frac{\frac{d\varphi}{dx}}{\frac{ds}{dx}} = \frac{\frac{d}{dx}\left(\arctan\frac{dw}{dx}\right)}{\left[1 + \left(\frac{dw}{dx}\right)^2\right]^{\frac{1}{2}}} = \frac{\frac{d^2w}{dx^2}}{\left[1 + \left(\frac{dw}{dx}\right)^2\right]^{\frac{3}{2}}}. \tag{5.104}$$

Beachtet man, daß die positive Richtung der z-Achse und damit auch der Verschiebung w nach unten zeigt, dann ist die Krümmung einer Rechtskurve positiv und diejenige einer Linkskurve negativ, wenn s mit x wächst.

Wir entwickeln den Faktor von d^2w/dx^2 nach Potenzen von dw/dx,

$$k = \frac{d^2w}{dx^2}\left[1 - \frac{3}{2}\left(\frac{dw}{dx}\right)^2 + \ldots\right], \tag{5.105}$$

vernachlässigen wegen $dw/dx \ll 1$ den zweiten und die übrigen Summanden gegenüber dem ersten und erhalten so

$$k = \frac{d^2w}{dx^2}. \tag{5.106}$$

Anschaulich bedeutet dies, daß man bei kleinen Anstiegen den Winkel $\varphi = \arctan(dw/dx)$ durch den Anstieg $\tan\varphi = dw/dx$ und Δs durch Δx ersetzt, also die Krümmung annähert durch

$$k = \lim_{\Delta x \to 0} \frac{\Delta \tan\varphi}{\Delta x} = \frac{d^2w}{dx^2}. \tag{5.107}$$

Durch Eliminieren der Krümmung aus den Beziehungen (5.96) und (5.106) erhält man schließlich

$$EJ_y \frac{d^2w}{dx^2} = -M_y. \tag{5.108}$$

Diese Beziehung, welche als Differentialgleichung der Biegelinie bezeichnet wird, gilt bei der reinen Biegung des Stabes.

Im Falle des in Abb. 5.12.a gezeigten unter reiner Biegung stehenden Trägers auf zwei Stützen mit der Spannweite l_0 liefert die Integration von Gl. (5.108)

$$EJ_y \frac{dw}{dx} = -M_y x + C_1, \tag{5.109}$$

$$EJ_y w = -\frac{1}{2}M_y x^2 + C_1 x + C_2. \tag{5.110}$$

Die Durchbiegung verschwindet an den Lagerstellen,

$$x = 0: \quad w = 0, \tag{5.111}$$

$$x = l_0: \quad w = 0. \tag{5.112}$$

Daraus folgt

$$C_1 = \frac{1}{2}M_y l_0, \tag{5.113}$$

$$C_2 = 0, \tag{5.114}$$

und als Ergebnis erhalten wir

$$w = \frac{1}{2}\frac{M_y}{EJ_y}x(l_0 - x);$$

(5.115)

der Kreisbogen wird also durch eine Parabel angenähert. Der die Länge der Stabachse kennzeichnende Index 0 kann im folgenden entfallen.

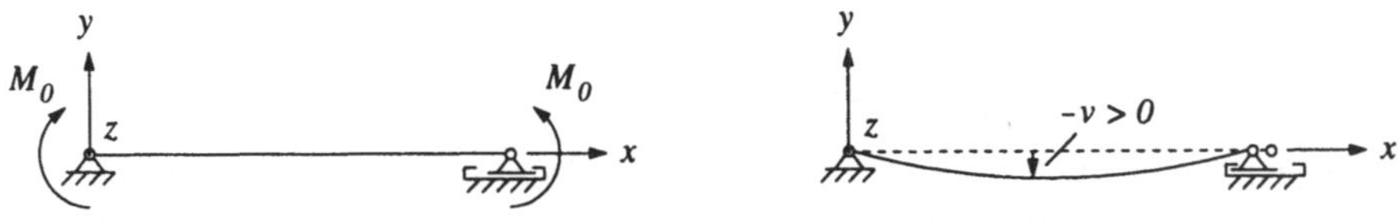

Abb. 5.16.

Für die Durchbiegung des Stabes in der x, y-Ebene (siehe Abb. 5.16) liefert eine analoge Rechnung

$$\varepsilon_x = -\frac{M_z}{EJ_z}y,$$

(5.116)

$$\sigma_x = -\frac{M_z}{J_z}y,$$

(5.117)

$$EJ_z\frac{d^2v}{dx^2} = M_z.$$

(5.118)

5.4.4 Die technische Biegelehre

Bei allgemeiner Belastung ist das Biegemoment von x abhängig, und damit verbunden ist das Auftreten einer Querkraft als der Resultierenden einer Schubspannungsverteilung σ_{xz} über den Querschnitt. Diese kann nicht konstant sein, wie man leicht sieht, denn am oberen und am unteren freien Rand gilt $\sigma_{zx} = 0$ und damit auch $\sigma_{xz} = 0$. Mit den Schubspannungen gehen Schubverzerrungen einher; der Stabquerschnitt verwölbt sich. Eingehende Untersuchungen zeigen, daß der geschilderte Sachverhalt nur bei kurzen Stäben von Bedeutung ist. Wir richten unser Augenmerk auf schlanke Träger, welche dadurch gekennzeichnet sind, daß das Verhältnis der größten Abmessung des Querschnitts zur Trägerlänge klein gegen eins ist. Bei solchen kann man die Spannungsverteilung und die Durchbiegung näherungsweise mit Hilfe der für die reine Biegung abgeleiteten Ergebnisse ermitteln, indem man das dort konstante Biegemoment durch das von x abhängige ersetzt.

Für die Biegemomente M_y beziehungsweise M_z erhält man so die Spannungsverteilungen

$$\sigma_x = \frac{M_y(x)}{J_y} z, \tag{5.119}$$

$$\sigma_x = -\frac{M_z(x)}{J_z} y \tag{5.120}$$

und die Differentialgleichungen der Biegelinien

$$E J_y w'' = -M_y(x), \tag{5.121}$$

$$E J_z v'' = M_z(x). \tag{5.122}$$

Die technische Biegelehre erfaßt auch Stäbe, die aus Zylindern oder Prismen verschiedener Querschnitte zusammengesetzt sind.

Im Rahmen der hier behandelten Theorie der kleinen Deformationen schlanker Träger, in welcher die Durchbiegung infolge der Querkraft vernachlässigt wird, ist der Anstieg dw/dx oder dv/dx der Biegelinie eine stetige Funktion von x. Die Krümmung d^2w/dx^2 beziehungsweise d^2v/dx^2 weist dort Unstetigkeiten auf, wo direkt oder indirekt ein Moment angreift, und an den Unstetigkeiten des Trägheitsmoments (siehe Abb. 5.17).

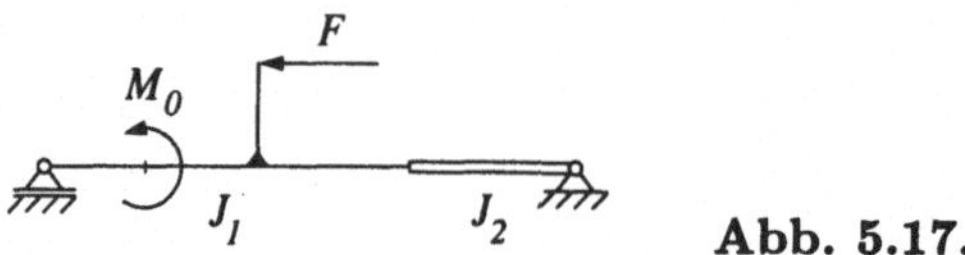

Abb. 5.17.

Bei verteilter Belastung $q_z(x)$ ist zumindest eine zusätzliche Integration notwendig. Es tritt entweder im Biegemoment M_y der Summand $-\int_0^x (x-\xi) q_z(\xi)\, d\xi$ auf, oder man bringt die Differentialgleichung (5.121) durch zweimaliges Ableiten nach x und Gebrauch der Gln. (5.65) und (5.66) auf die Form

$$E J_y w^{(4)} = q_z. \tag{5.123}$$

Das allgemeine Integral dieser Gleichung enthält vier Integrationskonstanten. Wegen $w'' = -M_y/E J_y$ und $w''' = -Q_z/E J_y$ handelt es sich bei den Bedingungen für w'' und w''' nicht um geometrische sondern um statische Bedingungen und zwar für Biegemoment und Querkraft. Am freien Ende eines Kragträgers unter einer Gleichlast beispielsweise verschwinden Biegemoment und Querkraft und damit w'' und w'''. Für die Biegung in der x, y-Ebene erhalten wir in gleicher Weise

$$E J_z v^{(4)} = q_y. \tag{5.124}$$

Ein Beispiel folgt weiter unten.

Bemerkung: Nach zweimaliger Integration der Differentialgleichung (5.123) liegt die Differentialgleichung der Biegelinie, Gl. (5.121), vor. Auf der rechten Seite steht dann $\int_0^x dt \int_0^t q_z(s)\, ds$. Dieser Ausdruck stimmt mit dem (negativen) Biegemoment infolge der verteilten Belastung, $\int_0^x (x-\xi) q_z(\xi)\, d\xi$, überein, wie man durch partielles Integrieren zeigt. Es ergibt sich

$$\int_0^x dt \int_0^t q_z(s)\,ds = \left[t \int_0^t q_z(s)\,ds \right]\Big|_0^x - \int_0^x t q_z(t)\,dt$$

$$= x \int_0^x q_z(s)\,ds - \int_0^x t q_z(t)\,dt$$

$$= \int_0^x (x - \xi) q_z(\xi)\,d\xi. \tag{5.125}$$

Wenn im Falle $J_y \neq J_z$ der Vektor des Biegemoments nicht parallel ist zu einer der beiden Trägheitshauptachsen der Querschnittsfläche, dann liegt eine schiefe Biegung vor (siehe Abb. 5.18). Wir zerlegen das Biegemoment M_S in seine Komponenten M_y und M_z und machen Gebrauch von der Möglichkeit der

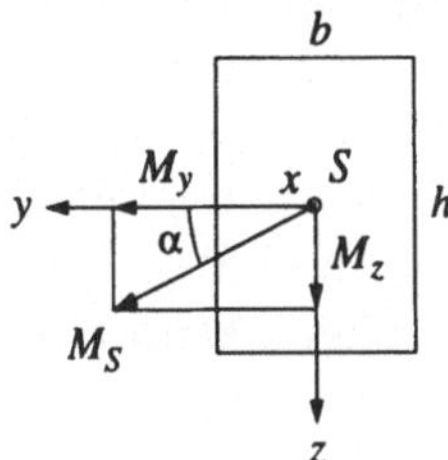

Abb. 5.18.

Superposition. Nach den Gln. (5.119) und (5.120) ergibt sich die Spannungsverteilung

$$\sigma_x = \frac{N}{A} - \frac{M_z}{J_z} y + \frac{M_y}{J_y} z, \tag{5.126}$$

wenn zusätzlich noch eine Normalkraft N vorhanden ist. Fehlt diese, dann tritt bei Rechteckquerschnitt und positivem M_y und M_z die größte Zugspannung in der Ecke mit den Koordinaten $y = -b/2$ und $z = h/2$ auf und die größte Druckspannung in der gegenüberliegenden Ecke $y = b/2$, $z = -h/2$; längs der Geraden

$$z = \frac{M_z\, J_y}{M_y\, J_z} y \tag{5.127}$$

verschwindet die Normalspannung. Diese als Nullinie bezeichnete Gerade ist im allgemeinen nicht parallel zu dem Momentenvektor $\vec{M}_S$. Für den in Abb. 5.18 gezeigten Rechteckquerschnitt gilt

$$z = \tan\alpha \left(\frac{h}{b} \right)^2 y. \tag{5.128}$$

Bemerkung: Damit ist klar ersichtlich, daß es für die schiefe Biegung keine zu den Gln. (5.119) und (5.120) analog gebaute Spannungsverteilung geben kann, in welcher das Trägheitsmoment bezogen auf eine zu $\vec{M}_S$ parallele Gerade durch S im Nenner und der Abstand des materiellen Punktes, dessen Spannung wir suchen, von dieser Geraden als Faktor im Zähler steht.

Auch die Biegelinien $w = w(x)$ und $v = v(x)$ werden getrennt berechnet. Im allgemeinen Falle liegt die deformierte Stabachse nicht auf einer Ebene sondern nimmt eine räumliche Kurve ein; für deren Krümmung interessieren wir uns nicht.

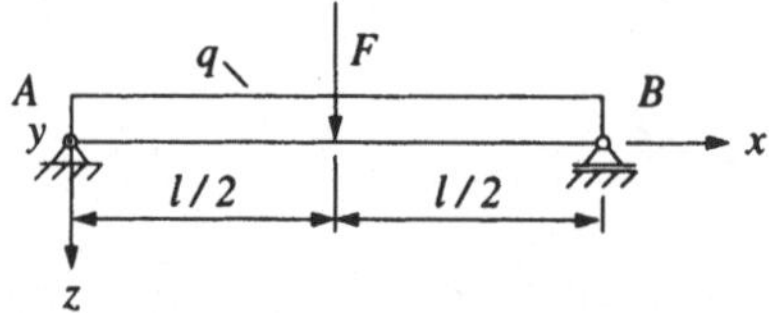

Abb. 5.19.

Als Beispiel für die Integration der Differentialgleichung der Biegelinie dient ein Träger auf zwei Stützen unter der Wirkung einer Kraft F in der Mitte des Trägers und einer Gleichlast q (siehe Abb. 5.19). Bei dem Eigengewicht eines Trägers konstanten Querschnitts handelt es sich um eine solche. Wir setzen hier und im folgenden voraus, daß die Wirkungslinien der Kräfte die Stabachse schneiden und mit einer der Trägheitshauptachsen im Schnittpunkt zusammenfallen, und führen das dazu passende x, y, z-System mit dem Ursprung im linken Auflager A ein. Da die durchgebogene Stabachse in der z, x-Ebene liegt, kann man auf Indizes verzichten und anstelle von q_z, M_y, J_y einfach q, M und J schreiben. Es ergeben sich die Auflagerkräfte

$$A = B = \frac{1}{2}(F + ql). \tag{5.129}$$

Zur Ermittlung des Biegemoments in der linken Trägerhälfte ersetzen wir die Auflager durch die Auflagerkräfte, führen einen Schnitt an der allgemeinen Stelle x zwischen dem linken Auflager und der Mitte des Trägers, rücken die beiden Teile auseinander und bringen an der Schnittstelle die Schnittgrößen an, wobei wir uns an die im Abschnitt 5.4.1 eingeführte Vorzeichenkonvention halten (siehe Abb. 5.20). Da keine Lasten oder Reaktionen in horizontaler Richtung existieren,

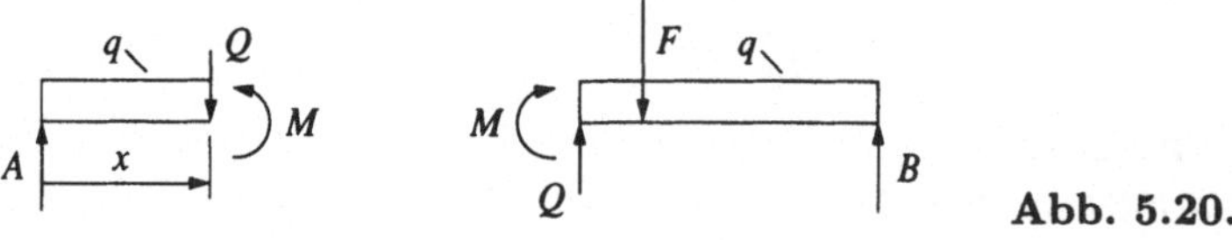

Abb. 5.20.

gibt es auch keine Normalkräfte. Beide Teile befinden sich im Gleichgewicht unter Lasten, Reaktionen und Schnittgrößen. Das Biegemoment M ergibt sich aus dem Momentengleichgewicht des linken oder des rechten Trägerteils. Da die Betrachtung des letzteren mit einem geringfügig größeren Aufwand verbunden ist, entscheiden wir uns für den linken Teil und wählen als Bezugspunkt für das Momentengleichgewicht die Schnittstelle. Bei dieser Wahl erübrigt sich die Bestimmung der Querkraft, aber jeder andere Bezugspunkt führt ebenso zum

Ziel. Man ersetzt die verteilte Belastung durch ihre Resultierende qx an der Stelle $x/2$ (siehe Abb. 5.21) und findet

$$M = xA - \frac{1}{2}x \cdot qx, \qquad 0 \leq x \leq l/2. \tag{5.130}$$

In Zukunft können wir uns mit der Skizze eines der beiden Trägerteile begnügen; diese ist jedoch unerläßlich!

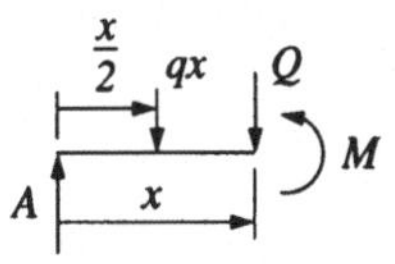

Abb. 5.21.

Bemerkung: Zur Berechnung des durch eine Gleichlast oder durch eine linear von x abhängige Streckenlast verursachten Anteils des Biegemoments kann die am Trägerstück verteilt angreifende Belastung in einfacher Weise durch ihre Resultierende ersetzt werden. Bei allgemeiner Streckenlast ergibt er sich - wie bereits gesagt - aus $-\int_0^x (x - \xi)q(\xi)\,d\xi$.

Bemerkung: An den Stellen $x = -0$ und $x = l+0$ sind weder die Schnittgrößen noch die Durchbiegung und deren Ableitungen definiert. Randbedingungen gibt es also eigentlich für $x = +0$ und $x = l - 0$. Um unnötige Komplikationen zu vermeiden, geben wir diese für $x = 0$ und $x = l$ an.

Einsetzen des Biegemoments (5.130) in die Differentialgleichung der Biegelinie, Gl. (5.121), und zweimaliges Integrieren liefert:

$$EJw'' = -Ax + \frac{1}{2}qx^2, \tag{5.131}$$

$$EJw' = -\frac{1}{2}Ax^2 + \frac{1}{6}qx^3 + C_1, \tag{5.132}$$

$$EJw = -\frac{1}{6}Ax^3 + \frac{1}{24}qx^4 + C_1 x + C_2. \tag{5.133}$$

Die Biegelinie ist den Randbedingungen

$$x = 0: \qquad w = 0, \tag{5.134}$$

$$x = l/2: \qquad w' = 0 \tag{5.135}$$

unterworfen. Es muß besonders darauf hingewiesen werden, daß die zweite Randbedingung an die Symmetrie des Trägers und der Belastung hinsichtlich der Mitte gebunden ist. Erstere wird nicht verletzt durch die Lagerung auf einem Fest- und einem Gleitlager. Der Bedingung $w = 0$ für $x = l$ kommt hier keinerlei Relevanz zu, da die rechten Seiten der Gln. (5.131) bis (5.133) nur im linken Trägerteil, $0 \leq x \leq l/2$, gelten. Aus den Randbedingungen folgt

$$C_1 = \frac{1}{8}Al^2 - \frac{1}{48}ql^3, \tag{5.136}$$

$$C_2 = 0 \tag{5.137}$$

und damit

$$EJw = \left(\frac{1}{16}l^2 x - \frac{1}{12}x^3\right) F + \left(\frac{1}{24}l^3 x - \frac{1}{12}lx^3 + \frac{1}{24}x^4\right) q. \tag{5.138}$$

Die maximale Durchbiegung tritt in der Mitte, $x = l/2$, auf und hat die Größe

$$w_{max} = \frac{Fl^3}{48EJ} + \frac{5ql^4}{384EJ}. \tag{5.139}$$

Dort herrscht auch das für die Bemessung des Trägers maßgebliche maximale Biegemoment

$$M_{max} = \frac{Fl}{4} + \frac{ql^2}{8}. \tag{5.140}$$

Hinweis: Wie bei allen Rechnungen mit dimensionsbehafteten Größen kontrolliere man stets die Dimensionsrichtigkeit aller Zwischenergebnisse wie auch des Endergebnisses; die Summanden in der ersten Klammer von Gl. (5.138) haben die Dimension Länge³ und diejenigen in der zweiten Klammer die Dimension Länge⁴.

Wegen der Linearität der Differentialgleichung (5.121) und der linearen Abhängigkeit der Störfunktion von den Belastungen kann man von der Superposition Gebrauch machen und die Durchbiegungen, welche der Träger unter der alleinigen Wirkung der Gleichlast q oder der Kraft F erfährt, getrennt berechnen und dann addieren. Für die erstere gilt das Biegemoment sowie die Differentialgleichung und deren allgemeine Lösung im gesamten Träger, $0 \leq x \leq l$. Eine der beiden verwendeten Randbedingungen kann durch $w = 0$ an der Stelle $x = l$ ersetzt werden. Eine hinzukommende Normalkraft ruft eine Längenänderung des Stabes hervor, ist aber ohne Einfluß auf die Durchbiegung der Stabachse.

Wenn die Kraft F nicht in der Mitte des auf Abb. 5.19 dargestellten Trägers angreift, sondern an einer allgemeinen Stelle $x = a$, dann befindet sich die durch $w' = 0$ gekennzeichnete maximale Durchbiegung weder in der Mitte noch am Lastangriff, sondern an einer unbekannten Stelle zwischen beiden. In diesem Falle ist es wegen der fehlenden Symmetrie unumgänglich, beide Trägerteile zu betrachten. Durch je einen Schnitt links und rechts von der Last ermittelt man die Abhängigkeit des Biegemoments von x in beiden Teilen. Beim Integrieren treten vier Integrationskonstanten auf. Zu deren Bestimmung zieht man die Rand- und Stetigkeitsbedingungen heran, denen die Funktion $w = w(x)$ unterliegt. Diese verlangen, daß die Durchbiegung an den Lagerstellen $x = 0$ und $x = l$ verschwindet und daß sowohl die Durchbiegung als auch deren Anstieg am Lastangriff $x = a$ stetig ist. Wie bereits erwähnt, verlaufen w und w' im gesamten Trägerbereich stetig; diese Stetigkeit ist aber mit Ausnahme der Stelle $x = a$ überall automatisch gewährleistet.

Aus diesem Beispiel kann man die Vorschrift ableiten, daß jeder Träger - wobei auch an aus mehreren gelenkig miteinander verbundenen Teilen bestehende Träger gedacht ist - in Bereiche unterteilt werden muß, in denen das Biegemoment durch einen dort gültigen mathematischen Ausdruck gegeben ist und das Trägheitsmoment keinen Sprung erleidet. In einem solchen Bereich sind sämtliche Ableitungen von w stetig. Beispiele für Unstetigkeiten der ersten fünf Ableitungen, an welchen eine Unterteilung des Trägers zu erfolgen hat, zeigt die Abb. 5.22.

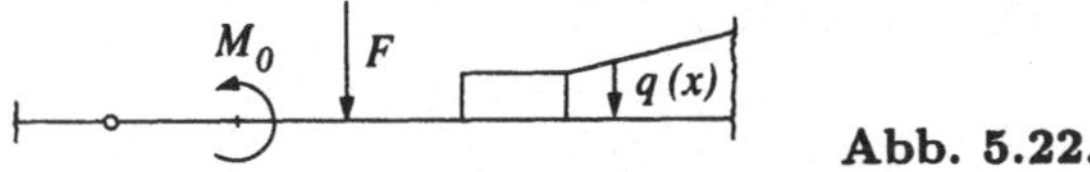

Abb. 5.22.

Unstetig ist w' im allgemeinen an einem Gelenk, $w'' = -M/EJ$ an der Angriffsstelle eines Moments (siehe auch Abb. 5.17) und $w''' = -Q/EJ$ an der Angriffsstelle einer Einzelkraft mit vertikaler Komponente, bei welcher es sich um eine gegebene Kraft oder eine Auflagerkraft handeln kann. Ferner sind wegen $q = EJw^{(4)}$, $q' = EJw^{(5)}$ und so weiter Unstetigkeiten der Streckenlast q oder ihrer Ableitungen mit Unstetigkeiten von $w^{(4)}$ oder von höheren Ableitungen verbunden. Dort, wo sich die Biegesteifigkeit unstetig ändert, kommt es bei der Deformation zu einer Unstetigkeit von w'' und der höheren Ableitungen, soweit diese nicht verschwinden.

Wir wenden uns nun einem statisch unbestimmten Gleichgewichtsproblem zu. Gesucht seien die Auflagerkräfte eines Trägers unter Gleichlast mit einer zusätzlichen Stütze in der Mitte, welche allerdings etwas tiefer als die anderen beiden sitzen soll (siehe Abb. 5.23.a); $f/l << 1$ ist vorausgesetzt.

(a)   *(b)*

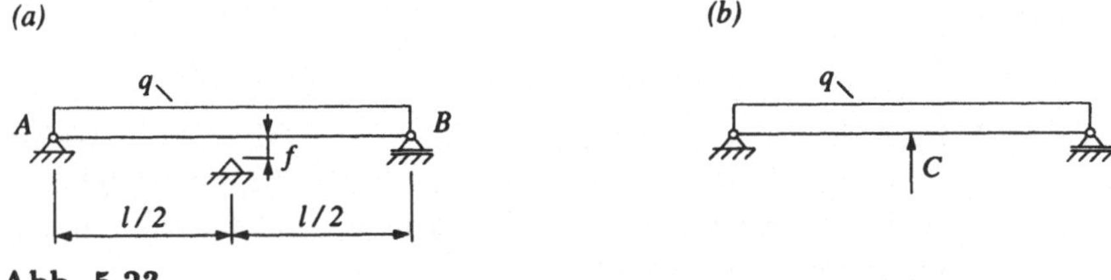

Abb. 5.23.

Man macht dabei Gebrauch von der maximalen Durchbiegung des Trägers auf zwei Stützen infolge einer Gleichlast und einer Kraft in der Mitte, Gl. (5.139). Zwei Möglichkeiten müssen unterschieden werden: Für

$$\frac{5ql^4}{384EJ} < f \tag{5.141}$$

berührt der durchgebogene Träger die mittlere Stütze nicht; es gilt also

$$A = B = \frac{1}{2}ql. \tag{5.142}$$

Im Falle

$$\frac{5ql^4}{384EJ} > f \tag{5.143}$$

sitzt der Träger auf der mittleren Stütze auf. Diese übt auf ihn eine unbekannte Kraft C nach oben aus (siehe Abb. 5.23.b). Anbetrachts der Abb. 5.23.b erinnern wir uns daran, daß Kräfte und Momente in die Skizze des unverformten Körpers einzutragen sind, wie bereits im Abschnitt 3.5.1 erörtert wurde. Unter der Wirkung von q und C stimmt die Durchbiegung in der Mitte mit f überein,

$$w(l/2) = -\frac{Cl^3}{48EJ} + \frac{5ql^4}{384EJ} = f. \tag{5.144}$$

Daraus ergibt sich

$$C = \frac{48EJ}{l^3} \left(\frac{5ql^4}{384EJ} - f \right) \tag{5.145}$$

und

$$A = B = \frac{1}{2}(ql - C). \tag{5.146}$$

Das allgemeine Ergebnis beinhaltet auch $f \leq 0$. Für gleichhohe Auflager findet man

$$C = \frac{5}{8}ql, \tag{5.147}$$

$$A = B = \frac{3}{16}ql; \tag{5.148}$$

die mittlere Stütze trägt also mehr als die anderen beiden zusammen.

Bei statisch unbestimmten Problemen ergeben sich, wie bereits im Abschnitt 3.5.1 ausgeführt wurde, die fehlenden Gleichungen aus geometrischen Bedingungen. Dies trifft auch im obigen Beispiel zu. Im allgemeinen Falle führt der folgende Weg zum Ziel:

- Man fertigt eine Skizze des verformten Tragwerks mit stark übertriebenen Deformationen an. Nun können die geometrischen Bedingungen abgelesen werden.

- Das System wird von den Auflagern gelöst und gegebenenfalls an den Gelenken in Einzelteile zerlegt. Daran schließt sich das Eintragen der gegebenen Belastungen sowie der unbekannten Auflagerreaktionen und Gelenkkräfte in die Skizze der unverformten Systemteile.

- Durch Gebrauch der Gleichgewichtsbedingungen wird die Anzahl der Unbekannten reduziert.

- Nun erfolgt die Berechnung der Verformung der Einzelteile infolge bekannter und unbekannter Kräfte und Momente. Wenn Biegeträger beteiligt sind, dann kommen bei der Integration der Differentialgleichung der Biegelinie für jeden Biegeträgerteil zwei Integrationskonstanten als zusätzliche Unbekannte hinzu; mit Hilfe der Rand- und Stetigkeitsbedingungen lassen sich diese durch bekannte und unbekannte Kräfte und Momente ausdrücken.

– Schließlich stehen als Bestimmungsgleichungen für den Rest der Unbekannten
die geometrischen Bedingungen zur Verfügung.

Im Prinzip verläuft das Lösen aller statisch unbestimmten Probleme nach dem
angegebenen Schema; kleinere Vertauschungen von Schritten können im Einzel-
fall zweckmäßig sein.

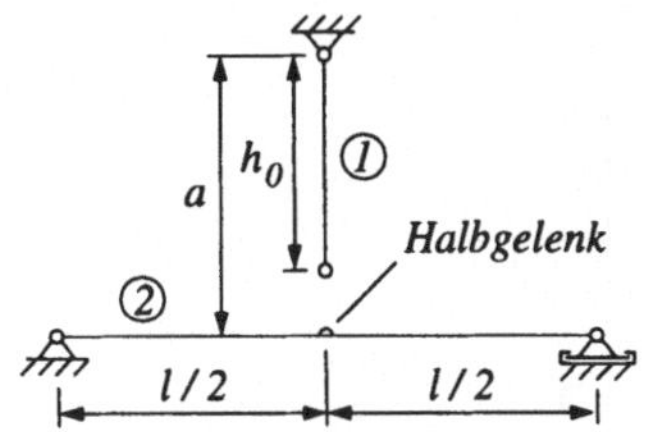

Abb. 5.24.

Das Aufstellen einer geometrischen Bedingung wird an dem folgenden Problem geübt (siehe Abb. 5.24): Das untere Ende eines zu kurzen vertikalen Stabes
① werde in das Halbgelenk in der Mitte eines horizontalen Biegeträgers ② ein-
gehängt. Die Temperatur des vertikalen Stabes sei um ΔT höher als die der
Umgebung. Es interessieren die im montierten Zustand herrschenden Kräfte;
$(a - h_0)/l \ll 1$ ist vorausgesetzt.

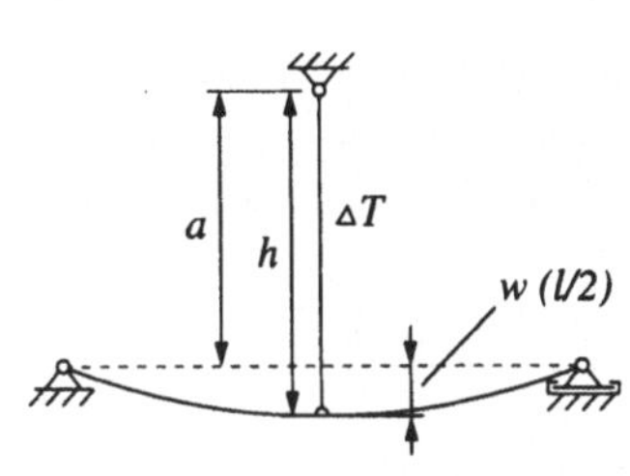

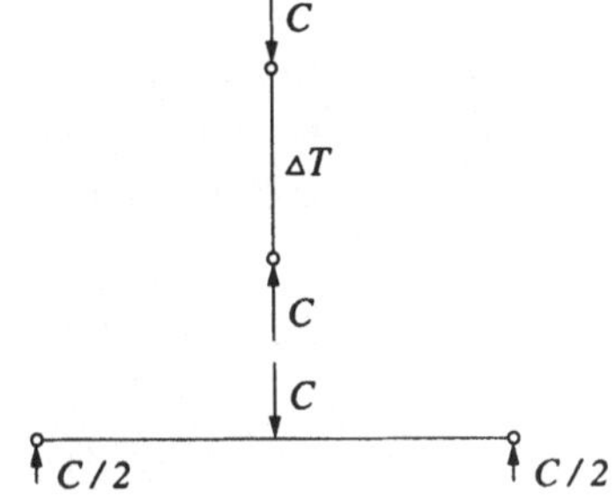

Abb. 5.25.

Wir skizzieren das deformierte System und nehmen zunächst an, daß $h =
h_0 + \Delta h > a$ ist (siehe Abb. 5.25). Der Skizze entnimmt man

$$a + w(l/2) = h = h_0 + \Delta h. \tag{5.149}$$

Mit

$$\Delta h = h_0 \left(-\frac{C}{(EA)_1} + \alpha \Delta T \right) \tag{5.150}$$

und

$$w(l/2) = \frac{Cl^3}{48(EJ)_2} \tag{5.151}$$

ergibt sich

$$C = \frac{\alpha \Delta T h_0 - (a - h_0)}{\dfrac{h_0}{(EA)_1} + \dfrac{l^3}{48(EJ)_2}}. \qquad (5.152)$$

Hinweis: Ein Minuszeichen im Nenner eines solchen Ausdrucks ist ein sicheres Indiz für einen Rechenfehler, da der Nenner bei passender Wahl der Parameter null werden könnte.

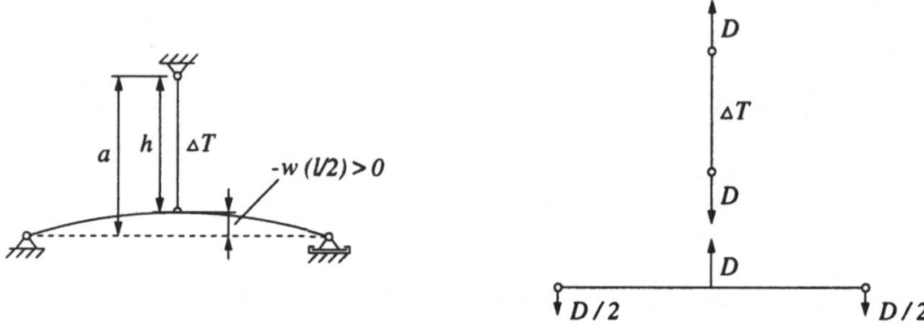

Abb. 5.26.

Eine andere Möglichkeit zum Aufstellen der geometrischen Bedingung nimmt ihren Ausgang in der Annahme $h = h_0 + \Delta h < a$ (siehe Abb. 5.26). Wir lesen ab

$$a = h - w(l/2) = h_0 + \Delta h - w(l/2) \qquad (5.153)$$

und erkennen, daß wir dieselbe geometrische Bedingung gefunden haben. In beiden Fällen ist Δh die Verlängerung des vertikalen Stabes und w die nach unten positiv gezählte Durchbiegung des Biegeträgers! Als Resultat erhält man $D = -C$ oder

$$D = \frac{(a - h_0) - \alpha \Delta T h_0}{\dfrac{h_0}{(EA)_1} + \dfrac{l^3}{48(EJ)_2}} = \frac{(EA)_1}{h_0} \frac{(a - h_0) - \alpha \Delta T h_0}{1 + \dfrac{(EA)_1 l^3}{48(EJ)_2 h_0}}$$

$$= \frac{48(EJ)_2}{l^3} \frac{(a - h_0) - \alpha \Delta T h_0}{\dfrac{48(EJ)_2 h_0}{(EA)_1 l^3} + 1}. \qquad (5.154)$$

Die zweite Version zeichnet sich durch besondere Anschaulichkeit aus, wenn man ΔT von null an steigert. Je größer die Höhendifferenz $a - h_0$, desto größer ist auch die Kraft D; sie nimmt ab mit wachsendem ΔT. D verschwindet, wenn die Verlängerung durch die Erwärmung mit der Differenz $a - h_0$ übereinstimmt. Bei negativem D besteht die Gefahr des Ausknickens des auf Druck beanspruchten Stabes ①. Den verschiedenen Ausdrücken (5.154) für die Kraft D entnimmt man leicht die Sonderfälle $(EA)_1 = 0$ und $(EA)_1 \to \infty$ wie auch $(EJ)_2 = 0$ und $(EJ)_2 \to \infty$.

Ein wichtiger Biegefall ist auch der Kragträger (siehe Abb 5.27.a). Dieser ist an der Stelle $x = 0$ eingespannt und dort den geometrischen Bedingungen

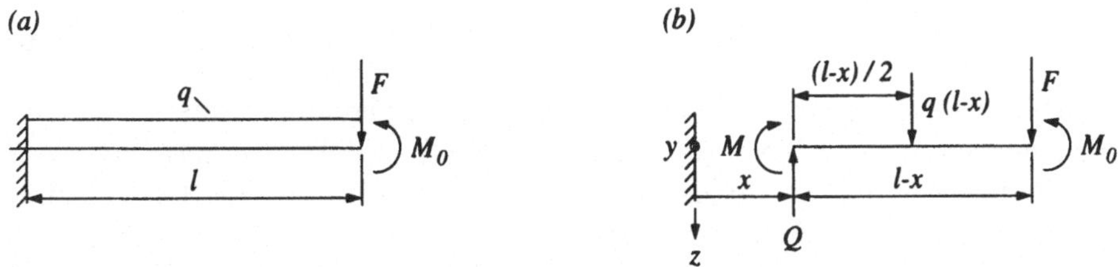

Abb. 5.27.

$w = 0$ und $w' = 0$ unterworfen. (In der Ausdrucksweise der Mathematik handelt es sich dabei um Anfangsbedingungen.) Wir berechnen die Durchbiegung des Kragträgers unter einer Gleichlast q, einer Kraft F und einem Moment M_0, welch letztere am freien Ende angreifen. Selbstverständlich kann man diese drei Biegefälle getrennt berechnen und überlagern.

Durch einen Schnitt an der allgemeinen Stelle x zerlegen wir den Träger und bestimmen das Biegemoment mit Hilfe des Momentengleichgewichts des rechts vom Schnitt liegenden Trägerstücks hinsichtlich der Schnittstelle (siehe Abb. 5.27.b). Es sei daran erinnert, daß die im Abschnitt 5.4.1 eingeführten positiven Richtungen für das Biegemoment und die Querkraft verbindlich sind und daß sich das Gleichgewicht des linken Trägerteils ebensogut für die Ermittlung des Biegemoments eignet. Es ergibt sich

$$M = M_0 - (l - x)F - \frac{1}{2}(l - x) \cdot q(l - x) \tag{5.155}$$

und damit

$$EJw'' = -M_0 + F(l - x) + \frac{1}{2}q(l^2 - 2lx + x^2), \tag{5.156}$$

$$EJw' = -M_0 x + F(lx - \frac{1}{2}x^2) + \frac{1}{2}q(l^2 x - lx^2 + \frac{1}{3}x^3), \tag{5.157}$$

$$EJw = -\frac{1}{2}M_0 x^2 + F\left(\frac{1}{2}lx^2 - \frac{1}{6}x^3\right)$$

$$+ \frac{1}{2}q\left(\frac{1}{2}l^2 x^2 - \frac{1}{3}lx^3 + \frac{1}{12}x^4\right). \tag{5.158}$$

Da bereits nach der ersten Integration alle Summanden den Faktor x enthalten, verschwinden die Integrationskonstanten.

Für das rechte Trägerende findet man

$$w(l) = -\frac{M_0 l^2}{2EJ} + \frac{Fl^3}{3EJ} + \frac{ql^4}{8EJ}. \tag{5.159}$$

Das Biegemoment infolge des am Rand angreifenden Moments M_0 ist selbstverständlich konstant, die anderen beiden Anteile haben ihren Größtwert an der Einspannstelle,

$$M(0) = M_0 - lF - \frac{1}{2}ql^2. \tag{5.160}$$

Dort treten die größten von F und q herrührenden Spannungen auf.

Als Anwendung der Differentialgleichung (5.123), $EJw^{(4)} = q$, folgt nun noch einmal die Berechnung der Deformation des Kragträgers unter der Gleichlast q. Durch viermaliges Integrieren erhält man

$$EJw''' = qx + C_1, \tag{5.161}$$

$$EJw'' = \frac{1}{2}qx^2 + C_1 x + C_2, \tag{5.162}$$

$$EJw' = \frac{1}{6}qx^3 + \frac{1}{2}C_1 x^2 + C_2 x + C_3, \tag{5.163}$$

$$EJw = \frac{1}{24}qx^4 + \frac{1}{6}C_1 x^3 + \frac{1}{2}C_2 x^2 + C_3 x + C_4. \tag{5.164}$$

Die geometrischen Bedingungen $w = 0$ und $w' = 0$ an der Stelle $x = 0$ liefern $C_3 = 0$ und $C_4 = 0$, und die statischen Bedingungen

$$x = l: \qquad M = -EJw'' = 0, \tag{5.165}$$

$$x = l: \qquad Q = -EJw''' = 0 \tag{5.166}$$

ergeben

$$C_1 = -ql, \tag{5.167}$$

$$C_2 = \frac{1}{2}ql^2. \tag{5.168}$$

Bemerkung: Die erste statische Bedingung läßt sich auch geometrisch deuten: Am rechten Trägerende verschwindet die Krümmung der Stabachse, welche ja durch w'' angenähert wird.

Ein weniger konventionelles Problem ist das folgende: Eine Eisenbahnschiene der Länge L und des Gewichts q pro Längeneinheit werde an einem Ende angehoben durch eine Kraft $F < qL/2$; die horizontale Ebene sei starr (siehe Abb. 5.28). Gesucht ist die Verschiebung des linken Endes.

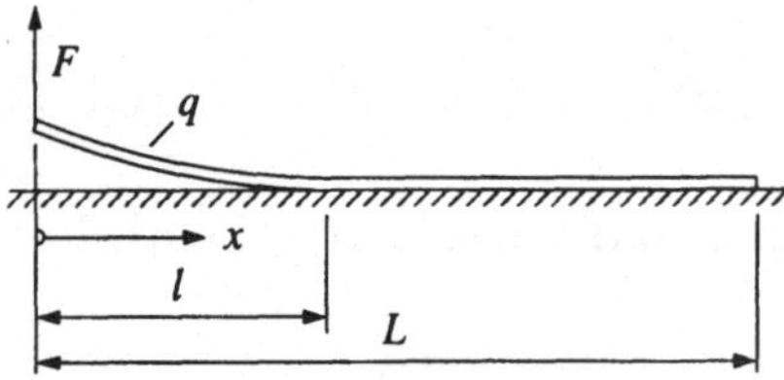

Abb. 5.28.

Wir müssen zwei Bereiche unterscheiden: Der rechte Teil ist nicht deformiert - wenn man von der Kompression in vertikaler Richtung absieht -; er befindet sich im Gleichgewicht unter dem verteilten Gewicht und einer gegengleichen verteilten Normalkraft, Querkraft und Biegemoment fehlen. Der linke Teil ist durchgebogen. Im Bereich $0 \leq x < l$ werden die Querkraft $Q = F - qx$ und das Biegemoment $M = Fx - qx^2/2$ übertragen. Da an der Grenze $x = l$ keine Diskontinuität des Biegemoments auftritt, ist sie durch $M(l) = 0$ oder

$$l = 2\frac{F}{q} \tag{5.169}$$

festgelegt. Das Schienenstück der Länge l besitzt das Gewicht $2F$, und deshalb muß bei dem zugrundeliegenden Modell - elastische Schiene auf starrer Ebene - an der Stelle $x = l$ eine Einzelkraft der Größe F vertikal nach oben auftreten. Man hat es also - was die Belastung und die Reaktionen betrifft - mit einem Träger auf zwei Stützen mit einem unbelasteten überkragenden Teil zu tun (siehe Abb. 5.29).

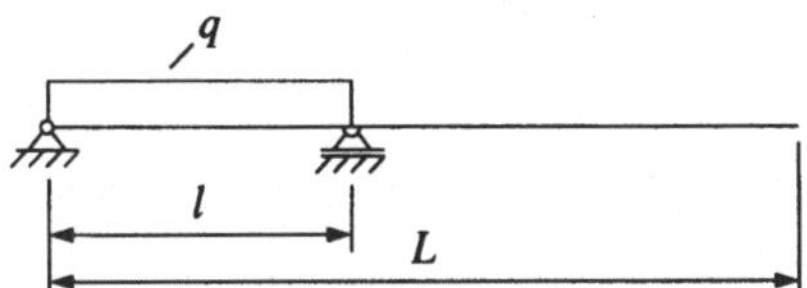

Abb. 5.29.

Das Biegemoment und das Ergebnis der Integrationen stimmt mit den Gln. (5.130) bis (5.133) überein, wenn man dort A durch F ersetzt (siehe auch Abb. 5.21). Mit Hilfe der Bedingungen $w = 0$ und $w' = 0$ an der Stelle $x = l$ erhält man

$$C_1 = \frac{2}{3}\frac{F^3}{q^2}, \tag{5.170}$$

$$C_2 = -\frac{2}{3}\frac{F^4}{q^3}. \tag{5.171}$$

Das Ergebnis, $w(0) = -2F^4/(3EJq^3)$, ist in Übereinstimmung mit Gl. (5.159). Die nichtlineare Abhängigkeit der Anhebung des Schienenendes von F und q ist eine Folge der variablen Länge des deformierten Schienenteils nach Gl. (5.169).

Die Ergebnisse gelten bei langsam anwachsender vertikaler Kraft F, solange $l < L$ oder $F < qL/2$ ist. Für $F = qL/2$ befindet sich der Stab mit dem rechten Ende auf der Ebene in beliebiger Lage im Gleichgewicht, und für größere Werte der Kraft bewegt sich der Stab beschleunigt.

Bemerkung: Wir haben beim Kragträger bisher das in der Wand eingespannte Trägerstück, $x < 0$, ignoriert. Betrachten wir dieses als zum Träger gehörig, dann verschwindet dort die Verschiebung w mit allen ihren Ableitungen. Es gilt also in diesem Bereich $q = 0$, $Q = 0$ und $M = 0$. Demnach greift bei $x = 0$ eine Einzelkraft als Auflagerkraft und ein konzentriertes Moment als Einspannmoment an.

Besondere Sorgfalt ist angebracht bei der Ermittlung der Deformation rahmenartiger Stabwerke. Als Beispiel berechnen wir die Verschiebung des Punktes P am Ende des in Abb. 5.30 gezeigten Stabwerks infolge einer horizontalen Kraft F. Der horizontale Trägerteil ① ändert seine Länge infolge von

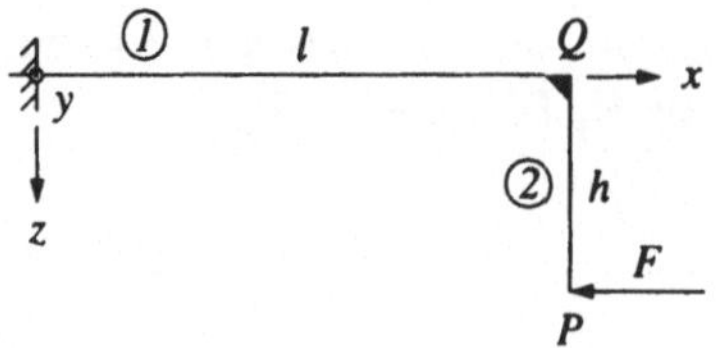

Abb. 5.30.

$$N_1 = -F \tag{5.172}$$

und wird gebogen durch

$$M_1 = -hF \tag{5.173}$$

(siehe Abb. 5.31). Sein Endpunkt Q erfährt die Verschiebungen

$$u_Q = -\frac{Fl}{EA_1}, \tag{5.174}$$

$$w_Q = \frac{Fhl^2}{2EJ_1}. \tag{5.175}$$

Der Träger hat dort den Neigungswinkel

$$\varphi_Q = w'_Q = \frac{Fhl}{EJ_1}. \tag{5.176}$$

Die letzten beiden Ergebnisse sind in den Gln. (5.157) und (5.158) enthalten.

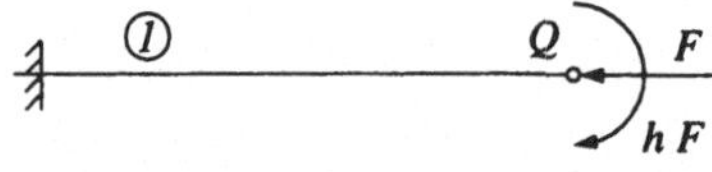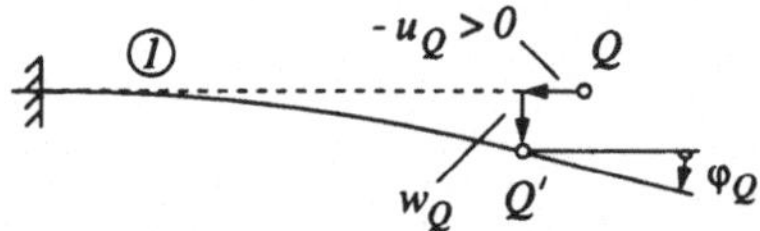

Abb. 5.31.

Bei dem vertikalen Trägerteil ② handelt es sich um einen Kragträger mit Anfangsverschiebung und Anfangsneigung (siehe Abb. 5.32).

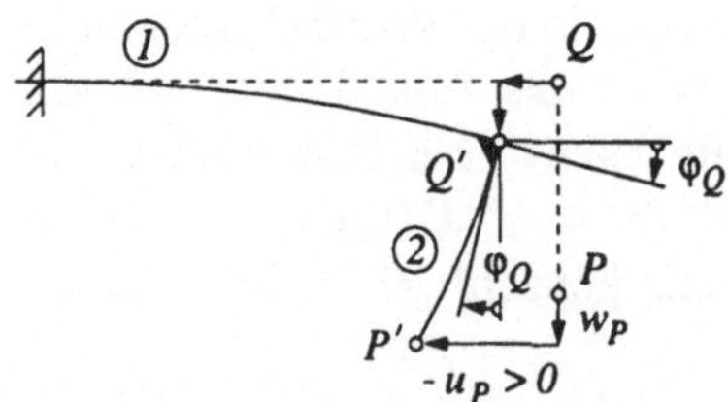

Abb. 5.32.

Die Horizontalverschiebung des Punktes P setzt sich aus drei Anteilen zusammen. Der erste kommt von der (negativen) Dehnung des Stabes ①, der zweite rührt von der Schrägstellung des Stabes ② her und der dritte von dessen Durchbiegung. In vertikaler Richtung erfahren die Punkte Q und P dieselbe Verschiebung; der geringfügige Unterschied infolge der Schrägstellung des Stabes ② wird vernachlässigt. Man kommt so zu

$$u_P = -\frac{Fl}{EA_1} - \frac{Fh^2l}{EJ_1} - \frac{Fh^3}{3EJ_2} = -\frac{Fh^2l}{EJ_1}\left(\frac{i_1^2}{h^2} + 1\right) - \frac{Fh^3}{3EJ_2}, \quad (5.177)$$

$$w_P = \frac{Fhl^2}{2EJ_1}. \quad (5.178)$$

Zur besseren Unterscheidung der Beiträge zur Verschiebung sind verschiedene Trägheitsmomente J_1 und J_2 für die beiden Stabteile angenommen. Durch $A_1 i_1^2 = J_1$ ist der Trägheitsradius der Querschnittsfläche des Trägerteils ① definiert; in vielen Fällen ist i_1/h klein gegen eins und somit der Stauchungsanteil der Horizontalverschiebung des Punktes P gegenüber dem Schrägstellungsanteil vernachlässigbar.

5.5 Die Scheibe als Biegeträger

Eng verwandt mit der Thematik des Biegeträgers ist das im folgenden mit den Mitteln der Elastizitätstheorie behandelte Scheibenproblem. Vor der Formulierung soll der Begriff der Scheibe definiert werden. Eine Scheibe ist begrenzt durch zwei parallele Ebenen, deren Abstand klein ist im Vergleich zu den sonstigen Abmessungen. An ihr angreifende Kräfte sind parallel zu den begrenzenden Ebenen gerichtet, und Momente stehen senkrecht auf diesen Ebenen.

Abweichend von den Gepflogenheiten der Elastizitätstheorie, aber in Übereinstimmung mit der Balkentheorie legen wir das Koordinatensystem so fest, daß die begrenzenden Ebenen parallel zur z, x-Ebene sind und damit die y-Achse senkrecht auf diesen Ebenen steht. Man nimmt an, daß die Spannungen σ_{yy}, σ_{yx} und σ_{yz} nicht nur an den freien Oberflächen sondern auch im Innern der Scheibe verschwinden und daß die Spannungen σ_{zz}, σ_{xx} und σ_{zx} unabhängig von y sind. Dies wird als ebener Spannungszustand bezeichnet. Nach dem Hookeschen Gesetz ist mit dieser Annahme verbunden das Verschwinden von ε_{yx} und ε_{yz} und Konstanz der Verzerrungen $\varepsilon_{zz}, \varepsilon_{xx}, \varepsilon_{yy}$ und ε_{zx} über die Dicke der Scheibe.

Bemerkung: Es sei darauf hingewiesen, daß der ebene Spannungszustand nur eine Näherung des dreidimensionalen Spannungszustands ist, welcher allerdings bei Scheiben nur wenig von dem letzteren abweicht. Verletzt sind im allgemeinen drei der sechs Kompatibilitäts- oder Verträglichkeitsbedingungen für die Verzerrung. (Von einer Kompatibilitätsbedingung wird weiter unten Gebrauch gemacht, und dabei auch deren geometrische Bedeutung erläutert.) Der eigentliche ebene Spannungszustand existiert nur dann - und zwar in der Scheibe beliebiger Dicke -, wenn ε_{yy} eine lineare Funktion von z und x ist und damit sämtliche Kompatibilitätsbedingungen erfüllt sind. Dies trifft zu im Falle der reinen Biegung.

Bei dem zu untersuchenden Problem handelt es sich um eine rechteckige homogene Scheibe der Höhe h und der Dicke b, welche an diskreten Stellen x_i Belastungen mit den Resultierenden F_i senkrecht zur Berandung ausgesetzt ist. Am rechten und am linken Ende der Scheibe können zusätzlich Momente angreifen. Betrachtet wird ein Abschnitt der Scheibe, $x_i < x < x_{i+1}$ (siehe Abb. 5.33), an dessen Grenzen Spannungen angreifen, welche wegen der Unabhängigkeit aller Spannungen und Verzerrungen von y über die Dicke konstant sind; ihre Abhängigkeit von z bleibt zunächst noch offen.

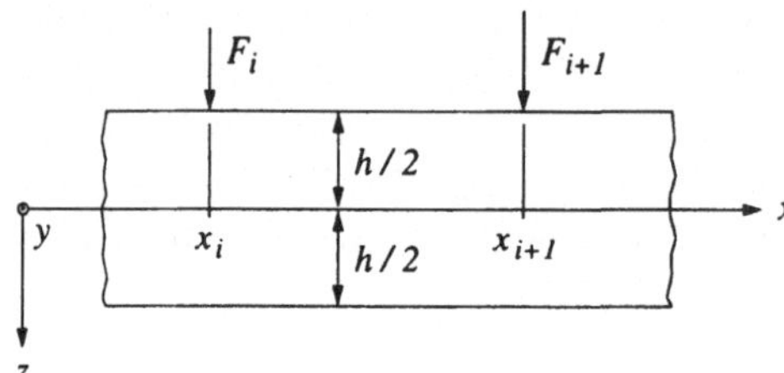

Abb. 5.33.

Wir gehen aus von den Annahmen, daß die Schubspannung σ_{xz} unabhängig von x ist,

$$\frac{\partial \sigma_{xz}}{\partial x} = 0, \tag{5.179}$$

und daß die Normalspannung σ_{xx} linear von x abhängt,

$$\frac{\partial \sigma_{xx}}{\partial x} = f_1(z) + C_1. \tag{5.180}$$

Diese Annahmen implizieren nach den Gln. (5.60) und (5.61) eine konstante Querkraft Q_z beziehungsweise eine lineare Abhängigkeit des Biegemoments M_y von x im Scheibenfeld, sie stehen also nicht im Widerspruch zu der Gleichgewichtsbedingung (5.66) für die Schnittgrößen. Auch die reine Biegung wird damit erfaßt, eine verteilte Belastung ist dagegen ausgeschlossen.

Durch die Annahmen des ebenen Spannungszustands und der Abhängigkeiten (5.179) und (5.180) ist das Ergebnis festgelegt; im Zuge des Lösens macht man Gebrauch von den Gleichgewichtsbedingungen, Gl. (4.18) mit $k_i = 0$, einer Kompatibilitätsbedingung sowie vom Hookeschen Gesetz, Gl. (5.52), wobei sich die Aufeinanderfolge der einzelnen Schritte nicht von selbst ergibt. Bei der Ermittlung der Deformation kommen noch die Zusammenhänge zwischen den Verzerrungen und den Verschiebungsableitungen, Gl. (5.10), zur Anwendung. In der sich anschließenden Rechnung ist auch die reine Biegung als Spezialfall enthalten.

Bemerkung: Es sei erwähnt, daß bei dünnen Scheiben unter der hier betrachteten Belastung die Gefahr des Beulens besteht. Da die Scheibe jedoch nicht der eigentliche Gegenstand der Untersuchung ist, sondern als Modell für den Biegeträger dient, hat dies für das Folgende keine Bedeutung.

Aus der Gleichgewichtsbedingung in z-Richtung erhält man mit Gl. (5.179)

$$\frac{\partial \sigma_{zz}}{\partial z} = -\frac{\partial \sigma_{xz}}{\partial x} = 0 \tag{5.181}$$

und nach Integration

$$\sigma_{zz} = f_2(x) + C_2. \tag{5.182}$$

Da σ_{zz} aber am oberen und am unteren Rand der Scheibe für alle $x_i < x < x_{i+1}$ verschwindet und unabhängig von z ist, kann es im gesamten Scheibenabschnitt nicht auftreten, also

$$\sigma_{zz} = 0. \tag{5.183}$$

Zu ermitteln ist noch die Abhängigkeit der Normalspannung σ_{xx} und der Schubspannung σ_{xz} von z, nachdem deren Abhängigkeit von x durch Annahme festgelegt wurde. Wir machen dabei Gebrauch von der für den ebenen Spannungszustand relevanten Kompatibilitätsbedingung

$$\frac{\partial^2 \varepsilon_{zz}}{\partial x^2} + \frac{\partial^2 \varepsilon_{xx}}{\partial z^2} - 2\frac{\partial^2 \varepsilon_{zx}}{\partial z \partial x} = 0. \tag{5.184}$$

In dieser kommt zum Ausdruck, daß die drei Verzerrungsfelder von nur zwei kontinuierlichen Verschiebungsfeldern, nämlich $w(x,y,z)$ und $u(x,y,z)$, abhängen; man verifiziert die Gl. (5.184) durch Einsetzen der linearisierten Verzerrungen nach den Gln. (5.27), (5.29) und (5.32).

Die Verzerrungen in Gl. (5.184) werden nun mit Hilfe des Hookeschen Gesetzes, Gl. (5.52), durch die Spannungen ausgedrückt,

$$\frac{\partial^2}{\partial x^2}(\sigma_{zz} - \nu\sigma_{xx}) + \frac{\partial^2}{\partial z^2}(\sigma_{xx} - \nu\sigma_{zz}) - 2(1+\nu)\frac{\partial^2 \sigma_{zx}}{\partial z \partial x} = 0. \tag{5.185}$$

Mit den Annahmen (5.179) und (5.180) und dem bisherigen Ergebnis (5.183) reduziert sich dies auf

$$\frac{\partial^2 \sigma_{xx}}{\partial z^2} = 0, \tag{5.186}$$

und daraus kommt

$$\frac{\partial \sigma_{xx}}{\partial z} = f_3(x) + C_3, \tag{5.187}$$

$$\sigma_{xx} = [f_3(x) + C_3]z + f_4(x) + C_4. \tag{5.188}$$

Wir leiten dies partiell nach x ab,

$$\frac{\partial \sigma_{xx}}{\partial x} = \frac{df_3}{dx}z + \frac{df_4}{dx}, \tag{5.189}$$

und erhalten durch Vergleich mit Gl. (5.180)

$$\frac{df_3}{dx} = C_5, \tag{5.190}$$

$$\frac{df_4}{dx} = C_1, \tag{5.191}$$

oder

$$f_3 = C_5 x + C_6, \tag{5.192}$$

$$f_4 = C_1 x + C_7. \tag{5.193}$$

Es ergibt sich also

$$\sigma_{xx} = (C_5 x + C_8)z + C_1 x + C_9 \tag{5.194}$$

mit zusammengefaßten Konstanten C_8 und C_9.

Aus der Gleichgewichtsbedingung in x-Richtung folgt

$$\frac{\partial \sigma_{zx}}{\partial z} = -\frac{\partial \sigma_{xx}}{\partial x} = -C_5 z - C_1 \tag{5.195}$$

und

$$\sigma_{xz} = -\frac{1}{2}C_5 z^2 - C_1 z + C_{10}; \tag{5.196}$$

man beachte dabei Gl. (5.179). Da die Schubspannung an den Rändern $z = \pm h/2$ verschwindet, liefern die Bedingungen

$$-\frac{1}{8}h^2 C_5 + \frac{1}{2}h C_1 + C_{10} = 0, \tag{5.197}$$

$$-\frac{1}{8}h^2 C_5 - \frac{1}{2}h C_1 + C_{10} = 0 \tag{5.198}$$

die Konstanten

$$C_1 = 0, \tag{5.199}$$

$$C_{10} = \frac{1}{8}h^2 C_5 \tag{5.200}$$

und damit

$$\sigma_{xx} = (C_5 x + C_8)z + C_9, \tag{5.201}$$

$$\sigma_{xz} = \frac{1}{2}C_5\left(\frac{h^2}{4} - z^2\right). \tag{5.202}$$

Die Spannungsverteilungen (5.201) und (5.202) sind den Schnittgrößen $N_x = 0$, Q_z und M_y äquivalent. Durch Integrieren über die Querschnittshöhe und Multiplizieren mit der Breite findet man

$$C_9 = 0, \tag{5.203}$$

$$C_5 = \frac{Q_z}{J_y}, \tag{5.204}$$

$$C_5 x + C_8 = \frac{M_y(x)}{J_y} \tag{5.205}$$

oder

$$\sigma_{xx} = \frac{M_y(x)}{J_y} z, \tag{5.206}$$

$$\sigma_{xz} = \frac{1}{2} \frac{Q_z}{J_y} \left(\frac{h^2}{4} - z^2 \right). \tag{5.207}$$

Somit ist die Spannungsverteilung bekannt; die Normalspannung stimmt mit derjenigen überein, welche die technische Biegelehre mit Gl. (5.119) liefert.

Dies gilt auch für die Schubspannungsverteilung, welche in der technischen Biegelehre mit Hilfe von Energiebetrachtungen ermittelt wird, in der vorliegenden Darstellung dort aber außer acht blieb. Bei schlanken Trägern spielt - wie erwähnt - die Schubspannung eine untergeordnete Rolle. Dies bedeutet nicht, daß sie gegenüber der Normalspannung vernachlässigt werden kann - an der Stabachse $z = 0$ verschwindet die Normalspannung, wohingegen die Schubspannung dort ihr Maximum hat -, sondern daß die maximale Schubspannung klein ist gegenüber der für die Bemessung maßgeblichen maximalen Normalspannung. Wir betrachten zur Veranschaulichung eine Scheibe der Länge l, welche am Ende durch die Kraft F belastet ist, als Kragträger. Die maximale Schubspannung tritt an der Achse auf und hat nach Gl. (5.207) die Größe $\sigma_{xz}^{max} = 3F/(2bh)$. Die Orte der extremalen Normalspannung sind die Randfasern an der Einspannstelle. Gleichung (5.206) liefert $\sigma_{xx}^{max} = 6Fl/(bh^2)$. Daraus ergibt sich der Quotient

$$\frac{\sigma_{xz}^{max}}{\sigma_{xx}^{max}} = \frac{1}{4} \frac{h}{l}, \tag{5.208}$$

der bei schlanken Trägern sehr klein gegen eins ist.

Für konstantes Biegemoment und fehlende Querkraft enthalten die Ergebnisse für die Spannungsverteilung, Gln. (5.206) und (5.207) - wie schon erwähnt - die reine Biegung als Spezialfall. In diesem erhält man nach dem Hookeschen Gesetz die Dickenänderung

$$\varepsilon_{yy} = -\nu \frac{\sigma_{xx}}{E} = -\nu \frac{M_y}{E J_y} z \tag{5.209}$$

der Scheibe, welche eine lineare Funktion von z ist. Damit sind alle Kompatibilitätsbedingungen erfüllt, und eine strenge Lösung der Differentialgleichungen der Elastizitätstheorie liegt vor.

Wir untersuchen noch einen Teilaspekt der Deformation, nämlich die Durchbiegung der Stabachse. Aus

$$2\varepsilon_{xz} = \frac{\partial u}{\partial z} + \frac{\partial w}{\partial x} = \frac{\sigma_{xz}}{G} \tag{5.210}$$

ergibt sich durch partielles Ableiten nach x bei nach Gl. (5.179) von x unabhängiger Schubspannung

$$\frac{\partial^2 w}{\partial x^2} = -\frac{\partial^2 u}{\partial z \partial x} = -\frac{\partial \varepsilon_{xx}}{\partial z}. \tag{5.211}$$

Nach dem Hookeschen Gesetz ist wegen Gl. (5.183)

$$\varepsilon_{xx} = \frac{\sigma_{xx}}{E} = \frac{M_y(x)}{EJ_y}z, \tag{5.212}$$

und damit erhalten wir

$$\frac{\partial^2 w}{\partial x^2} = -\frac{M_y(x)}{EJ_y}. \tag{5.213}$$

Dies gilt überall in der Scheibe und natürlich auch für die materiellen Punkte der Stabachse. Damit stimmt die Durchbiegung ebenfalls mit der Annahme der technischen Biegelehre überein.

Bemerkung: In der von Hause aus linearen Theorie tritt die Krümmung der Stabachse und damit die Proportionalität von Biegemoment und Krümmung nicht explizit in Erscheinung.

Bemerkung: Wie sich zeigen läßt, enthält dw/dx einen der konstanten Querkraft Q_z proportionalen Summanden; man kann also beim Integrieren der Gl. (5.213) den Einfluß der Querkraft auf die Durchbiegung erfassen. Da dieser jedoch bei schlanken Trägern wieder ohne Bedeutung ist, soll hier darauf verzichtet werden.

Noch nicht erörtert wurde die Frage der Lastaufbringung. Mit den Gln. (5.206) und (5.207) haben wir zwar eine im Rahmen der Näherung des ebenen Spannungszustands exakte Spannungsverteilung gefunden - im Falle der reinen Biegung ist sie exakt ohne diese Einschränkung -, Voraussetzung für die Existenz der berechneten Spannungen ist jedoch, daß die Randbedingungen erfüllt sind.

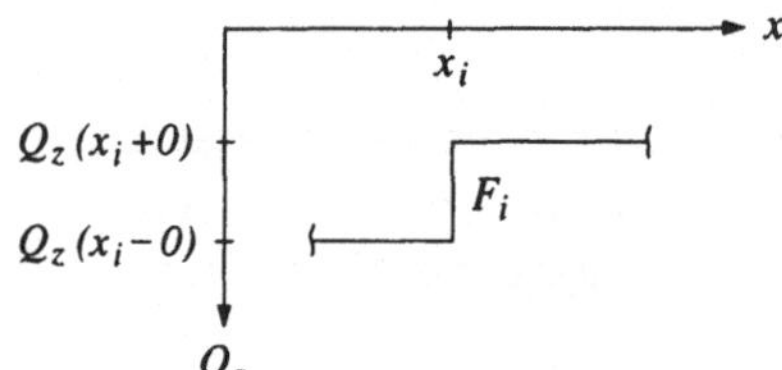

Abb. 5.34.

Gleichung (5.206) verlangt an den Grenzen des Scheibenabschnitts einen linearen Verlauf der Normalspannung und Gl. (5.207) einen parabelförmigen Verlauf der Schubspannung. An der Stelle x_i erfährt die Querkraft Q_z einen Sprung der Größe F_i (siehe Abb. 5.34). Bei $x_i + 0$ und $x_i - 0$ muß die Schubspannungsverteilung $\sigma_{xz} = Q_z(x_i + 0) \cdot (h^2/4 - z^2)/(2J_y)$ beziehungsweise $\sigma_{xz} = Q_z(x_i - 0) \cdot (h^2/4 - z^2)/(2J_y)$ auftreten, wobei $F_i = Q_z(x_i - 0) - Q_z(x_i + 0)$ ist (siehe Abb. 5.35).

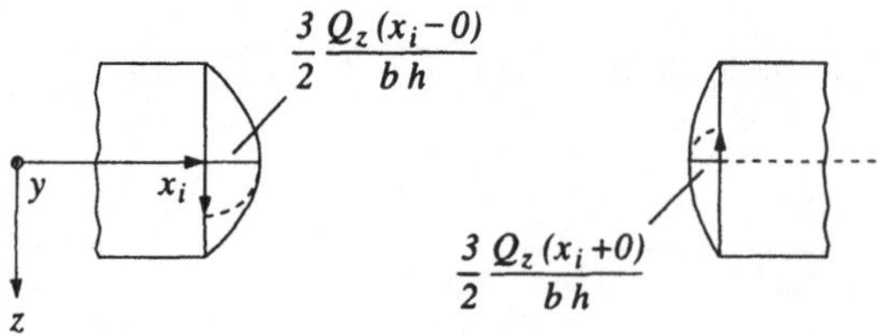

Abb. 5.35.

Auf den Schubspannungsverlauf hat man jedoch keinen Einfluß. In der Nähe der Einleitungsstelle der Kraft wird also die tatsächliche Spannungsverteilung von der nach den Gln. (5.206) und (5.207) berechneten abweichen. Nach einem von Saint-Venant formulierten Prinzip darf man aber annehmen, daß die tatsächlichen Spannungen umso besser mit den berechneten übereinstimmen, je weiter der betrachtete Ort von der Angriffsstelle der Kraft entfernt ist.

Die elastizitätstheoretische Behandlung des balkenähnlichen Scheibenproblems bestätigt die Korrektheit der für die reine Biegung erzielten Ergebnisse. Die im Falle der Biegung mit Querkraft auch bei kontinuierlicher Belastung und abgesetzten Trägern zur Anwendung kommenden Formeln der technischen Biegelehre können die tatsächlich auftretenden Spannungen nur ungenau erfassen, da sie sogar für scheibenartige Träger unter Einzelkräften wegen der Annahme des ebenen Spannungszustands nur eine Näherung sind. Hinzu kommen die diskutierten Unsicherheiten in der Umgebung der Angriffsstellen von Kräften.

5.6 Die Torsion des kreiszylindrischen Stabes

Ein homogener und isotroper Stab wird durch zwei langsam anwachsende entgegengesetzt gleiche Momente verdreht und somit auf Torsion beansprucht (siehe Abb. 5.36). Zu ermitteln ist die Spannungsverteilung und die Deformation, welche die Torsionsmomente hervorbringen. Dazu untersuchen wir, ähnlich wie beim Biegestab, zuerst die Verteilung der Verzerrungen, schließen von dieser auf die Spannungsverteilung und stellen dann durch Integrieren über die Querschnittsfläche den Zusammenhang mit dem Torsionsmoment her. Die Untersuchung ist auf zylindrische Stäbe mit Kreis- oder Kreisringquerschnitt beschränkt; die Behandlung der Torsion anderer Stäbe übersteigt den Rahmen dieser Darstellung bei weitem.

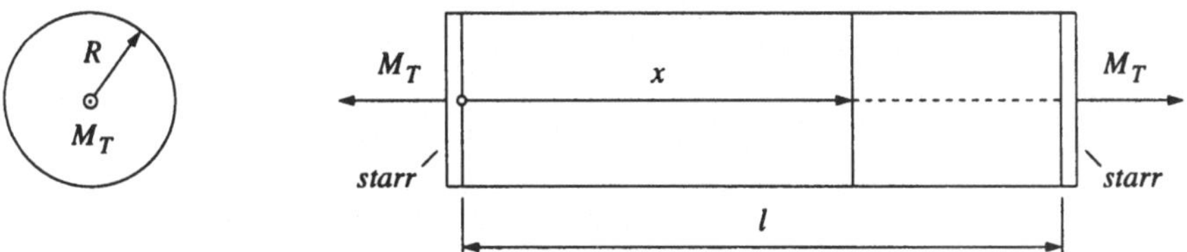

Abb. 5.36.

Wir denken uns an den beiden Enden des Stabes je eine starre Scheibe und davon die linke festgehalten. Die rechte Scheibe dreht sich gegenüber der linken, und die materiellen Querschnitte dazwischen drehen sich ebenfalls, und zwar wie starre Kreisflächen; der Drehwinkel ψ wächst linear mit der Entfernung x vom linken Stabende,

$$\psi = \vartheta x. \tag{5.214}$$

ϑ bedeutet den Drehwinkel pro Längeneinheit; dieser muß in einer linearen Theorie dem angreifenden Torsionsmoment proportional sein.

Man überlegt sich leicht, daß eine Zu- oder Abnahme der Länge wie auch des Durchmessers des isotropen Stabes eine nichtlineare - und deshalb hier zu vernachlässigende - Erscheinung mit geradzahligem Exponenten des Moments ist. Handelte es sich dabei um einen linearen Effekt, dann würde der Torsionsstab durch ein rechtsdrehendes Moment beispielsweise verlängert, durch ein linksdrehendes aber verkürzt, was nicht möglich ist.

Bemerkung: Dem Torsionsproblem angemessen sind Zylinderkoordinaten. In diesen haben die (lokalen) Gleichgewichtsbedingungen wegen der partiellen Ableitungen eine von Gl. (4.18) abweichende Form. Dies gilt auch für die Verzerrungen, welche in Gl. (5.10) für kartesische Koordinaten angegeben sind. Im Hookeschen Gesetz, Gl. (5.52), ist lediglich ein orthogonales Koordinatensystem vorausgesetzt; es behält also auch in Zylinderkoordinaten seine Form. Hier gehen die Gleichgewichtsbedingungen nicht in die Rechnung ein, und bei der Verzerrung kommt man ohne Verwendung der allgemeinen Ausdrücke aus.

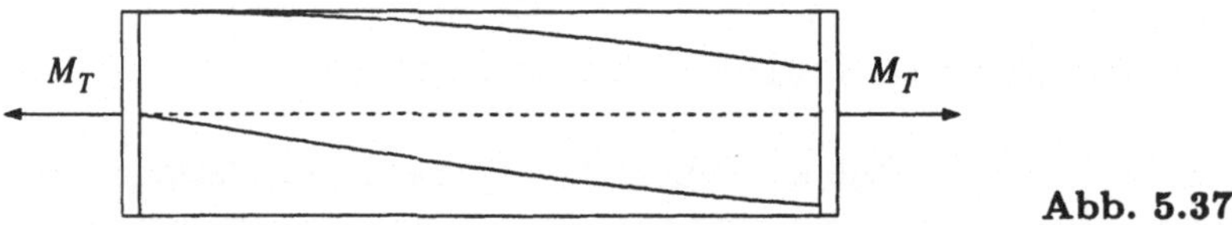

Abb. 5.37.

Bei der Deformation erfährt der materielle Punkt eine Verschiebung in Umfangsrichtung; eine materielle Parallele zur Stabachse - also eine Faser - geht dabei in eine Schraubenlinie über. Abbildung 5.37 zeigt zwei auf der Zylinderwand liegende Schraubenlinien. Wir wickeln den Mantel eines im Innern liegenden koaxialen Zylinders vom Radius r auf die Zeichenebene ab. Eine auf diesem Zylinder liegende Schraubenlinie wird zur Geraden (siehe Abb. 5.38). Der (kleine)

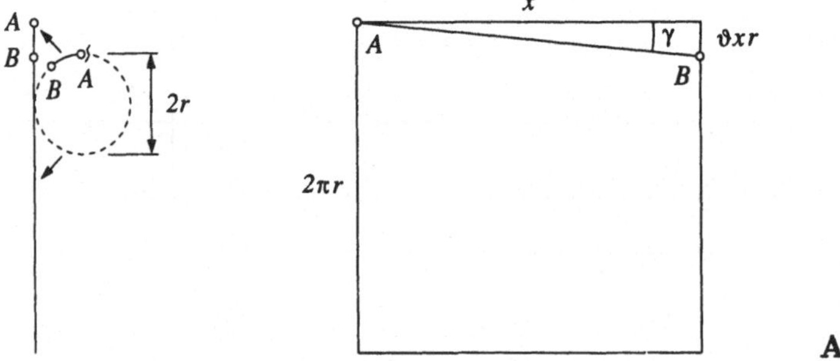

Abb. 5.38.

Neigungswinkel dieser materiellen Geraden gegenüber ihrer ursprünglichen Orientierung ist

$$\gamma = \vartheta r. \tag{5.215}$$

Dabei handelt es sich um die Abnahme eines rechten Winkels im Sinne der im Abschnitt 5.2 besprochenen Schubverzerrung. Nach dem Hookeschen Gesetz ist sie mit einer Schubspannung

$$\tau = G\vartheta r \qquad (5.216)$$

verbunden. Diese Schubspannung greift im Querschnitt an der Stelle x längs der Peripherie eines Kreises vom Radius r an, aber auch auf allen Schnittebenen durch die Stabachse längs Parallelen zu dieser im Abstand r (siehe Abb. 5.39).

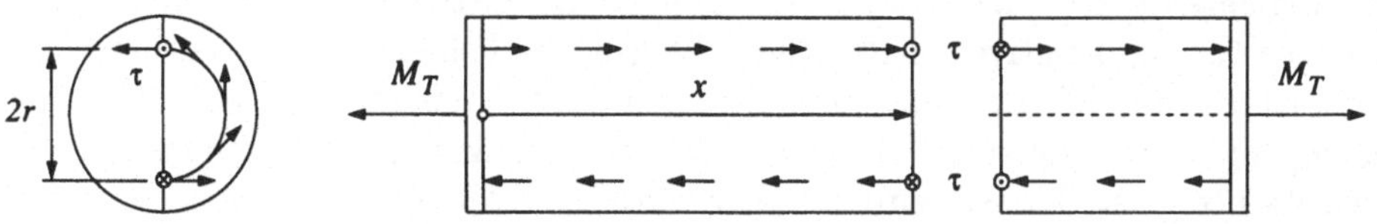

Abb. 5.39.

Mit der Schubspannungsverteilung nach Gl. (5.216), welche dem Torsionsmoment äquivalent ist, erhält man durch Integrieren

$$M_T = \int_A r\tau\, dA = G\vartheta \int_A r^2\, dA = GJ_p\vartheta. \qquad (5.217)$$

Damit gilt

$$\vartheta = \frac{M_T}{GJ_p} \qquad (5.218)$$

und

$$\tau = \frac{M_T}{J_p}r, \qquad (5.219)$$

wo J_p das im Abschnitt 4.2.5 eingeführte polare Flächenträgheitsmoment ist und das Produkt GJ_p Torsionssteifigkeit heißt. Abbildung 5.40 zeigt die Spannungs-

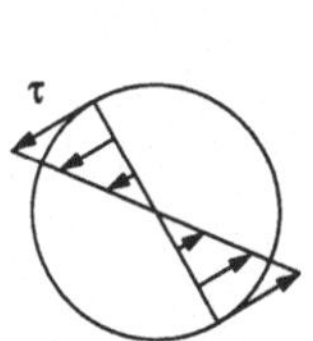

Abb. 5.40.

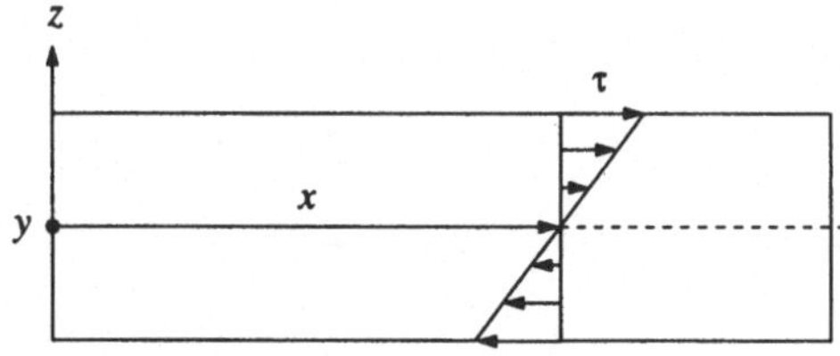

Abb. 5.41.

verteilung an einem beliebigen Durchmesser in einem Querschnitt und Abb. 5.41 in einem Längsschnitt des Torsionsstabs. Die größte Schubspannung tritt am Rand $r = R$ auf,

$$\tau_{max} = \frac{M_T}{J_p}R. \qquad (5.220)$$

Der Vollständigkeit halber sei erwähnt, daß die Spannungsverteilung (5.219) die hier nicht aufgeführten lokalen Gleichgewichtsbedingungen in Zylinderkoordinaten erfüllt.

Bemerkung: Die auf der rechteckigen Schnittfläche der Abb. 5.39 angreifenden Spannungen bilden ein resultierendes Moment der Größe

$$M_y = -l \int_{-R}^{R} z\tau \, dz = -\frac{lM_T}{J_p} \int_{-R}^{R} z^2 dz = -\frac{4}{3\pi} \frac{l}{R} M_T, \qquad (5.221)$$

mit dem polaren Flächenträgheitsmoment nach Gl. (4.84). Die positive Richtung des Moments M_y ist - dem Normalenvektor der Schnittfläche entsprechend - entgegengesetzt zur positiven y-Richtung. Wegen des Fehlens einer resultierenden Kraft ist es unabhängig von einem Bezugspunkt. Weniger augenscheinlich ist das gegengleiche Moment, welches zur Aufrechterhaltung des Momentengleichgewichts nötig ist. Dieses wird durch Kräfte gebildet, die beim Schneiden auf der halbierten Kreisfläche in Erscheinung treten und parallel zu den Kanten der Schnittfläche sind. Es ergibt sich durch Integrieren über die halbe Kreisfläche (siehe Abb. 5.42)

$$F_z = \int_{A/2} \tau \cos\varphi \, dA = \frac{M_T}{J_p} \int_{-\frac{\pi}{2}}^{\frac{\pi}{2}} \int_0^R r^2 \cos\varphi \, dr \, d\varphi = \frac{4}{3\pi} \frac{M_T}{R}. \qquad (5.222)$$

Dort greift auch das auf die x-Achse - genaugenommen auf deren Durchstoßpunkt durch die Endfläche - bezogene Moment

$$M_x = \int_{A/2} r\tau \, dA = \frac{1}{2} M_T \qquad (5.223)$$

an (siehe Abb. 5.43). Die gemachten Aussagen gelten sinngemäß auch für das linke Ende des geschnittenen Stabes.

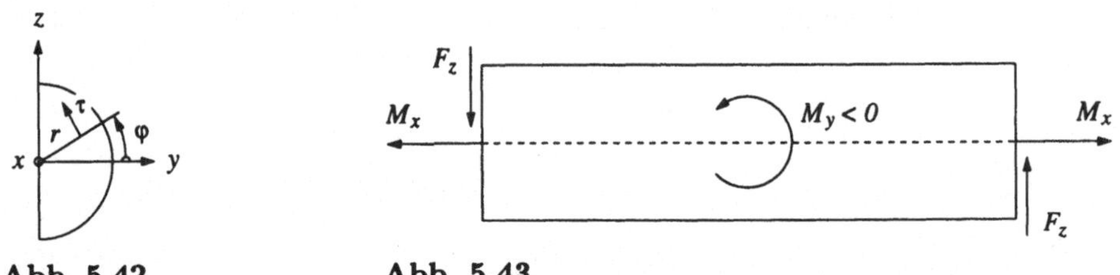

Abb. 5.42.   Abb. 5.43.

Wegen der Spannungsfreiheit der koaxialen Zylindermantelfläche vom allgemeinen Radius r, $\vec{t}_r = \vec{0}$, gelten alle angestellten Überlegungen gleichermaßen für den Hohlzylinder. Beim Integrieren über die Kreisringfläche - wie in Gl. (5.217) - stößt man auf deren polares Flächenträgheitsmoment, Gl. (4.86). Dieses ist auch in die Gln. (5.218) und (5.219) einzusetzen.

Die obigen Resultate sind gültig, solange $\gamma_{max} = \vartheta R$ klein gegen eins ist. Im Gegensatz zur Biegung mit Querkraft spielt es keine Rolle, ob es sich um einen gedrungenen oder einen schlanken Stab handelt. Bei letzterem ist allerdings gemäß $\psi = (l/R)\gamma_{max}$ der Winkel, durch den sich die Stabenden gegeneinander verdrehen, keine kleine Größe. Da die lineare Festigkeitslehre aber nur dann sinnvolle Ergebnisse liefert, wenn die Deformationen klein bleiben im Vergleich mit den Körperabmessungen und man nur dann den unverformten Körper ins Gleichgewicht setzen darf, gibt es zusammengesetzte Stabwerke mit tordierten Komponenten, welche sich nicht im Rahmen dieser Theorie behandeln lassen.

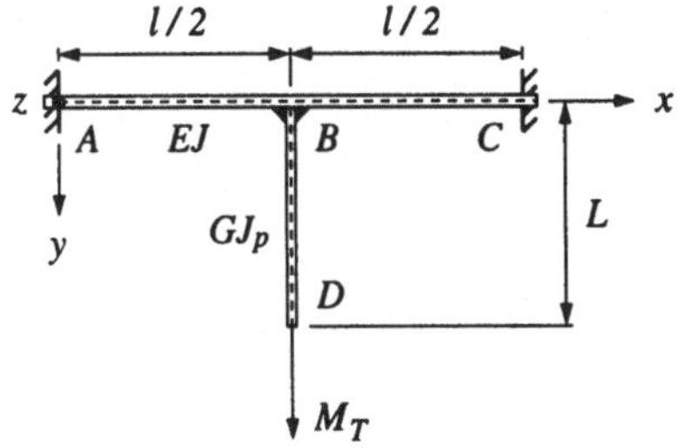

Abb. 5.44.

Im folgenden untersuchen wir die Deformation eines Systems, welches aus einem eingespannten Biegeträger der Länge l und der Biegesteifigkeit EJ besteht, in dessen Mitte ein Torsionsstab der Länge L und der Torsionssteifigkeit GJ_p befestigt ist (siehe Abb. 5.44). Die Achse des Torsionsstabs sei eine Trägheitshauptachse im Schwerpunkt der Querschnittsfläche des Biegeträgers. Belastet werde diese Anordnung durch ein Torsionsmoment im Antiuhrzeigersinn am Ende des Torsionsstabs; gesucht ist der Drehwinkel des Endquerschnitts, welcher in derselben Richtung positiv gezählt wird.

Die Auflagerung ist statisch unbestimmt; wir beginnen mit einer Skizze des deformierten Biegeträgers, wobei wir davon Gebrauch machen, daß das Biegeproblem schiefsymmetrisch hinsichtlich der Mitte ist (siehe Abb. 5.45).

Abb. 5.45.

Die Krümmung - und damit auch das (negative) Biegemoment - weist an den Stellen A, B und C Sprünge auf, und zwar von null auf einen positiven Wert bei A, von einem negativen Wert auf einen dem Betrag nach gleichen positiven Wert bei B und schließlich von einem negativen Wert auf null bei C. An den Stellen $x = +0$ und $x = l - 0$ gibt es also von der Einspannung verursachte Biegemomente. Wir entnehmen deren Richtung der Krümmung, $M(+0) = -M_0$ und $M(l - 0) = M_0$ für $M_0 > 0$, und erhalten damit die Richtung der Einspannmomente, obwohl wir diese bei Bedingungsmomenten annehmen können (siehe

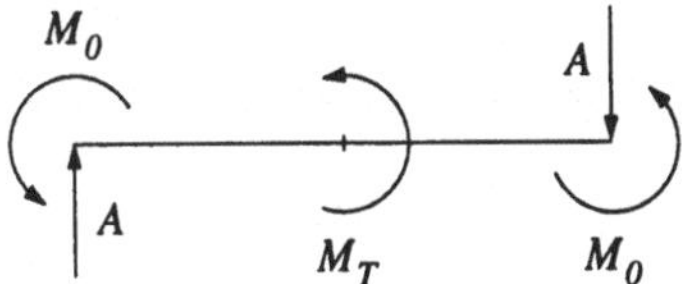

Abb. 5.46.

Abb. 5.46). Das Momentengleichgewicht liefert die zugehörige Auflagerkraft A,

$$A = \frac{M_T + 2M_0}{l}. \tag{5.224}$$

Die Unbekannte M_0 wird so bestimmt, daß die Durchbiegung bei B verschwindet. Im Bereich $0 < x < l/2$ gilt

$$M = -M_0 + Ax, \tag{5.225}$$

und aus der Differentialgleichung der Biegelinie

$$EJw'' = M_0 - Ax \tag{5.226}$$

ergibt sich durch Integrieren

$$EJw' = M_0 x - \frac{1}{2}Ax^2, \tag{5.227}$$

$$EJw = \frac{1}{2}M_0 x^2 - \frac{1}{6}Ax^3, \tag{5.228}$$

wo die geometrischen Bedingungen an der Stelle $x = 0$ bereits Eingang gefunden haben. Die Bedingung

$$x = l/2: \qquad w = 0 \tag{5.229}$$

und Gl. (5.224) liefern

$$A = \frac{3}{2}\frac{M_T}{l}, \tag{5.230}$$

$$M_0 = \frac{1}{4}M_T. \tag{5.231}$$

Damit ist auch die Drehung des hinteren Endes des Torsionsstabs bekannt,

$$\psi_B = -w'(l/2) = \frac{1}{16}\frac{lM_T}{EJ}, \tag{5.232}$$

und durch Addieren der Drehwinkeldifferenz

$$\Delta\psi = \frac{LM_T}{GJ_p} \tag{5.233}$$

der Enden des Torsionsstabs gegeneinander erhält man

$$\psi_D = \left(\frac{1}{16}\frac{l}{EJ} + \frac{L}{GJ_p}\right)M_T. \tag{5.234}$$

Bemerkung: Man kann den Torsionsstab und den Biegestab als zwei in Serie geschaltete Federn auffassen. Bei solchen addieren sich die durch dieselbe Kraft beziehungsweise dasselbe Moment hervorgerufenen Deformationen, und es gilt

$$\frac{1}{c} = \frac{1}{c_1} + \frac{1}{c_2}, \tag{5.235}$$

wo c_1, c_2 und c die Konstanten der Einzelfedern beziehungsweise der Federkombination sind. Im vorliegenden Falle ist $\psi_B = M_T/c_1, \Delta\psi = M_T/c_2$ und $\psi_D = M_T/c$.

Parallel geschaltete Federn erfahren dieselbe Formänderung, die Kräfte oder Momente werden addiert, und die Gesamtfederkonstante ist die Summe der Konstanten der Einzelfedern.

Bei der Torsion von Stäben anderer Querschnittsformen kommt es neben der Verdrehung zur Verwölbung, das heißt einer Verschiebung in axialer Richtung. An die Stelle des polaren Trägheitsmoments tritt der Drillwiderstand. Die Schubspannung ist nicht proportional der Entfernung von der Stabachse; beim Rechteckquerschnitt beispielsweise tritt die größte Schubspannung in der Mitte der längeren Rechteckseite auf.

6. Literaturhinweise

In einem einführenden Lehrbuch wie diesem ist es weder sinnvoll noch möglich, eine auch nur annähernd vollständige Bibliographie aller behandelten Teilgebiete der Mechanik anzugeben. Was den allgemeinen Aufbau anbelangt, wurde es in vielem durch das Lehrbuch von Parkus, dem akademischen Lehrer des ersten Autors, geprägt; dies trifft auch auf das Lehrbuch von Ziegler zu. Manche Anregung, beispielsweise zu Abschnitt 3.8, geht auf Nielsen zurück. Der angeführten Spezialliteratur verdanken die Autoren Details, insbesondere zu den Abschnitten 1.2, 4.5, 4.6, 5.2 und 5.5.

Studierenden, die eine von Stoffauswahl und Lösungsmethodik her zum vorliegenden Buch passende Sammlung von Übungsbeispielen suchen, sei das Buch von Lugner, Desoyer und Novak empfohlen.

Battin, R.H. (1987): An Introduction to the Mathematics and Methods of Astrodynamics. AIAA Education Series, New York

Becker, E., Bürger, W. (1975): Kontinuumsmechanik. Teubner, Stuttgart

Braun, M. (1979): Differentialgleichungen und ihre Anwendungen. Springer, Berlin Heidelberg New York

Hagedorn, P., Otterbein, S. (1987): Technische Schwingungslehre. Springer, Berlin Heidelberg New York London Paris Tokyo

Honerkamp, J., Römer, H. (1989): Klassische Theoretische Physik. Eine Einführung, 2. Aufl. Springer, Berlin Heidelberg New York

Kauderer, H. (1958): Nichtlineare Mechanik. Springer, Berlin Göttingen Heidelberg

Klotter, K. (1978): Technische Schwingungslehre. Erster Band: Einfache Schwinger, 3. Aufl. Teil A: Lineare Schwingungen. Springer, Berlin Heidelberg New York

Lugner, P., Desoyer, K., Novak, A. (1992): Technische Mechanik. Aufgaben und Lösungen, 4., verb. Aufl. Springer, Wien New York

Nielsen, J. (1983): Vorlesungen über elementare Mechanik, Reprint. Grundlehren der mathematischen Wissenschaften **44**. Springer, Berlin Heidelberg New York

Parkus, H. (1983): Mechanik der festen Körper, 2. Aufl., 2. Nachdruck. Springer, Wien New York

Prechtl, A. (1994): Vorlesungen über die Grundlagen der Elektrotechnik. Band 1. Springer, Wien New York

Schneider, M. (1979): Himmelsmechanik. Bibliographisches Institut, Mannheim Wien Zürich

Timoshenko, S.P., Goodier, J.N. (1988): Theory of Elasticity, 3rd ed., 23rd printing. McGraw-Hill, Singapore

Ziegler, F. (1998): Technische Mechanik der festen und flüssigen Körper, 3., verb. Aufl. Springer, Wien New York

Index

SpringerTechnikLehrbuch

Franz Ziegler

Technische Mechanik
der festen und flüssigen Körper

101 Aufgaben mit Lösungen

Dritte, verbesserte Auflage
1998. 564 Seiten. 333 Abbildungen.
Broschiert DM 99,–, öS 695,–
ISBN 3-211-83193-2

Dieses Lehrbuch bietet eine einheitliche Darstellung der mechanischen Theorien und der praktischen Entwurfsgrundlagen für alle Zweige des Maschinenbaus und des Bauingenieurwesens. Der Aufbau dieses Werkes ist für den fortgeschrittenen Studenten und den praktisch tätigen Ingenieur ebenso ansprechend wie für den beginnenden Ingenieurstudenten. Besonders geeignet ist es für Vorlesungen über Mechanik fester Körper, Strömungs- bzw. Hydromechanik, Kontinuumsmechanik, Technische Mechanik, Festigkeitslehre, Statik, Dynamik und Schwingungslehre.

„... Das Buch ist sowohl vorlesungsbegleitend als auch zum Selbststudium verwendbar.“

Konstruktion

„... Dieses große Werk ist eines der wenigen Bücher, das die gesamte Technische Mechanik – und dazu zählt auch die Strömungsmechanik – unter einem einheitlichen Gesichtspunkt – dem der Kontinuumsmechanik – darzustellen bestrebt ist ... “

e & i

SpringerWienNewYork

Sachsenplatz 4–6, P.O.Box 89, A-1201 Wien, Fax +43-1-330 24 26, e-mail: books@springer.at, **Internet: http://www.springer.at**
New York, NY 10010, 175 Fifth Avenue • D-14197 Berlin, Heidelberger Platz 3 • Tokyo 113, 3–13, Hongo 3-chome, Bunkyo-ku

SpringerTechnikLehrbuch

Heinz Parkus

Mechanik der festen Körper

Zweite, neubearbeitete und um 123 Aufgaben erweiterte Auflage
Fünfter, unveränderter Nachdruck 1995
X, 368 Seiten. 281 Abbildungen.
Broschiert DM 70,–, öS 490,–
ISBN 3-211-80777-2

"... Das Druckwerk umfaßt die theoretischen Grundlagen mit einer sehr breiten Anwendung, so daß den Studierenden des Maschinenbaues und der Technischen Physik sowie dem Praktiker ein sehr interessantes wie nützliches Buch über Festkörpermechanik in die Hand gegeben wird."

ZAMM Zeitschrift für angewandte Mathematik und Mechanik

Inhalt
Kinematik • Kräfte und Kräftegruppen • Massengeometrie • Die Grundgleichungen der Dynamik • Anwendungen des Schwerpunkt- und Drallsatzes • Arbeit und Energie • D'ALEMBERTsches Prinzip • LAGRANGEsche Gleichungen • Grundlagen der Elastizitätstheorie • Die linearisierte Elastizitätstheorie • Der gerade Stab • Torsion des geraden Stabes • Gekrümmte Stäbe • Die Kreisplatte • Rotationsschalen • Sätze über die Formänderungsarbeit • Einige Anwendungen der Sätze über die Formänderungsarbeit • Wärmespannungen • Stabilität des Gleichgewichtes • Einige Näherungsverfahren • Stoßvorgänge • Anhang: Einige Formeln der Vektorrechnung • Sachverzeichnis

SpringerWienNewYork

Sachsenplatz 4–6, P.O.Box 89, A-1201 Wien, Fax +43-1-330 24 26, e-mail: books@springer.at, **Internet: http://www.springer.at**
New York, NY 10010, 175 Fifth Avenue • D-14197 Berlin, Heidelberger Platz 3 • Tokyo 113, 3–13, Hongo 3-chome, Bunkyo-ku

SpringerTechnik

J. Blieberger, J. Klasek,
A. Redlein, G.-H. Schildt
Informatik
Dritte, erweiterte Auflage
1996. XI, 418 Seiten. 183 Abbildungen.
Broschiert DM 60,–, öS 420,–
ISBN 3-211-82860-5
Springers Lehrbücher der Informatik

H. J. Dirschmid
Tensoren und Felder
1996. VIII, 537 Seiten. 26 Abbildungen.
Broschiert DM 123,–, öS 860,–
ISBN 3-211-82754-4

G. Fasching, H. Hauser, W. Smetana
Werkstoffe für die Elektrotechnik
Aufgabensammlung
Zweite, verbesserte Auflage
1995. 83 Seiten. 18 Abbildungen.
Broschiert DM 28,–, öS 190,–
ISBN 3-211-82684-X

A. Goiser
**Handbuch der
Spread-Spectrum Technik**
1998. XXVII, 714 Seiten. 303 Abbildungen.
Gebunden DM 168,–, öS 1175,–
ISBN 3-211-83080-4

M. T. Kalivoda,
J. W. Steiner (Hrsg.)
**Taschenbuch der
Angewandten Psychoakustik**
1998. IX, 226 Seiten. 144 Abbildungen.
Broschiert DM 78,–, öS 546,–
ISBN 3-211-83131-2

P. Kopacek, R. Probst,
M. Zauner
Informatik für Maschinenbauer
1995. XI, 307 Seiten. 126 Abbildungen.
Broschiert DM 53,–, öS 370,–
ISBN 3-211-82755-2

G. A. Reider
Photonik
Eine Einführung in die Grundlagen
Mit einem Geleitwort von A. J. Schmidt
1997. XIII, 368 Seiten. 209 Abbildungen.
Broschiert DM 68,–, öS 480,–
ISBN 3-211-82855-9

G.-H. Schildt, W. Kastner
Prozeßautomatisierung
1998. XV, 270 Seiten. 229 Abbildungen.
Broschiert DM 39,–, öS 275,–
ISBN 3-211-82999-7

SpringerWienNewYork

Sachsenplatz 4–6, P.O.Box 89, A-1201 Wien, Fax +43-1-330 24 26, e-mail: books@springer.at, **Internet: http://www.springer.at**
New York, NY 10010, 175 Fifth Avenue • D-14197 Berlin, Heidelberger Platz 3 • Tokyo 113, 3–13, Hongo 3-chome, Bunkyo-ku

SpringerTechnik

A. Weinmann
Regelungen. Analyse
und technischer Entwurf

Band 1
Systemtechnik linearer und linearisierter
Regelungen auf anwendungsnaher Grundlage
Dritte, überarbeitete und erweiterte Auflage
1994. IV, 258 Seiten. 192 Abbildungen.
Gebunden DM 89,–, öS 620,–
ISBN 3-211-82556-8

Band 2
Multivariable, digitale und nichtlineare
Regelungen; optimale und robuste Systeme
Dritte, überarbeitete und erweiterte Auflage
1995. IV, 323 Seiten. 161 Abbildungen.
Gebunden DM 98,–, öS 690,–
ISBN 3-211-82632-7

Band 3
Rechnerische Lösungen zu
industriellen Aufgabenstellungen
1986. XIII, 247 Seiten. 103 Abbildungen.
Gebunden DM 78,–, öS 540,–
ISBN 3-211-81925-8

A. Weinmann
Test- und Prüfungsaufgaben
Regelungstechnik
407 durchgerechnete Beispiele mit Lösungen
1997. IV, 285 Seiten. 298 Abbildungen.
Broschiert DM 53,–, öS 370,–
ISBN 3-211-82965-2

A. Weinmann
Computerunterstützung
für Regelungsaufgaben
Mit Beispielen und Lösungen
1999. IV, 279 Seiten. 137 Abbildungen.
Broschiert DM 59,–, öS 415,–
ISBN 3-211-83346-3

A. Prechtl
Vorlesungen über die
Grundlagen der Elektrotechnik

Band 1
Mit 265 Wiederholungsfragen,
225 Aufgaben und Lösungen
1994. XI, 433 Seiten. 336 Abbildungen.
Gebunden DM 79,–, öS 560,–
ISBN 3-211-82553-3

Band 2
Mit 315 Wiederholungsfragen,
265 Aufgaben und Lösungen
1995. XI, 494 Seiten. 397 Abbildungen.
Gebunden DM 89,–, öS 620,–
ISBN 3-211-82685-8

R. Patzelt, H. Schweinzer (Hrsg.)
Elektrische Meßtechnik
Zweite, neubearbeitete Auflage
1996. XVI, 464 Seiten. 360 Abbildungen.
Broschiert DM 67,–, öS 470,–
ISBN 3-211-82873-7

 SpringerWienNewYork

Sachsenplatz 4–6, P.O.Box 89, A-1201 Wien, Fax +43-1-330 24 26, e-mail: books@springer.at, **Internet: http://www.springer.at**
New York, NY 10010, 175 Fifth Avenue • D-14197 Berlin, Heidelberger Platz 3 • Tokyo 113, 3–13, Hongo 3-chome, Bunkyo-ku